鄱阳湖水文生态特征及其演变

胡振鹏 著

科学出版社

北 京

内 容 简 介

本书以最近 30 年来鄱阳湖考察和调查积累的基本资料为依据,研究了鄱阳湖地形地貌特征及其产生的水文生态效应,揭示了鄱阳湖水文及其相关因素的变化过程及其特征。综合运用水文学、生态学、生物学、环境科学和系统科学等多学科理论和方法,定量研究鄱阳湖浮游生物、湿地植被、底栖动物、鱼类和越冬候鸟等生物种群的分布、结构、演变过程及其驱动因素,利用复杂系统理论,整合成鄱阳湖湿地生态系统对自然条件变化和人类活动影响的响应和反馈机制,提出了鄱阳湖枯水期最低生态需水过程和保护鄱阳湖湿地生态系统健康的若干具体建议。

本书可供水文与水资源、水环境、水生态及水利水电工程、生态环境保护等领域的科技人员、管理人员、生态环境保护人员和高等院校相关专业的师生阅读与参考。

图书在版编目(CIP)数据

鄱阳湖水文生态特征及其演变/胡振鹏著. —北京:科学出版社,2020.12

ISBN 978-7-03-066379-5

Ⅰ.①鄱… Ⅱ.①胡… Ⅲ.①鄱阳湖—水文特征②鄱阳湖-水环境-生态环境③鄱阳湖-演变 Ⅳ.①P942.560.78

中国版本图书馆 CIP 数据核字(2020)第 197732 号

责任编辑:彭胜潮 / 责任校对:何艳萍
责任印制:肖 兴 / 封面设计:图阅社

科学出版社 出版
北京东黄城根北街 16 号
邮政编码:100717
http://www.sciencep.com

三河市春园印刷有限公司 印刷
科学出版社发行 各地新华书店经销

*

2020 年 12 月第 一 版 开本:787×1092 1/16
2020 年 12 月第一次印刷 印张:16 插页:6
字数:380 000
定价:180.00 元
(如有印装质量问题,我社负责调换)

前　言

　　湖泊是全球水文循环的重要环节,是所在流域生态环境质量的窗口与标志。湖泊湿地生态系统具有丰富生物多样性和重要服务功能,对区域生态安全和经济社会可持续发展具有重要作用。鄱阳湖是我国最大的淡水湖,是一个季节性、过水型浅水湖泊。2000 年以后,鄱阳湖出现了枯水期水位长期低枯的现象,湿地生态系统受到一定损害,湖区城镇生活用水、农田灌溉、水上运输等遭遇瓶颈。到底是哪些因素导致鄱阳湖水位长期低枯?鄱阳湖湿地生态系统是否产生退化?为了掌握鄱阳湖资源、环境和湿地生态系统变化情况,回答社会关切的问题,2013~2015 年江西省开展了第二次鄱阳湖科学考察。这次考察全面、系统地监测调查了鄱阳湖水文、水资源、水环境和水生态状况,初步研究了鄱阳湖水文、水环境和水生态的动态变化过程及其原因,掌握了第一手资料,取得了丰硕成果。

　　目前国家正在实施长江大保护、建设长江经济带战略,鄱阳湖流域正在开展国家生态文明试点工作。在建设长江中游绿色生态廊道中,鄱阳湖将起到举足轻重的作用,大批的生态保护与修复、环境治理以及社会、经济、生态文明建设方面的重大决策、重要行动和重点工程需要进行科学规划和论证,需要了解各种人类活动如何影响水文、水环境和湿地生态系统变化,湿地生态系统对自然条件变化和人类活动做出怎样的响应等;迫切需要水文生态变化的事实、科学完整的数据资料以及水文生态学原理为科学决策提供支撑。研究鄱阳湖水文生态学原理,既可以直接为社会经济发展和生态文明建设服务,又能够促进水文生态学科的发展。

　　1983 年江西省组织了第一次鄱阳湖科学考察。1997~1999 年中国科学院武汉水生生物研究所在鄱阳湖鱼类资源调查中,对鄱阳湖水文、水环境和水生动植物等进行了详细、扎实的调查,取得了丰硕成果。武汉水生生物研究所的调查工作不仅在时间上处于两次鄱阳湖考察的中间,而且跨越 1998 年、1999 年的特大洪水,积累的资料尤其宝贵。本书以最近 30 年来鄱阳湖考察和调查积累的基本资料为依据,首先研究了鄱阳湖湖盆地形地貌特征及其产生的水文效应,开发了复杂水文现象关键问题递归分析技术,揭示水文及其相关因素的变化过程及其特征。在此基础上,综合运用水文学、生态学、生物学、环境科学和系统科学等多学科理论和方法,定量研究了鄱阳湖浮游生物、湿地植被、底栖动物、鱼类和越冬候鸟等生物种群的分布、结构、演变过程及其驱动因素。最后用复杂系统理论整合成鄱阳湖湿地生态系统结构网络,解释了自然条件变化和人类活动对湿地生态系统的影响、响应和反馈机制;根据这一机制提出了鄱阳湖枯水期最低生态需水过程和维护鄱阳湖湿地生态系统健康的若干建议。

　　全书共分为 9 章。第 1 章从介绍鄱阳湖流域的自然环境、经济社会发展和生态建设开始,简明扼要地描述了鄱阳湖演变情况,然后研究鄱阳湖两个具有鲜明特色的水文地貌景观:一是"高水是湖、低水似河"的水文地貌变化过程及其对湿地生态系统产生的效应,这是鄱阳湖水文、水环境过程和湿地生态系统结构与分布的自然基础;二是碟形湖的水文、生态特征及其对维护鄱阳湖湿地生态系统健康的作用与地位。根据鄱阳湖水文情势变化复杂和生物多样性丰富的特点,阐明鄱阳湖是水文生态学研究的最佳样本。

第2章研究鄱阳湖水文过程特性。鄱阳湖上纳"五河",下通长江,影响水文变化的因素多,要素之间、要素与外部环境的关联度高,并且非常复杂,为此开发了复杂水文现象关键问题递归分析技术。利用这一技术定量研究了长江与鄱阳湖的水文关系,探索了2003年以后鄱阳湖枯水期水位长期低枯的原因,构建了非恒定流影响下鄱阳湖水位-水面面积-蓄水量动态关系曲线,进行了鄱阳湖流场分析等。研究结果表明,丰水期鄱阳湖水位降低主要由于气候变化导致长江干流流量减少与鄱阳湖流域降水年内分布变化等因素共同作用,枯水期水位长期低枯主要是由长江干流流量减少、对鄱阳湖顶托作用弱化所致。

第3章研究鄱阳湖水环境质量问题,分别介绍了入湖污染负荷、湖区流场与水质同步监测、湖底沉积物定位观测等网络布设与具体实施情况,利用这些监测资料和例行监测断面(站点)数据,研究了鄱阳湖入湖污染负荷的主要污染物种类、数量、变化情况及影响因素;剖析了湖区水环境质量演变过程及影响因素;通过不同水文条件下氮、磷等营养元素空间分布和运动情况分析,探索了氮、磷等营养物在湖区分布、转移和削减特征;分析了湖底沉积物中氮、磷和有机质的分布与演变情况。结果表明,鄱阳湖区水环境质量逐年变差,主要污染物为总磷、总氮;保持鄱阳湖水质在空间与时间上全部达到III类(湖泊)水质标准任重道远。

第1~3章是鄱阳湖各类生物群落的生境要素和生存发展的基础。

第4章研究鄱阳湖浮游生物种类、数量的时空分布,演变过程及影响因素。30年来,鄱阳湖浮游植物属种数量有所增加,结构比较稳定,与鄱阳湖水动力条件紧密相关,最主要的浮游植物包括绿藻、硅藻和蓝藻。2012年以来,浮游植物生物量显著增加,硅藻门生物量占比最高,其次为蓝藻。蓝藻的优势种主要是微囊藻和鱼腥藻,每年7~10月密度与生物量较高;空间上全湖分布不均匀,水流流速缓慢、氮磷等营养物富集的水域蓝藻密度与生物量最大。鄱阳湖的浮游动物门类较多,以枝角类和桡足类为主,个体数量空间分布的差异极大,并具有明显的季节变动;1987~2014年鄱阳湖浮游动物呈现衰减趋势。

第5章研究鄱阳湖湿地生态系统植被群落的种类、结构、分布、面积及功能。鄱阳湖湿地植被包括湿生植被群落和水生植被群落两大类,湿地植被分布格局反映了鄱阳湖湿地植物对水位频繁变化的适应;水深和水体透明度是决定水生植物种群空间分布的主要因素,土壤含水量成为影响湿生植物群落空间分布的重要因素。最近30年,鄱阳湖沉水植被群落处于退化演替过程中。驱动沉水植被群落退化的原因包括:湖水水位长期低枯、湖泊水环境逐渐变差、过度的人类活动以及洪水灾害在植被群落演替中起到的诱发作用等,四方面因素叠加,相互影响,互为因果,从而产生负面的协同效应。这一章最后以复杂系统理论为指导,从弹性的定义出发,根据沉水植物被演替的主要影响因素及其水文生态机理,构建了沉水植被群落演替过程中的恢复力数学模型。利用这个模型,以鄱阳湖30年演变过程中几个关键环节的实测资料为依据,定量分析了1983年以来鄱阳湖沉水植被群落的恢复力变化过程。弹性分析不仅量化了沉水植被群落退化过程，而且揭示了导致群落退化的主要原因，明晰了湿地生态系统保护和修复的关键因素。

第6章分析鄱阳湖底栖动物种类和时空分布特征。和1997～1999年相比，当前鄱阳湖底栖动物物种数量有所增加，密度和生物量有所减少。鄱阳湖水位长期低枯、湖水水位消落幅度和速率变大、水质变差和利用先进机械设备过度捕捞等因素导致底栖动物衰减。鄱阳湖草洲钉螺是传播血吸虫病的中间宿主，本章研究了钉螺分布情况及其变化；湖水水位长期低枯，草洲干旱缺水，钉螺一度出现发育不良、个体减小的现象；但水文条件恢复后，钉螺发育又趋于正常。要确保已取得的血吸虫病传播控制成果，需要认真落实"以控制传染源为主"的血防策略。

第7章研究鄱阳湖鱼类资源情况。比较三次科学考察结果发现，鄱阳湖鱼类资源处于衰退过程中，主要表现在鱼的种类减少，稀有、珍贵鱼类呈现衰减趋势；2003年以后渔获量逐年下降，渔获物趋于鱼龄低幼化、个体小型化、品质低劣化。鄱阳湖水位长期低枯导致生存空间缩减，是鱼类资源衰减的自然原因，捕捞过度是鱼类资源衰减的主要原因，围堰堵河、洲滩植树、采砂及污水排放等人类活动导致水域生境破碎化、水环境变差起到推波助澜的作用。经常性生活在鄱阳湖的长江江豚接近长江江豚总数的一半，保护鄱阳湖江豚对这一物种的保护起到重要作用。

"高水是湖、低水似河"以及碟形湖星罗棋布的水文生态景观，为候鸟越冬提供了良好条件，鄱阳湖是东亚地区候鸟主要越冬地。第8章研究越冬候鸟对湖水位变化的响应。研究结果表明，水文年鄱阳湖的平均水位在一定程度上决定越冬候鸟的数量多少，枯水期平均水位决定候鸟在湖区的分布状况。如果年平均水位接近多年平均水位，候鸟总数最多；如果年平均水位处于水面与洲滩面积大致相等时，越冬候鸟较多；如果年平均水位高，越冬候鸟数量最少；湖水位低枯、消降过快，对枯水期后期越冬候鸟在湖区觅食不利。在这些情况下，越冬候鸟的类群构成各不相同。另外，不管是发生在主汛期还是在冬季候鸟栖息期的洪水灾害都严重影响越冬候鸟的数量和区域分布。

第9章是全书的总结。根据前面各章的研究结果，运用系统工程理论与方法，构建了鄱阳湖湿地生态系统网络结构，网络结构揭示了湿地生态系统对自然条件变化和人类活动的响应与反馈机制，将影响湿地生态系统的主要外部因素、系统内部生物种群大类之间的相互关系一目了然地展现出来，剖析了各种因素作用与反作用的传导途径，突出了湿地生态系统保护的重点环节。以维护湿地生态系统的主要结构和基本功能为保护目标，研究了枯水期生态需求的最低水位过程。针对当前鄱阳湖管理中的突出问题，提出了维护鄱阳湖湿地生态系统健康的对策建议，作为本书的结束。

本书内容属于应用基础理论研究，其目的是为鄱阳湖湿地保护、资源开发利用和生态文明建设提供一定的理论支撑；同时以鄱阳湖为例，为湖泊水文生态学的发展添砖加瓦。由于作者水平有限，书中错误与缺点难以避免，欢迎读者批评指正。

目　　录

第1章 鄱阳湖地形地貌特征

1.1 鄱阳湖流域概况

1.1.1 流域地形地貌

鄱阳湖是我国第一大淡水湖，地处长江中下游交界处南岸。鄱阳湖流域位于东经113°34′36″～118°28′58″，北纬24°29′14″～30°04′41″，南北长约 620 km，东西宽约 490 km；面积 16.22×10⁴ km²，约占长江流域面积的 9%。流域东部有怀玉山和武夷山脉，是江西省与浙江省、福建省的分水岭；南部有大庾岭和九连山脉逶迤于赣粤之间；西部南段有罗霄山脉，北段有幕阜山和九岭山，成为江西省与湖南省、湖北省的界山。流域边界群山环绕、峰岭叠嶂，海拔在 500～1 500 m，其中武夷山主峰黄岗山海拔 2 158 m。群山内侧丘陵起伏，高程一般在 200 m 左右。流域水系发达，主要由赣江、抚河、信江、饶河、修水五大河流，其中赣江纵贯流域南北，沿河两岸丘陵区高程为 50～100 m。五大河流下游尾闾进入鄱阳湖冲积平原区，地势坦荡，一般高程为 15～20 m，构成一个以鄱阳湖为中心、向北开口的盆地。五大河流从东、南、西汇入鄱阳湖后，从湖口注入长江。流域内山地面积占 36%，丘陵面积占 42%，平原岗地面积占 12%，水面面积占 10%。鄱阳湖流域边界与江西省行政边界基本重合(图 1.1)，在江西省境内的流域面积为 15.67×10⁴ km²，占江西省国土面积(16.69×10⁴ km²)的 94.1%。

1.1.2 气 候

鄱阳湖流域地处中亚热带暖湿季风气候区。冬夏季风交替显著，四季分明，春夏多雨，秋冬干燥。流域气温适中，日照充足，雨量丰沛，无霜期长，冰冻期短。流域气候条件有较明显的地域差异，不同纬度、不同海拔高度具有不同的气候特征，为生态系统各类物种生长发育提供了良好的自然条件。

(1)流域内光照充足，太阳辐射能丰富。全年日照时数为 1 473～2 078 h，日照百分率为 33%～47%，高于 10 ℃的日照时间达 1 090～1 600 h。年内 7～10 月日照最多，2～4 月日照最少。热量丰富，全流域年平均气温 17.9 ℃，其中北部为 16.2～17.5℃，南部为 18.0～19.5℃，自北向南逐渐增高；夏季(6～8 月)平均气温 27.7℃，以 7 月最高，为 28～29.5℃；冬季(12 月～来年 1、2 月)平均气温 7.3 ℃，以 1 月最低，北部 4～6℃，南部 7～9℃。历年极端最高气温 44.9 ℃，出现在修水县；极端最低气温−18.9 ℃，出现在彭泽县。

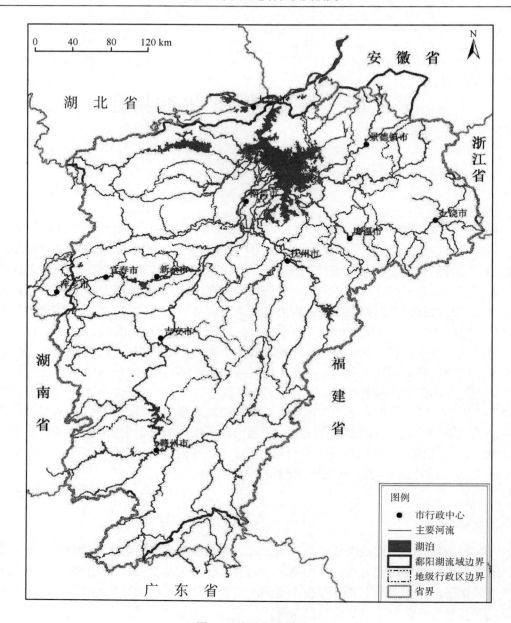

图 1.1   鄱阳湖流域边界

(2)流域降水丰沛,水资源丰富。流域北部年降水量为 1 341～1 861 mm,中部 1 355～1 939 mm,南部 1 432～1 604 mm。1956～2015 年全流域多年平均降水量 1 645 mm。降水四季分配不匀,一般春季(3～5 月)降水量为 492～788 mm,占年降水量的 39%;夏季(6～8 月)降水量 439～689 mm,占年降水量的 34.4%;秋季(9～11 月)降水量 163～287 mm,占年降水量的 13.7%;冬季(12 月～来年 2 月)降水量 152～270 mm,占年降水量的 12.9%。年际间降水量较为悬殊,如 1954 年流域各地降水量高达 1 429～2 736 mm,出现了全流域的特大洪涝灾害,1978 年全年降水量仅 868～1 418 mm,大范围出现干旱灾害。

1.1.3　河　流

流域水资源分地表水资源与地下水资源两种，补给源均为大气降水。鄱阳湖流域水系发达，其中集水面积大于 1 000 km² 的河流有 43 条，集水面积大于 3 000 km² 的有 8 条。地表水资源总量为 1.427×10¹¹ m³，每亩①耕地平均占有量为 4 087 m³，高于全国和长江流域平均水平；地下水资源量为 2.134×10¹⁰ m³。鄱阳湖多年平均流入长江的总径流量为 1.436×10¹¹ m³（表 1.1）。流域水能资源理论蕴藏量 6 820 MW，可开发利用量达 6 110 MW。

表 1.1　鄱阳湖流域各河流入湖水量统计

水　系	赣江	抚河	信江	饶河	修河	五河合计	周边入湖	总入湖
面积/km²	80 948	15 811	15 535	11 387	13 462	137 143	25 082	162 225
年均径流量/10⁸m³	675.60	155.11	178.18	118.00	123.07	1249.96	185.94	1435.90
占五河/%	54.05	12.41	14.25	9.44	9.85	100.00		
占入湖总水量/%	47.05	10.80	12.41	8.22	8.57	87.05	12.95	100.00

(1) 赣江：赣江为流域第一大河，发源于石城县石寮崬，干支流流经 44 个县（市），南昌外洲水文站以上集水面积 80 948 km²，实测最大年径流量（1973 年）为 1.091×10¹¹ m³，最小年径流量（1963 年）为 2.653×10¹⁰ m³，多年（1950～2015 年）平均径流量为 6.756×10¹⁰ m³。

(2) 抚河：发源于广昌驿前乡里木庄，流经 15 个县（市），进贤李渡水文站以上集水面积 15 811 km²，实测最大年径流量（1954 年）为 2.537×10¹⁰ m³，最小年径流量（1963 年）为 5.474×10⁹ m³，多年平均径流量为 1.551×10¹⁰ m³。

(3) 信江：发源于玉山县华眉山，乐平梅港水文站集水面积 15 535 km²，实测最大年径流量（1975 年）3.05×10¹⁰ m³，最小年径流量（1963 年）8.673×10⁹ m³，多年平均径流量 1.782×10¹⁰ m³。

(4) 饶河：昌江与乐安河在坡阳县姚公渡汇合后称为饶河，集水面积 11 387 km²，实测最大年径流量（1954 年）2.307×10¹⁰ m³，最小年径流量（1963 年）5.45×10⁹ m³，多年平均径流量 1.18×10¹⁰ m³。

(5) 修河：位于流域西北部，支流修水拓林水文站和支流潦河万家埠水文站以上集水面积 13462 km²，实测最大年径流量（1954 年）2.401×10¹⁰ m³，最小年径流量（1968 年）5.616×10⁹ m³，多年平均径流量 1.23×10¹⁰ m³。

(6) 周边小河：五大河 7 个控制性水文站以下，还有许多直接入湖的小河，如漳田河（西河）、博阳河、清丰山溪、潼津河、土塘河、池溪水、甘溪水和杨柳津河等（图 1.2 和彩图 4），属鄱阳湖周边集水区，集水面积 250 82 km²，周边地区入湖最大年径流量（1954 年）3.719×10¹⁰ m³，最小年径流量 5.324×10⁹ m³，多年平均年径流量 1.859×10¹⁰ m³。

湖口位于江西省湖口县石钟山脚鄱阳湖出口处，是鄱阳湖出口控制断面。湖口以上流域面积 162 225 km²，年均进入长江总径流量 1435.9×10⁸ m³。湖口测流断面受长江顶

---

① 1 亩≈666.7 m²

托影响显著，水流紊乱，有正有负，有时产生横流；当长江水位较高时，江水常倒灌入鄱阳湖，出现倒流；有时垂线流速分布上正下负，较为复杂。

鄱阳湖地区主要水文站测验项目多，资料年限长。20 世纪 50 年代初，长江流域综合利用规划工作开展以后，对鄱阳湖各主要站的水文资料进行了一次较全面的收集、审查和整编工作。1956 年以来，水文资料较为完整、齐全，刊印项目包括水位、流量、沙量、降水量、蒸发量等，后来陆续增刊了泥沙颗粒级配、水温、水化学、地下水等。20世纪 80 年代以后，开始进行水环境监测；监测项目逐步增加，90 年代以来，所有《地表水环境质量标准（GB3838）》规定项目均进行定期监测。各站测验与整编均按有关规范进行，精度较高，为鄱阳湖研究奠定了坚实基础。

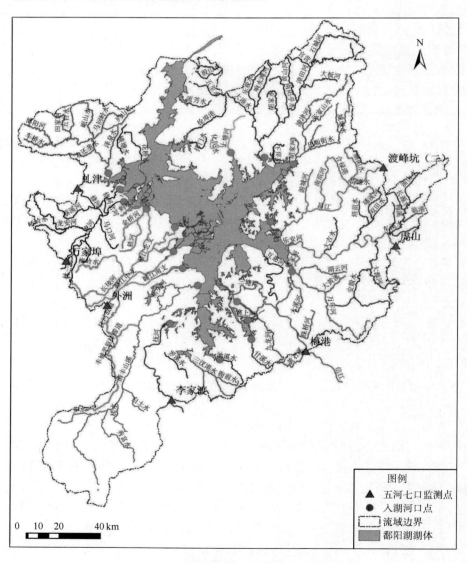

图 1.2　鄱阳湖周边入湖河流水系

1.1.4　土地资源及其利用

鄱阳湖流域土壤类型多样，分布规律清晰。由于农业开发历史悠久，经长期耕作，土壤已不同程度熟化，肥力较好，为农、林、牧业发展和生物生长奠定了良好基础。全流域主要有以下 7 大类土壤。

(1)红壤：红壤是流域内面积最大、分布最广的区域性土壤。广泛分布于海拔 600 m 以下的低山、丘陵和岗地，总面积约 1.053×10^7 hm²，约占全流域陆地面积的 71%，是我国红壤分布的主要区域之一。成土母质是多种岩石的风化物，一般呈红、黄、棕红色。表层为非水稳性粒状构造，俗语描述为"天晴一块铜，下雨一包脓"，呈酸性，有机质和氮含量较低，速效性磷和钾缺乏，热量较高。

(2)黄壤、黄棕壤：黄壤主要分布在红壤带之上，海拔在 800～1 200 m，面积约 4.13×10^5 hm²。黄棕壤主要分布在海拔 1 200～1 800 m 之间的山地，面积约 1.18×10^5 hm²。黄壤、黄棕壤的土层较厚，属粒状构造，疏松多孔，有机质含量和全氮含量较高，是江西省较好的森林土壤，约占流域面积的 3%。

(3)紫色土：主要分布在赣南和吉安、抚州、上饶等地区的丘陵区，面积约 2.02×10^5 hm²，不到流域面积的 1%，系由紫色砂岩风化发育而成的岩性土。土层浅薄，结构疏松，侵蚀严重，常见基岩裸露，植被覆盖度低，有机质和全氮含量低，磷和钾较丰富，适宜种植柑橘、烟草等。

(4)石灰土：零星分布于石灰岩山地丘陵区，面积约 2.55×10^5 hm²，是由石灰岩风化发育而成的岩性土。一般土层较薄，抗旱性差，但矿质养分丰富，碱性，土壤肥力较高。

(5)山地草甸土：主要分布于海拔 1 400 m 以上的中山顶部，面积约 2.24×10^4 hm²，地表有一薄层腐烂或半腐烂的有机质，有机质含量 10%以上，但土层不厚，水源缺乏，气候条件差，形成江南少有的高山草甸景观。

(6)潮土：由江河、湖泊的沉积物形成，分布于赣江等五大水系河流两岸盆地、鄱阳湖滨及长江南岸的冲积平原和河谷阶地上，面积约 1.866×10^5 hm²，是棉花、柑橘等经济作物的集中产区。

(7)水稻土：是流域主要的农业土壤，分布于流域各地，面积约 3.032×10^6 hm²，占全流域陆地面积的 21%。水稻土是由各种自然土壤或旱作物土壤，经过一定时期栽培水稻以后而成的一种土壤。在水耕熟化条件下，有机质和养分高于起源土壤，酸度有所减弱。

此外，流域还有黄褐土、新积土、火山灰土、石质土、粗骨土等土类，面积不大，分布相对集中(图 1.3)。

鄱阳湖流域土地利用状况构成大致为：耕地 2.73×10^6 hm²，占 18%；园地 1.615×10^5 hm²；林地 7.553×10^6 hm²，占 60%；人工和改良牧草 2.3×10^3 hm²；城镇及农村居民用地 5.618×10^5 hm²；交通用地 3.626×10^5 hm²；水域 1.667×10^6 hm²，占 8%；未利用土地 3.56×10^6 hm²，约占 7%(图 1.4)；素有"七山一水一分田，一分道路与庄园"之称。

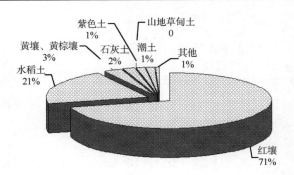

图 1.3　鄱阳湖流域土壤类型

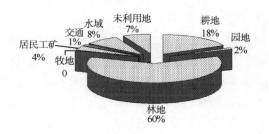

图 1.4　鄱阳湖流域土地利用情况

1.1.5　生 物 资 源

新中国成立以后，鄱阳湖流域大力推进经济社会发展，坚持不懈地开展绿色生态建设，使生物资源越来越丰富。

鄱阳湖流域植物资源种类和数量甚多，有种子植物 4 000 余种，蕨类植物约 470 种，苔藓植物 100 种，低等植物中大型真菌 500 种左右。种子植物中木本植物 2 000 多种（其中乔木树种 400 多种），牧草 500 多种。植物资源中，数量较多、经济价值高的有木本淀粉植物、野果类植物及野菜、野生饲料、饵料植物等；还有数以百计的观赏植物、芳香植物、纤维植物、油脂植物、蜜源植物等；具有药用价值的植物多达 1 500 种，常用的 300 多种，可以食用的大型真菌 100 多种[1]。

流域天然植被属于中亚热带常绿阔叶林带。由于自然条件复杂，植被类型多样，生物多样性丰富。常绿阔叶林是其中最具代表性的植被类型，多为水源林和用材林，其中不少属于药用和油料、木本淀粉资源。常绿与落叶阔叶混交林是北亚热带的地带性代表植被类型，资源数量仅次于常绿阔叶林，多为用材林和木本淀粉资源。落叶阔叶林分布于北部的高山丘陵地带，面积不大，多为用材林，也是食用菌、药材及动物资源基地。针叶林广泛分布在海拔 1 000 m 以下的低山丘陵地带，以马尾松、湿地松为最多，属于用材林。针阔叶混交林主要有马尾松与阔叶树混交林，杉木、毛竹混交林以及杉木、金钱松、福建柏、香榧等与阔叶树混交林等，既是用材林，也是水源林。竹林多分布于海拔 1 000 m 以下的地区，多作用材，不少竹类还具观赏价值。山顶矮林多分布于海拔 1 300 m 以上的高山顶部，面积较小，是流域山地水源林之一。此外，还有面积较大的湿地松、杉树、速生杨等人工栽培的用材林。有些海拔在 800～1 000 m 以上的山地顶部，土壤肥沃，受局部小气候影响，分布有山地草甸或草丛草地，是由"山顶效应"发育形成的地形顶极群落。低山丘陵地区森林被反复砍伐破坏后，原生性植被逆向演替形成的疏林草地与灌草丛群落，属受损害的生态系统，经过 20 多年抚育，现在成为次生常绿阔叶与落叶混交林。

经济林以人工栽培的油茶、油桐、乌桕、漆树、板栗、茶丛及杜仲林、紫胶虫寄生林等为主，果木林以人工栽培的橘、柑、橙、柚、梨、桃、李、柿、枇杷等为主。

湿地植被主要由鄱阳湖洲滩、河道漫滩地带性湿地植被及水库消落带等非地带性草甸植被组成；另外，还有低湿盆地、低丘边缘、农田边缘等生长的草丛植被。水生植被分布在湖泊、水库、池塘、沟渠等水域，由湿生植物、挺水植物、浮叶植物、沉水植物和漂浮植物组成。

鄱阳湖流域山地面积大，森林覆盖较好，生境条件多样，适于野生动物栖息、繁殖和越冬。河湖水域湿地广阔，是野生鱼类洄游和繁育的天然渔场，又是国际候鸟的良好越冬场所，野生动物资源十分丰富。流域有脊椎动物 700 余种，据 1987 年调查资料，有鱼类 182 种，兽类 55 种，鸟类 360 种，两栖类 42 种，爬行类 74 种，还有软体动物 55 种，浮游动物 112 种。属国家 I 类保护的有云豹、豹、虎、黑麂、梅花鹿、白鹳、黑鹳、中华秋沙鸭、金雕、黄腹角雉、白颈长尾雉、白头鹤、白鹤、大鸨、蟒、中华鲟和白鲟。属国家 II 类保护的有短尾猴、猕猴、穿山甲、豺、水獭、大灵猫、金猫、长江江豚、河麂、水鹿、鬣羚、白琵鹭、天鹅、鸳鸯、灰鹤、白枕鹤、小勺鹬、小青脚鹬、八色鸫科、大鲵、虎纹蛙、胭脂鱼和佛耳丽蚌[1]。

1.2　流域经济社会发展与绿色生态建设

1.2.1　流域经济社会发展

旧社会鄱阳湖流域贫困落后，百业凋零，民不聊生。新中国成立后，社会生产力空前解放，人民群众齐心协力，农业基础地位得到了加强和巩固，生产条件不断改善，粮食生产能力大大增强。在一穷二白的基础上，逐步推进工业发展，特别是进入 21 世纪以来，交通、通信和能源等基础设施建设稳步推进，大力推进工业化和城镇化进程，积极发展第三产业；教育、科技、文化、卫生和体育等事业有了长足进步；城乡人民的物质文化生活水平明显提高。

新中国成立前，全流域基础设施非常落后，公路通车里程仅 4 739 km，铁路通车里程 729 km，民用航空处于空白状态。1949 年以后，开展了大规模的基础设施建设，1958 年实现了县县通公路，形成了以南昌为中心的公路网。1956 年鹰厦铁路建成通车；1957 年上海—南昌—广州航班通航。2015 年全省实现了县县通高速公路，2018 年高速铁路网络连接全流域。先后新建了南昌、九江、景德镇、萍乡、新余、井冈山、黄金埠等一大批火力发电厂和骨干输变电站；水电开发也从无到有，先后建设了上犹江、洪门、柘林、江口、罗湾、万安、峡江等大中型水电站和 2 000 多座小型水电站，满足了社会经济发展和人民生活用电需求。

全流域水资源开发利用也成效显著。建设成大型水库 20 座，总库容达 1.325×10^{10} m³；中型水库 193 座，总库容 4.377×10^9 m³；小型水库 9 276 座，塘坝 256 480 座。其中，柘林水库总库容 7.92×10^9 m³，是我国土石心墙坝中库容最大的水库。新建引水工程 877 座，设计引水流量 1 767 m³/s；提水工程 995 座，提水流量 1 176 m³/s。其中，赣抚平原灌区灌溉面积 8×10^4 hm²，灌溉保证率达 90%。为了提高防洪能力，并小联大、加高加固了过去存在的圩堤，新建了一大批堤防工程。

中华人民共和国成立之初，有效灌溉面积和旱涝保收农田仅占农田面积的 33% 和20.3%，粮食极为匮乏，人民群众衣食不足。1949～1980 年间，当地政府不断加强农田基本建设，大力推进农业机械化和科学种田，农产品由短缺转为丰裕，成为全国商品粮生产基地。

随着时代的发展，农业生产逐步由以粮食生产为主向"粮食为主、多种经营"转变，初步形成了适合流域自然特征的产业布局：鄱阳湖地区、吉泰盆地、赣东丘陵地区和赣西河谷丘陵地区成为水稻等商品粮基地；南部地区形成甘蔗、烟叶、脐橙、甜柚等生产基地；北部地区形成棉花、苎麻、水产、茶叶等生产基地；中部地区形成黄麻、生猪、油料、柑橘等生产基地；东部地区形成油料、茶叶、生猪、毛兔、晒烟等生产基地；西部地区形成油料、苎麻、生猪、柑橘等生产基地；鄱阳湖及其周边地区形成水产捕捞和养殖基地。

1949 年，流域内工业几乎一片空白，工业总产值仅 2.64×10^8 元，轻重工业产值的比例为 78.8∶21.2。70 年来，经济发展把主攻工业作为重点，在工业基本建设、资金设备、队伍组织、技术培训等方面进行了前所未有的大规模投入，相继建成了一大批大、中型骨干企业，形成了煤炭、钢铁、机械、建筑材料、有色金属、食品、医药、电子、航空等 39个产业；流域内形成了具有一定特色的工业布局：西部地区以电子、工业陶瓷、有机硅、煤炭、钢铁为主；北部地区以电力、石油化工、纺织、机械为主；南部地区以稀土采选、木材加工、制糖、轻工为主；东北部以航空、日用瓷、机械电子为主；东部地区以铜采选治炼、建材、化工为主；赣东中地区以纺织、机械、制药、食品工业为主；南昌地区则形成以机械电子、航空、纺织、化工、电力、钢铁、造纸、高新技术产业等为主的新兴工业区。

1.2.2　绿色生态江西的奠基工程

1. 流域综合治理的原则

党的十一届三中全会以后，我国进入了以经济建设为中心的历史新阶段。为了加快鄱阳湖流域经济社会发展，修复受损害的生态环境，1983～1986 年组织了鄱阳湖和赣江流域综合科学考察。在此基础上，启动了"江西山江湖综合开发治理工程"（简称"山江湖工程"）。

通过考察认识到，山、江、湖是一个具有相互依存、相互影响、相互作用的多种成分，具有复杂物流、能流、信息流网络和反馈回路的整体。要实现经济发展、生活宽裕、生态环境良好的协调统一，需要用系统工程的理论与方法，认识这个山江湖生态经济系统的结构、功能和问题，追根溯源、统一规划、综合治理、系统开发、科学管理。因此，必须坚持"治湖必须治江，治江必须治山，流域综合治理、系统开发"的原则。

破解鄱阳湖流域生态结构简单、资源利用粗放、经济效益不高的难题，不能把环境与发展对立起来；既不能只要经济发展不要环境保护，也不能先发展经济再保护环境。

要遵循生态学和经济学的规律，依靠科技进步，正确处理开发利用治理与保护的关系，建立起农、林、牧、副、渔综合经营，种植、养殖和加工协调发展的生态经济生产体系，在开发中保护，在保护中发展。充分发挥自然资源的效益，把建立"立体型"生态经济体系作为主攻方向，在开发利用中恢复或重建受损害生态系统，维护生态服务功能多样性。因此，需要坚持"立足生态、着眼经济"，开发治理和生态建设齐头并举的原则。

贫困落后是生态环境遭受破坏的重要原因之一。生态环境保护和治理需要较强的环保意识和一定的物质基础；既不能先脱贫致富，再进行生态建设，也不能为了生态环境建设，不顾群众生活。必须坚持经济发展、脱贫致富与生态环境保护相结合、相统一的原则，在经济欠发达地区要调整产业结构，改进生产方式，延长产业链，提高自然资源的利用率与产出率，尽快积累社会财富。因此，必须坚持"治山治水与治穷治贫相结合"的原则。

通过科学考察，基本统一了对鄱阳湖流域开发整治规律和原则的认识；但在面积辽阔、自然条件复杂的大湖流域修复受损害生态系统，需要建立试验基地，开展科学研究，不断观察总结。因此，必须坚持先实验示范、后推广应用的原则。

2. 受损害生态系统的保护和修复

保护和修复生态环境必须坚持保护优先、自然修复为主。山江湖工程首先加强了具有典型意义或重要价值的生态环境保护区建设。这些重点保护区包括自然保护区、生态功能保护区、风景名胜区、湿地公园、森林公园、地质公园等。除了国际和国家认定的保护区外，省、县(市)两级也设立了相关类型的自然保护区，有些地方群众自发建立了许多生态保护小区。对于水土中轻度流失的丘陵山区，以封山育林、自然修复为主，使轻中度受损害的生态系统得到恢复。

鄱阳湖流域是我国南方水土流失严重的地区之一。山江湖工程把小流域作为一个地理单元和生态经济系统，山、水、田、林、路统一规划；用"山水田林湖草"生命共同体的理念统领全局，采取综合措施，从调整水流出路、蓄水保土着手，在山谷修建山塘水库蓄水，用生物措施和工程措施相结合的方法治理水土流失，修复或重建受损害的生态系统。大力发展生态农业，多层次、立体化利用山丘，合理利用水、土和气候等自然资源。注重生产力科学布局，山丘顶部和坡度在 25°以上的山坡实行天然林封育，适当补种草木；坡度在 25°以下的裸露山坡，根据土质种草植树，形成乔、灌、草相结合的山地水土保持林，防止水土流失；具有一定肥力的坡地开辟成果园，果树中套种经济作物；肥力较好的旱地以种植粮食、油料和蔬菜为主；农户因地制宜，利用家庭居室周边空闲土地和零星时间开展以家庭种养为中心的庭院经济活动，增加收入；利用生活、生产废弃物生产沼气，发展"猪-沼-果(菜、鱼等)"生态农业。

1990 年以来，环境治理和保护实行"三个转变"：企业治污由"末端治理"转变为"全过程控制"；从污染防治转变为防治与预防并举；从单个污染源防治转变为污染河段或区域综合治理。

3. 大力发展生态经济

为了实现青山常在、绿水长流、资源永续利用、经济发达和生活富裕的发展目标，把发展循环经济作为实现"既要金山银山，更要绿水青山"的一条重要途径。在推进农业产业化的进程中，根据农业生态学原理，优化生产结构，延伸和丰富产品链，使种植业、畜牧业、渔业、加工业等部门相互衔接，多次分层利用自然资源与能源，提高植物的光能利用率和生物能转化率，提高废弃物的消化分解能力，减少农药化肥投入，生产高产、优质、无污染的农产品，取得了良好的生态效益和经济效益。在农村全面推广"猪-沼-果""猪-沼-鱼""猪-沼-菜"等生态经济模式，并和防控血吸虫病有机结合起来。推进工业化进程，利用城市、县城附近的山坡、荒地建设工业园区，引导工业项目集中布点、集约化经营，提高工业生产的集聚效应，转变经济增长方式。

积极推进循环经济。循环经济是一种新的经济发展模式，也是近年来世界各国经济发展的重要方向和趋势。山江湖工程以思想解放为先导，科技创新为支撑，坚持"政府主导、市场推进、法律规范、政策扶持、科技支撑、公众参与"的原则，在企业内部、工业园区和社会三个层面大力发展循环经济。

4. 移民建镇、退田还湖和干堤加固

1998 年洪水之后，国务院制定了"封山育林，退耕还林，退田还湖，平垸行洪，以工代赈，移民建镇，加固干堤，疏浚河湖"的 32 字治水方针。鄱阳湖流域坚决落实国务院的治水方针，将根治水患和生态环境保护有机结合起来，促进社会经济可持续发展。1999～2002 年鄱阳湖区退田还湖的圩堤约 280 座，其中 95 座圩堤彻底平退，总面积达 189.6 km²，内有耕地 7 867 hm²、人口 23.3 万人，还原为行洪滩地或湖泊湿地。另将 178 座圩堤实行"单退"，总面积达 833.9 km²，圩堤内 58 万居民全部搬迁出来，圩内 $5.6×10^4$ hm² 耕地实行"高水蓄洪、低水种养"，鄱阳湖水位不高时从事种养等生产活动；出现较大洪水时，分洪蓄洪。

经过 5 年的努力，累计投入资金 73 亿元，共搬迁村镇 2 665 个，新（扩）建集镇 126 个，新建中心村 363 个、自然村 2097 个，新建住宅 $25.2×10^8$ m²，其他建筑 $516×10^4$ m²，$2.21×10^4$ 户、共 91 万人搬迁到附近新的村镇，摆脱了洪涝灾害和血吸虫病的威胁，改善了当地人民的生产、生活条件。

从 1986 年开始，对保护耕地 6 670 hm² 以上的 12 座重点圩堤进行了除险加固；1998 年洪水之后，开始除险加固保护耕地 6 670 hm² 以上，或者保护耕地 3 335～6 670 hm² 以及保护县城或重要设施的 45 座圩堤，2010 年全部完工，鄱阳湖圩堤的防洪能力大大增强，2012 年、2016 年、2019 年发生大洪水，没有一座堤防溃决。

5. 控制血吸虫病与发展经济、改善生活条件相结合

血吸虫病是鄱阳湖流域长期流行、严重危害身体健康和影响经济发展的地方病。新中国成立后，为了控制血吸虫病的流行，政府进行了不懈努力，在不同历史阶段采取了各种防治策略。山江湖工程积极探索实现经济目标、生态目标和健康目标相统一的血吸虫病防控模式。1993 年，在江西省瑞昌市官田湖开展"结合农业综合开发，控制血吸虫病"的试点，以科学技术为依托，调整农业产业结构；把农业综合开发与治虫、治水相结合，改变钉螺孳生环境，最终达到了控制血吸虫病的目的。试点工作取得了良好效果，找到了一条控制血吸虫病与发展经济相结合的路径，打破了长期以来形成的血防工作是纯粹公共卫

生事业的观念，为组织和发动群众积极参与血吸虫病防控工作，探索出有效的激励机制。2000 年，实施了农业综合开发、改水改厕、改善生活环境和健康教育相结合的控制血吸虫病的试点工作。通过阻断血吸虫病传播环节的综合防治，使血吸虫病流行的态势得到了有效遏制，进一步把消灭血吸虫病和发展经济、改善人居环境、提高生活质量结合起来。

6. 绿色崛起的奠基工程

山江湖工程遵循可持续发展理念，按照流域综合管理原则，不断摸索，大胆创新，勇于实践，经过近 30 年的综合治理与开发，不仅促进了区域经济发展，提高了当地人民群众的生活水平，改善了鄱阳湖流域的生态环境，而且探索出一条欠发达地区经济、社会与生态环境协调发展的途径以及相应理论，成为江西绿色崛起的奠基工程，在国际上也产生了较大影响，联合国发展计划署的官员称之为"欠发达地区可持续发展的范例"。山江湖工程已成为江西走向世界的一张名片。

山江湖工程的核心是在加快经济发展的同时，加强生态环境保护和建设。自 1985 年以来，着力治理水土流失，每年植树造林近 1×10^6 hm^2，基本消灭了宜林荒山。经过 20 年的努力，全流域水土流失面积从 1985 年的 4.65×10^4 km^2 下降到 2000 年的 3.35×10^4 km^2；森林覆盖率由 1985 年的 31.5% 上升到 2010 年的 63.10%（图 1.5），森林蓄积量 3.5×10^8 m^3；森林质量提高（图 1.6），城市绿化覆盖率达 23.48%，人均拥有公共绿地 5.86 m^2。水土流失得到有效控制，年均进入鄱阳湖的泥沙量由 20 世纪 80 年代的 5.0×10^7 t 减少到现在的 2.4×10^7 t，河道、湖泊淤积现象得到有效遏制。2001 年开始，鄱阳湖入湖泥沙少于出湖泥沙。

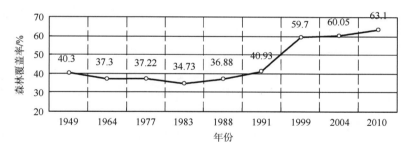

图 1.5　鄱阳湖流域森林覆盖率变化

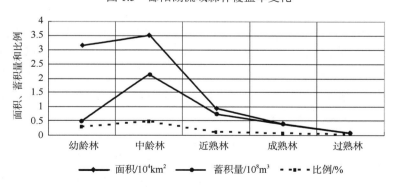

图 1.6　2010 年森林成熟度

通过有效治理水土流失，防治环境污染，不断提高森林覆盖率，受损害的生态系统得到逐步恢复与重建，整个流域江河湖泊的水质不断改善。近几年来，在赣江、修河、抚河、饶河、信江等五河及其主要支流 105 个国家和省级控制的水质监测断面中，有 90% 以上断面保持在地表水 Ⅰ～Ⅲ 类水质标准，鄱阳湖主体水质基本保持Ⅲ类以上。所有大、中城市的空气质量均达到二级以上。根据对鄱阳湖底泥和鄱阳湖平原 29 个县(市、区)共 4×10^4 km^2 的农业用地土壤质量调查、监测，有 92% 以上的农业用地达到了生产"无公害农产品"的土壤质量标准。昔日的穷山恶水已逐步呈现出青山绿水、风景如画的新面貌。

通过退田还湖、移民建镇，鄱阳湖水域面积增加 1 406 km^2，基本上恢复到 1954 年的水平，为长江中下游增加蓄洪容积 43×10^8 m^3，提高了长江下游抵御洪灾风险的能力。平均每年流入长江的总径流量 $1 436 \times 10^8$ m^3，水质良好，为长江下游补充了清洁水源。

退田还湖使鄱阳湖湿地面积大幅度增加，成为世界七大重要湿地之一。2000 年被世界自然基金会划定为全球重要生态区。由于湿地得到有效保护，来鄱阳湖越冬的候鸟逐年增加，由 1985 年的几万只增加到现在平均每年 38 万只以上，珍禽种群数量超过全球数量的一半，世界上 95% 的白鹤、90% 的东方白鹳在此越冬。鄱阳湖流域为维护全球生物多样性做出了贡献。

在生态环境明显改善的同时，鄱阳湖流域的经济社会快速发展，可持续发展能力不断增强。和 1985 年相比，按可比价格计算，2005 年的国内生产总值是 1985 年的 6.36 倍，平均每年增长 9.25%。按当年价格计算，2005 年的财政收入比 1985 年增加 20.1 倍。工业经济由小到大、由弱变强，工业化进程不断加快，经济结构不断优化。第一产业、第二产业、第三产业产值之比由 1985 年的 40.4∶36.6∶23.0 改善到 17.9∶47.3∶34.8，第一产业减少 22.5 个百分点，第二产业、第三产业分别增加 10.7 个百分点和 11.8 个百分点。

工业快速发展的同时，农业生产条件不断改善，基础设施建设不断加强，为农业可持续发展奠定了坚实基础。农业经济得到持续增长，内部结构不断优化，增长方式正由粗放型向集约型转变，作为国家商品粮和优质农产品生产加工基地的地位得到进一步巩固。2005 年江西省农林牧渔总产值达 114×10^8 元，按可比价格计算，是 1985 年的 2.764 倍，其中农业增长 1.98 倍，林业增长 1.91 倍，牧业增长 3.84 倍，渔业增长 15.27 倍，由单纯生产粮食转变为农、林、牧、渔各业并举。

在耕地面积减少的情况下，山丘和湖泊水体开发利用面积逐步增加，粮食、棉花产量稳中有增；2005 年同 1985 年相比，油料增长 2.14 倍，生猪当年出栏数增长 2.65 倍，肉类增长 3.81 倍，水产品增长 10.53 倍，水果增长 12.12 倍，农产品商品率增加 18.7%；560 万农村贫困人口摆脱贫困，城镇人口可支配收入、农村人口纯收入和人均年末银行存款余额大幅提升；接受中等、高等教育的人口不断增加，城乡居民的消费水平和生活质量不断提高，精神生活日益丰富。

1.3　鄱阳湖演变简史

1.3.1　湖泊成因分类

《中国大百科全书》[2]对"湖泊"的定义是：陆地上相对封闭的洼地中汇积的广阔水

体。这种相对封闭的洼地称湖盆。湖泊是湖盆与运动水体相互作用的综合体。由于湖泊中物质和能量的交换，产生了一系列物理、化学和生物过程，从而构成独特的湖泊生态系统。地球上湖泊总面积 205.87×10⁴ km²，湖泊水体的总水量约 17.64×10⁴ km³。

鄱阳湖是中国最大的淡水湖，位于江西省北部，东经 115°49′～116°46′，北纬 28°24′～29°46′，承纳赣江、抚河、信江、饶河、修河五大江河及周边中小河流来水，调蓄后由湖口注入长江，是一个过水性、吞吐型、季节性的淡水湖泊。鄱阳湖是一个年轻的湖泊，形成的历史并不久远。了解鄱阳湖演变过程，首先需要了解湖泊成因。加拿大湖沼学教授 Jacob Kalff 将自然湖泊的形成原因分为 5 类：①冰川湖；②构造湖；③滨海湖；④河成湖；⑤火山口湖和岩溶湖或喀斯特湖等；除自然湖泊外，还有人工湖泊和水库[3]。河成湖是洪泛平原或河流三角洲地貌上的湖泊，主要处于低纬度地区，包括牛轭湖、堰塞湖等。鄱阳湖流域受东亚季风气候影响，春夏季降水多，秋冬季降水少；湖水春涨秋落，秋冬季水流主要集中几条水道中，呈现河流–洲滩状态；春夏季入湖水量大，水流漫溢到两旁洲滩，逐步充满整个湖盆，形成浩瀚水面。因此，鄱阳湖是"河成湖"中的"河漫湖"，或者叫"洪泛湖"[3]。

现状是历史的延续与发展，在讨论鄱阳湖地形地貌特征之前，先来简要回顾一下鄱阳湖演变过程。

1.3.2　南北朝以前的彭蠡湖

今日的鄱阳湖地区，在前震旦纪元古代(距今 8 亿年以前)是"扬子海槽"的一部分，一片汪洋；距今 8 亿年时，地壳发生了一次强烈的构造运动——晋宁运动，开始隆起为陆地；在 1.3 亿年前的中生代末期发生的燕山运动，形成现在地貌的基础。在庐山隆起同时，庐山东南侧大面积沉陷，出现巨大的三叉裂谷系，继而逐步形成低洼的盆地平原[4]。地质钻探结果显示，全新世早中期的鄱阳湖水系下游是广泛发育的河流景观，湖口地区古代地理状况呈现外泄跌水，距今 3 800 年时开始有滞水回流的环境[5]。都昌周溪城头山(古鄡阳县遗址)的剖面表明，南朝以来有较大的水侵。

据张建民、鲁西奇[5]考证，距今 6 300 年前后是全新纪最温暖时期，雨量充沛，海平面比现在高 4.3 m。古长江出武穴后，形成了以武穴为顶点，北至黄梅城关、南至现今九江市的巨大扇形三角洲，下游展布到现今的宿松、望江一带，在这个扇形三角洲上，长江分散为众多的游荡型支流，尚未形成主泓道，呈现沼泽地貌，后世称之为彭蠡古泽[6](图 1.7)。

根据史籍记载，大约在秦末汉初，海平面降低，九江附近的长江支流逐步归入单一主泓道[7]，并逐步移到现今湖口附近位置，长江干流中游段形成现在的基本格局。湖口至星子一线由于庐山隆起形成的地堑被水充满，江北原长江各支流逐渐萎缩成雷池等中小湖泊[6]。古人沿用旧名，将湖口至星子水域称为彭蠡湖。三国时代至晋代，因湖岸建有宫亭庙而又称之为"宫亭湖"，《三国志》中有周瑜"还备宫亭"的记载。当时彭蠡新泽的南界，不超过婴子口一线"[6]，婴子口东岸为都昌县左蠡，西岸为星子县杨澜；根据《太平寰宇记》描述，宋代初年这里湖面宽约 4 km。

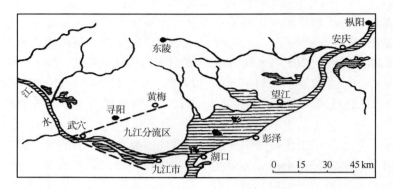

图 1.7　彭蠡古泽示意图[6]

综合《汉书·地理志》和《水经注》等史籍的记载，公元 5 世纪以前，鄱阳南部湖区尚未形成，湖汉水(古赣江)下游两岸属于河网交错的平原地区，适宜人们居住生活，农业经济发展已具相当规模，因此西汉立朝时就在湖滨平原中部(今鄱阳湖中心地区)设置鄡阳县，其辖境大约在今矶山-长山一线以西的鄱阳湖南部湖区中，隶属豫章郡。考古发现，鄱阳湖中的四山(四望山)是汉代鄡阳县城遗址[8, 9]。鄡阳县址是河网交汇的中心，当时的地貌形态应当属赣江下游水系河网交错的冲积平原，谭其骧先生称为"鄡阳平原"[6](图 1.8)，"江南的这个彭蠡新泽，从形成以后至隋唐时代，历时千年以上，范围相对稳定，始终局限在今鄱阳湖北部湖区。未见向南扩展至鄡阳平原的任何记载"[6]。

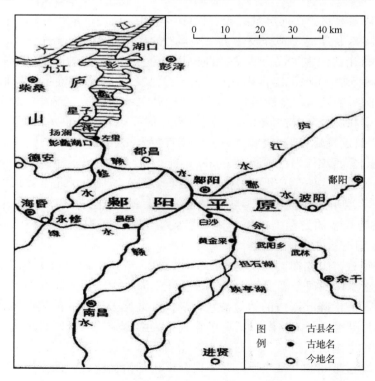

图 1.8　汉代彭蠡泽与鄡阳平原[6]

成书于战国时期的《尚书·禹贡》有"彭蠡既潴，阳鸟攸居"之说，认为彭蠡泽已经蓄水，南面飞来的鸟在这里悠然集居。也有人理解为"随阳之鸟"，即冬候鸟来此集居。根据彭蠡泽深水留潴的水文情势，"阳鸟"为南方来的鸟，可能属于取食鱼类的鸥、鹭类等夏候鸟。那时不具备雁类等冬候鸟觅食栖息的沼泽、浅水生境。陶渊明(约352～427年)在《游斜川并序》曰"鲂鲤跃鳞于将夕，水鸥乘和以翻飞"，确指乘风飞翔的是鸥类等夏候鸟。

1.3.3　鄡阳平原的沉陷与鄱阳湖得名

汉代豫章郡下设18个县，其中南昌、彭泽、历陵(今德安县东)、柴桑、鄱阳、馀汗、艾、新淦、建成(今高安县)、海昏、鄡阳等11个县均在现今的鄱阳湖平原，可知这一地区开发较早，人口较为密集，经济相对发达。公元3～6世纪，全球火山爆发，地震频繁，地层构造活动强烈[7]，晋代鄱阳湖地区频繁发生地震，地形地貌发生变迁。公元319年1月发生地震，《晋书》记载，东晋太兴元年"十二月庐陵、豫章、武昌、西陵(今江西南昌西北)地震，涌水出，山崩"。紧接着在公元327年5月23日、372年11月24日、409年2月10日、412年3～5月连续发生4次4级以上地震[10, 11]。专业技术机构根据历史文献记载分析，公元319年地震的震级达到5.5级，强度大，范围广[10]，地壳发生沉陷，地下水抬升，破坏性较大。

东汉以后，河网交错、田园阡陌、水路交通发达的鄡阳平原开始沉陷，逐步沼泽化。《太平寰宇记》饶州鄱阳县载："废鄡阳县在西北一百二十里。按鄱阳记云：'汉高帝六年(前201年)置，宋永初二年(421年)废'"；当时位于彭蠡湖西岸的海昏县(今永修县吴城镇西南)在南朝宋元嘉二年(452年)也并入建昌县，迁县治于艾城附近。可见这次地质构造活动具有强烈的下沉趋势，影响范围大，持续时间长。谭其骧、张修桂认为，至南朝隋唐时代，鄡阳平原沼泽化可能已经相当严重，大部分地区不宜人居住和从事农业生产；在唐末五代至北宋初期，彭蠡泽空前迅速地越过婴子口向东南方的鄡阳平原扩展[6]。《大明一统志》有："鄱阳湖，在鄱阳县西四十里，"禹贡"之彭蠡也，延袤数百里，隋以鄱阳山所接，故名"，其后延续这一说法，认为隋代(公元581～618年)彭蠡湖已向南扩展到今鄱阳县城附近，始称为"鄱阳湖"[1]。

鄱阳湖得名于隋代的说法不符合历史事实。中国山水诗派的开创者谢灵运在晋怀帝元嘉八年(431年)晚春，由建康赴临川任内史，舟行彭蠡湖，作《入彭蠡湖口》，有"攀崖照石镜，牵叶入松门"之句[12]。松门山现今为左蠡、杨澜南面鄱阳湖中间一个沙岛。《太平寰宇记》曰："其山多松，北临大江及彭蠡湖，山有石镜，光明照人"，因此谢灵运诗中有"攀崖照石镜"之句。当时松门山西面与现今星子、永修县内的陆地相连，与都昌左蠡相隔湖汊水，两岸松林繁茂、枝条密布，谢灵运"牵叶入松门"说明当时这里没有辽阔的水面，狭窄的水道两岸都是树林。李白对谢灵运非常尊重，公元756年，李白为《浔阳送弟昌峒鄱阳司马作》诗，其中有"松门拂古道，石镜回清光"之句[12]。天宝十九年(760年)，李白去豫章，踏着谢灵运的足迹，来到松门山，写下了《入彭蠡，经松门观石镜，缅怀谢康乐，题诗书游览之志》，曰"余方窥石镜，兼得穷江源"[12]。李白缅怀先贤，"因此游松门"；踏访前人足迹，"前赏逾所见"；兼顾追溯彭蠡湖的源头。古时称"三水合流(长江)而东，以入于海"，三水中"彭蠡为南水"，李白"兼得穷江源"，意指探究南水之源，把松门山以南作为彭蠡湖的源头，由此可知，当时并不存在大面积的水体。

由胡迎建主编的《鄱阳湖诗词集注评》[12]中，共收集晋至唐代诗词 48 首(其中唐诗 36 首)，大多数诗词称庐山脚下的这一大水体为"彭蠡湖"，直到僧人释贯休(832～913 年)作《春过鄱阳湖》、韦庄(836～910 年)作《泛鄱阳湖》，徐铉(917～992 年)作《送表侄达师归鄱阳》诗中有"鄱阳湖上叶飞时"之句，有"湖面辽阔"之意。由此可见，直到唐末鄱阳湖之名才开始在文人墨客中流传，且诗词数量十分有限。到南宋期间，鄱阳湖这一称谓才慢慢地多了起来；明清时期，鄱阳湖大盛其名。

1.3.4　宋代鄱阳湖大水面形成[13]

虽然鄱阳湖何时得名尚未考证出具体时间，但松门山以南湖区大水面何时形成却有踪可循。《宋史》卷四百三十一，《儒要一，孔宜传》记载，北宋太平兴国三年(公元 978 年)掌星子镇市征的孔子四十三代孙孔宜上奏皇帝："'星子当江湖之会，商贾所集，请建为军'，诏以为县，就命宜知县事，后以为南康军"。孔宜所奏的"江湖之会"，指彭蠡湖与湖汉水(古赣水)交汇，并非现在的鄱阳湖在湖口与长江交汇，湖口不与星子接壤，在星子立县之前就已经从彭泽分出单独立县了。由此可知，北宋初年湖汉水(古赣水)仍然是河流状态，彭蠡湖没有越过星子县境的扬澜。

唐代京城至南粤的要道为：湖口往来船只经过松门山，沿东水道(湖汉水)经都昌、鄱阳、余干、进贤入赣江到南昌市。唐开元年间(713～741 年)张九龄(678～740 年)从洛阳南下赴洪州就任，经漕道南下，溯长江而上，入彭蠡湖经庐山至洪州[14]，留下"自彭蠡湖初入江"诗，有"上来群噪鸟，中去独行舟"之句[12]，可推断彭蠡湖与洪州之间是江河水道景观。刘长卿(约 726～约 786 年)，唐玄宗天宝年间进士，肃宗至德年间任监察御史，因事得罪，贬为岭南的南巴尉。沿湖汉水(赣水)赴南巴，路经鄱阳、余干等地，写下了《初贬南巴至鄱阳题李嘉祐江亭》《余干旅舍》《负谪后登干越亭作》《余干夜宴奉饯前苏州韦使君新除婺州作》等多篇诗作[12]。

绍圣元年(1094 年)八月，苏轼贬官赴惠州，路过吴城，写下了《望湖亭》："八月渡长湖，萧条万象疏。秋风片帆急，暮霭一山孤。……"这是最早描述舟行鄱阳湖经吴城入赣江西支的文字记载。公历 9 月鄱阳湖水位开始消退，苏公"渡长湖""秋风片帆急"，说明渚溪至吴城航道开通，松门山以南的平原已经沦为"长湖"，但当时往来船只不多。

南宋绍兴年间(1131～1163 年)，张孝祥知抚州，在《吴城阻风》中有"吴城山头三日风，白浪如屋云埋空。北来大舸气势雄，车帆打鼓声誶誶"。此时，松门山至吴城可以航行大船。陆游(1125～1209 年)在《夜闻松声有感》中写道："清晨放船落星石，大风吹飙如箭激，回头已失庐山云，却上吴城观落日"。诗后自注：余丙戌七月自京口移官豫章，冒风涛自星子解舟，不半日至吴城山小龙庙[12]。可知 1166 年丰水期从星子舟行至吴城不用一天时间。

南宋时期，临安(现杭州)的朝廷与湖南、广西乃至四川州县的联系主要依赖信江、袁水的航运。东来的旅行线路是：衢州陆路至玉山，改乘船到信州(今上饶)，西航至贵溪、安仁(今余江)，由瑞洪入鄱阳湖，西南向航行至吴城，入赣江，溯行至南昌、丰城、清江，再折入袁水西去，经新喻、袁州(今宜春)直到芦溪，才弃舟登岸，过萍乡县城入湖南境[8]。

南宋时期，关于鄱阳湖大水面边界的记载较丰富。《太平襄宇记》在饶州鄱阳县下，有"鄱江水。……经郡城南，又过都昌县，入彭蠡湖"。成书于南宋嘉定年间的《舆地纪胜》在饶州鄱阳县条文下载："鄱阳湖，湖中有鄱阳山，故名。其湖绵亘数百里，亦名彭蠡湖"，鄱江水"经过城下入彭蠡湖"，再也不需要经过都昌县入湖了。在隆兴府南昌县条文下载，"彭蠡湖，去进贤县一百二十里，接南康饶州及本府三州之境。迷茫浩渺，与天无际"。这时鄱阳湖水面与现在已经相差无几了。

从唐代中后期开始，彭蠡泽漫过松门山向南扩展，松门山以南成为沼泽或浅水湖泊，夏季水漫成泽，秋冬季洲滩出露；至南宋松门山以南大水面基本形成。844 年进士及第的项斯在《彭蠡湖春望》中有"遍草新湖落，连天众雁来"之句[12]，说明此时水落洲出、湖草新生，有大雁取食。陈陶(约 812～885 年)在《鄱阳秋夕》中有"今夜重开旧砧杵，当时还见雁飞来"[12]；表明鄱阳湖冬春季节雁类等冬候鸟数量不少。释贯休的在《秋末入匡山船行》曰："芦苇深花里，渔歌一曲长。……石濑衔鱼白，汀茅侵浪黄"、"潮寒蚌有珠"[12]，描写了芦苇、鱼蚌等景观。宋代有关唱咏鄱阳湖的诗歌中，夏候鸟和冬候鸟均有提到，如"静唱村渔乐，斜飞渚雁惊"(赵抃)，"阑干百日风吹雁，帘幕黄昏月近鸥"(陈舜俞)，"夜来徐汉伴鸥眠，西径晨炊小泊船"(杨万里)，"袖手倚楹独立，孤雁灭没人间"(王炎)，"远浦沉初月，孤舟乱去鸿"、"一声欸乃山水绿，浪中惊起双鸳鸯"(严粲)，"秋风黄鹄阔，春雨白鸥闲"(文天祥)等[12]。宋代的鄱阳湖自然景观已经与现今有类似之处，既有夏候鸟，也有冬候鸟了。

刘诗古博士考证大量古籍文献后认为，南宋时期"现今鄱阳湖的大体范围基本形成"[15]。大水面形成后，昌江入湖三角洲在鄱阳县附近，出现碟形洼地。南宋洪迈在《夷坚志》中记述："鄱阳近郭数十里多陂湖，富家主分之，至冬日命渔师竭泽而取，旋作苫庐于岸，使子弟守宿，以防盗窃"[16]。此处所说的"陂湖"，指鄱阳湖湖水退落之后洲滩上留下的蓄水低洼地。陂湖形成大概与景德镇陶瓷发达有关。唐代"安史之乱"以后，中原大批制陶手工业者南迁，景德镇制陶瓷也蓬勃发展，烧制陶瓷以木柴为燃料，大肆砍伐森林，导致水土流失，民间有"一座窑，十里焦"之说。水土流失使泥沙沉积在昌江入湖三角洲前缘，形成"陂湖"，被富家霸占。与此同时，形成一种捕鱼方式，洪迈称为"栈罟"，秋冬之交，鄱阳湖水位开始下降，有些渔人在陂湖四周、"水浅源涸"之处，"遍施栈箔，遮阑界内，俟岁杪四环网罟，率竭泽取之"[17]，"栈箔"指用竹子或树枝编成的栏栅，插入水中，不让鱼往外逃离。"栈罟"是当今"堑湖取鱼"的雏形。

1.3.5　明清时期鄱阳湖在人与自然抗争中继续扩展[18]

1. 明清时期鄱阳湖的扩展

元末明初，沉寂 900 多年以后，地壳构造运动活跃，鄱阳湖周边地区地震频繁活动起来[10, 11]，鄱阳湖区整体上呈现下沉趋势，东南区域尤为明显。另外，明清期间，鄱阳湖流域降水特别丰沛，鄱阳湖入湖水量大增，从公元 1331～1949 年共 619 年，干旱年份仅 166 年，湿润多雨年份有 443 年[19]。明清期间，尤其是清代，鄱阳湖进一步扩展，扩展表现在以下 3 个方面。

(1) 军山湖、青岚湖水域形成。《舆地纪胜》在隆兴府条文中记载的"日月湖在进贤北十五里"。清代，随着鄱阳湖南部沉降，日月湖流进鄱阳湖的水道扩展成鄱阳湖南部条带状的军山湖，成为鄱阳湖南部的湖汊。顾祖禹《读史方舆纪要》南昌府进贤县："三阳水，县北六十里，上源在县西，曰南阳、洞阳、武阳，合流经此故曰三阳，又东北入鄱阳湖"，说明清初青岚湖没有形成。经过后来的演变，原来流经进贤西北的南阳、洞阳、武阳三水的中下游地带，也因沉溺而扩展成青岚湖。《清一统志》南昌府山川已列青岚湖之目。

(2) 鄱阳湖西南部沉降，使入湖河流或支流拓宽，岸线退缩，河口拓展为辽阔的水域，如现今大湖池等。宋代矶(几)山在赣江三角洲前缘；而据《读史方舆纪要》的记载，清初矶(几)山已"屹立鄱阳湖中"。

(3) 湖区周边丘岗之间的沟谷被湖水淹没，如现在用堤坝控制的星子县的寺下湖、都昌县的新妙湖、鄱阳县的珠湖、进贤县的陈家湖等，都成为鄱阳湖的湖汊。地质勘测结果表明，这些狭长的湖汊，其床底都是由网纹红土组成，仅在湖汊底部才有一层极薄的近代湖积物[1]，表明过去是岗丘阶地之间沟谷。

2. 碟形湖的形成

唐朝中期"安史之乱"后，我国经济重心南移。由于江南社会相对稳定，许多中原人来到江西定居，劳动力逐渐增多，开始开发利用丘陵山地；山区开发"自邑以及郊，自郊以及野，峻岩重谷，昔人足迹所谓尝者，今昔皆为膏腴之地"[8]。由于当时山地森林茂密，植被良好，覆盖率较高，土壤饱含水分；虽然山坡梯田广泛开垦，但没有大规模破坏植被；虽有水土流失，但没有突破合理界限。当赣江上游或支流降雨后，中游水位上涨，江水并不浑浊。苏轼发配岭南，徽宗继位获得赦宥，1100 年北归时，曾云："予发虔州，江水清涨丈余，赣石三百里无一见者"。方勺也记载说："故无雨而涨，士人谓之'清涨'，东坡北归，行次清都观，有'自笑劳生消底物，半篙清涨百滩空'之句"。"清涨"的记载多见于南朝与宋朝，元以后少有记载[8]。

明代至清初大量客家、棚民迁入江西，山区开发进一步深入[8]。由于丘陵山区开发过度，1949 年鄱阳湖流域森林覆盖率只有 40% 左右。全流域土壤侵蚀严重。赣江等五河中上游流失的泥沙最终沉积在五河尾闾地区和各支流入湖口门处，使鄱阳湖河口三角洲扩大，后人推算，赣江三角洲大约平均每年增长 80 mm[1]，呈扇形状不断向湖泊中心推进。随着鄱阳湖水面扩大，丰水季节对赣江等五河尾闾地区产生顶托，赣江、抚河干流不断分支分汊，支流呈鸡爪状入湖，水流带来的泥沙在三角洲前缘沉积，逐步形成碟形洼地，即洪迈所称的"陂湖"，谭其骧先生称为"重湖"——湖中之湖[6]。鄱阳湖高水位时，许多鱼类到这些碟形洼地中觅食，湖水下降归槽后，洼地中的鱼类在此育肥。为了圈养更多的经济鱼类，当地居民将洼地周边堆土加高形成矮堤，开挖排水沟，以便于冬季放水抓鱼，形成鄱阳湖的独特地理景观——碟形湖，原来的"栈罟"取鱼方式逐步演变成现在的"堑湖"取鱼。

3. 湖区围垦

入湖三角洲的淤积、扩展，一方面为围湖造田、增加耕地创造了条件；另一方面明清时期鄱阳湖水位抬升，入湖河流下游农田易遭水患，需要修建堤防，御洪护田。明清时期五河下游堤防建设大规模展开，通过围垦将鄱阳湖的滩地建设为农田。至 1949 年，鄱阳湖地区共有圩堤 531 座，堤线长 3 130 km，保护农田 30×10⁴ hm²，堤身高 3～4 m，防洪标准不到 5 年一遇[1]。

明清时期，鄱阳湖水域继续扩大，围湖造田限制了鄱阳湖的自然扩展。受生产力水平制约，当时的堤防矮小、单薄，发生大洪水随即溃垮，围湖造田对缩减鄱阳水面的影响极其有限。在人与自然的争斗中，鄱阳湖进一步扩展。

1.3.6　从大规模围湖造田到退田还湖

新中国建立以后，随着科学技术进步和经济实力逐步提高，凭借着集中力量办大事的制度优势，在政府组织下，鄱阳湖区开展了大规模圩堤加高加固、围湖造田的群众运动。洪水使原来的圩堤溃决后，籍堵口修复、加高加固的契机，以联堤并圩、拦堵支流汊道、缩短堤线为主要手段，大力开发鄱阳湖区的水土资源，扩展粮食生产和水产养殖基地。截至 1999 年共有大小圩堤 3 015 座，堤线总长 5 138 km，保护农田 6 300 km²，其中湖盆及"五河"尾闾地区共有大小堤防 586 座，堤线总长 4 000 km 以上，保护面积 8 503 km²，其中耕地面积超过 5 000 km²，保护人口超过 1×10⁶ 人。

盲目的围湖造田产生了很大的负作用。第一，限制了鄱阳湖自然扩展的趋势，湖盆形态和水面面积、蓄水量等受到堤防控制。第二，盲目的围湖造田、与水争地，使湖泊通江水域减少，蓄洪能力减弱。1954 年湖口水位 19.79 m(黄海高程)时，鄱阳湖水面面积 5 053 km²，1999 年减少到 3 210.23 km²，湖盆蓄水容量从 284×10⁸ m³ 减少到 264×10⁸ m³。第三，过度围湖造田导致洪灾频繁，湖盆蓄水量减少，使得同样量级洪水入湖，水位更高，防洪难度更大，排涝成本更高，在同等洪水下，湖水位大幅度抬高，增加了洪灾风险。1998 年长江流域发生大洪水，降水量不是最大，洪量也比 1954 年小，湖口站水位达到历史最高的 20.66 m；以扩地增粮为唯一目的，与水争地，过度围垦，从而使社会、经济效益大幅度递减。第四，损害了生态环境，围垦使湿地植物面积减少，消减污染物质能力弱化；鱼类生存空间缩减，某些鲤、鲫鱼产卵场地丧失；候鸟栖息地减少。这些导致生态系统退化、生物多样性弱化。

1998 年洪水之后，国务院提出了"封山育林，退耕还林，退田还湖，平垸行洪，以工代赈，移民建镇，加固干堤，疏浚河湖"的 32 字治水方针。这一方针将根治水患和生态环境保护建设结合起来，作为保持社会经济可持续发展的重要措施之一，达到减轻江湖水患、保护湖泊生态环境的目的。鄱阳湖水面基本恢复到 1954 年状况，星子水位 20.66 m，不开启康山等分蓄洪区，水面面积 4 384 km²，蓄水量 351.2×10⁸ m³。进入 21 世纪以后，鄱阳湖发生 4 次较大洪水，鄱阳湖没有一个圩堤溃决，其中 2016 年星子站超警戒水位共 34 天，最高水位 19.52 m(黄海高程)；没有动用一个"单退"圩堤蓄洪(启用万亩以下"单退圩堤"蓄洪标准是湖口水位 18.64 m），鄱阳湖没有一个堤坝溃决。通过"退田还湖、移民建镇、加固干堤"，基本实现了人水和谐的目标。

1.4 "高水是湖、低水似河"的自然地理景观

1.4.1 鄱阳湖地貌基本情况

鄱阳湖承纳赣江、抚河、信江、饶河、修河五大江河（以下简称"五河"）及周边中小河流来水，调蓄后由湖口注入长江，是一个过水性、吞吐型、季节性的湖泊（图1.9）。鄱阳湖南北长 173 km，东西平均宽度 16.9 km，最宽处约 74 km；入江水道最窄处的屏峰卡口，宽约为 2.8 km；湖岸线总长 1 200 km，历年最高水位 20.66 m（黄海基面，以下未注明均为黄海基面）时湖泊水面面积 4 553 km²。湖面以松门山为界，分为南、北两部分：南部宽阔，为主湖区；北部狭长，为湖水进入长江水道。湖区地貌由水道、洲滩、岛屿、内湖、汊港组成。洲滩有沙滩、泥滩和草滩三种类型，全湖岛屿 41 个，面积约 103 km²。主要汊港约 20 处。鄱阳湖湖盆地貌具有如下基本特点。

(1)以松门山为界，北低南高。赣江西支（主支）与修河在吴城汇合入湖，形成湖盆西水道；赣江南支与抚河、信江西支在三江口汇合，接纳信江东支和饶河以后，由原来的湖汊水（古赣水）逐步演变成湖盆的东水道。东、西水道在松门山以北的渚溪口汇合，形成入江水道。水位 9 m 以下的水域主要集中在东、西水道和入江水道的河槽之中，入江水道屏峰山以下河槽是全湖高程最低之处。松门山以南的主湖区湖床平坦，地势较高，高程 10～12 m 的面积占到该区面积的 83%；10.5～11 m 区间最大，约占 28%；按照多年平均水位 11.39 m 计算，水深在 0.5～2 m 之内，分布有大面积的沉水植被，体现了鄱阳湖浅水湖的特点。

(2)在现代泥沙淤积的作用下，"五河"河口呈现出典型的三角洲扇形结构，分为三片：吴城国际湿地保护区所在的赣江西支与修河河口三角洲，南矶湿地自然保护区所在的赣江中支、南支与抚河河口三角洲，鄱阳湖国家湿地公园所在的信江、饶河、昌河河口三角洲。高程在 13.5～16.0 m 的洲滩分别占这三个三角洲总面积的 70%、72%、50%。

(3)为了利用湖泊资源，在"五河"尾闾入湖支流两岸、高程为 16～18 m 的洲滩修筑了大量圩堤，为了取土筑堤以及枯水季节行船需要，开挖了许多人工河渠，与入湖支流相连，形成了复杂的水网结构，将三角洲分割形成了众多相互分离的洲滩，形成了多样化的生境和复杂的地形结构。

(4)在鄱阳湖周边有许多天然湖汊，人工修筑堤坝，使之鄱阳湖完全分离，水流通过闸门控制，并建有排灌设施，充分利用水土资源，开发为农田或进行水产养殖。水产品包括四大家鱼等经济鱼类和珠蚌、螃蟹等。这部分人控湖汊总面积达到 606.78 km²，大部分分布在湖区的东部。1998 年大洪水以后，鄱阳湖退田还湖，189.6 km² 的圩堤实行"全退"，恢复为天然湿地；总面积 833.9 km² 的 179 座圩堤进行"单退"，居民全部搬出，实行"低水种养、高水蓄洪"。启用万亩以下"单退"圩堤和湖汊蓄洪的最低水位为湖口 18.64 m。

(5)就整个湖盆而言，湖底高程主要集中在 12.5～16.0 m，占全湖面积的 2/3，其中面积最大的区间是 13.5～15.0 m，是沼泽植被和薹草群落分布的主要区域，占全湖总面

积的 17%左右。

深水湖泊水陆界面随着水位波动上下移动，消落带时大时小。鄱阳湖是浅水湖泊，与深水湖泊不同，随着水位升降，呈现出"高水是湖、低水似河"的自然景观。

1.4.2　河相与湖相轮转替换

鄱阳湖流域地处亚热带暖湿季风气候区，冬夏季风交替，四季降水不匀，流域年平均降水量 1 645 mm，主汛期 4～6 月降水量占全年降水量的 45.01%。鄱阳湖蓄水量受到流域来水和长江流量双重影响，汉口站年平均流量为 22 442 m³/s，长江中上游主汛期为 7～9 月，平均流量为 37 814 m³/s，对鄱阳湖产生明显的顶托或倒灌。因此，鄱阳湖汛期 4～9 月水位高，湖面辽阔，呈现浩瀚大湖之势，称为"湖相"[图 1.9(b)和彩图 1]。10 月～次年 3 月，鄱阳湖入流较少，长江流量大减，顶托作用减小，鄱阳湖水位迅速消落，湖水落槽，蜿蜒一线，洲滩显露，呈现河流-湖泊-洲滩景观，称为"河相"[图 1.9(a)和彩图 2]。"高水是湖、低水似河"是鄱阳湖显著的自然地理特征，河相与湖相以年为周期轮转循环，湿地生态系统也形成与之适应的自然景观和生态节律。一般而言，鄱阳湖呈现河相时，洲滩面积大，湿生植被茂盛，物种众多；呈现湖相时，水面面积大，有利于沉水植物、鱼类和底栖动物等水生物生长繁衍栖息。这样，形成了季节性发育系列明显、物种丰富、生物量大、生物多样性丰富的湿地生态系统。

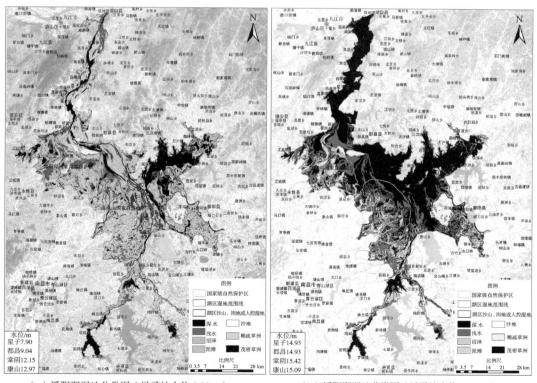

（a）潘阳湖湿地分类图（星子站水位 7.90 m）　　　（b）潘阳湖湿地分类图（星子站水位 14.93 m）

图 1.9　不同水位下鄱阳湖湿地景观

　　枯水季节鄱阳湖东北部有一块大面积水体，当地群众取名"撮箕湖"，水面面积约83.7 km²。这块大水面是人工改造后形成的。撮箕湖原本是鄱阳湖的一个大湖汊，主湖区水流从汉湖池进入湖汊，通过周溪大港流进鄱阳湖东水道，与其他湖汊一样，枯水期所有的水都流走，成为草洲或泥洲。1968 年，为了周溪镇的防洪安全，修筑周溪大港上坝和下坝，将周溪大港封堵，用于水产养殖。沿着山脚另开一条小河泄流(图 1.10)。新开小河河面宽不到 30 m，河底高程较高，流出撮箕湖的水大约与湖汊周边入流大致相当，撮箕湖枯水季节能够存蓄一定水量。这样，既保持了撮箕湖与主湖区连通，同时蓄水近 1×10^8 m³，后来在撮箕湖围网养殖，形成良好的水产养殖基地，湖底苦草、蓖草等沉水植物群落生长茂盛，撮箕湖周边成为候鸟越冬的觅食栖息场所。由此可见，在遵循自然规律的前提下，适度地干预自然，可以取得经济、社会和生态环境效益的协调统一。

图 1.10　撮箕湖出水河流改道

1.4.3　水流在湖盆中滞留时间

　　水流在河流、湖泊中的滞留时间是影响水体自净能力、藻类生长繁衍的重要条件。一般按照下式计算水流滞留时间 T(天数)：

$$T = \Delta t / (Q_t / S_t) = (S_t / Q_t) \Delta t \tag{1.1}$$

式中，S_t 表示 t 时段湖泊蓄水量；Q_t 表示 t 时段湖泊进出湖水量；Δt 为一时段天数，括号中 Q_t / S_t 表示一时段内复蓄次数。如果按照一年计算，鄱阳湖多年平均水位 11.39 m，进出湖水量 1 460×10⁸ m³，水流在湖盆滞留 9 天；按照月计算，7 月、8 月、9 月分别滞留 28 天、28 天、29 天，10 月滞留 18 天，其他各月滞留 6～13 天(表 1.2)。Jacob Kalff 教授介绍，密西西比河水流滞留时间为 15 天[3]。

表 1.2　鄱阳湖水流在湖盆滞留天数

月份	平均水位/m	蓄水量/10⁸m³	出湖水量/10⁸m³	复蓄次数	滞留天数/天
1	7.11	11.7	47.4	4.05	8
2	7.70	13.98	61.8	4.42	6
3	9.23	22.66	120.3	5.31	6
4	10.96	38.77	182.7	4.71	6
5	12.82	68.18	218.8	3.21	10
6	14.17	100.32	226.8	2.26	13
7	15.79	144.43	160.7	1.11	28
8	14.78	116.22	128.0	1.10	28
9	13.94	94.38	98.5	1.04	29
10	12.28	58.32	103.1	1.77	18
11	9.95	28.13	80.4	2.86	10
12	7.78	14.34	51.2	3.57	9

1.4.4　区分河相与湖相的特征水位

收集了 35 帧类似图 1.9 那样的不同水位下遥感影像进行解读，将湖泊、河流和碟形湖水面相加(不计堤防内水域)得出水面面积；草洲、泥洲、沙洲和沼泽相加，得出洲滩面积；以星子站水位作为鄱阳湖水位的代表，鄱阳湖不同水位时水面和洲滩面积关系如图 1.12 所示，通过回归分析，符合二次曲线关系：

$$y_{水}=-11.925x^2+472.67x-1828.7 \tag{1.2}$$

$$y_{洲}=10.677x^2-446.60x+4820.1 \tag{1.3}$$

通过了置信度为 0.001 的可靠性检验。求解式(1.2)和式(1.3)得 x^*=9.41，表示星子站水位 9.41 m 时，水面面积与洲滩面积相等。从水面面积与陆面面积大小权衡，水位 9.41 m 可以作为区分鄱阳湖河相与湖相的参考标准之一。图 1.12 中，两条回归曲线在 10～12 m 区间经验点据较为分散，其原因在于以下两方面。

第一，鄱阳湖水流是非恒定流，非恒定流在湖泊中表现为水位–面积关系呈绳套状，星子站为同一水位，涨水时水面面积大，退水时水面面积小(图 1.13)。

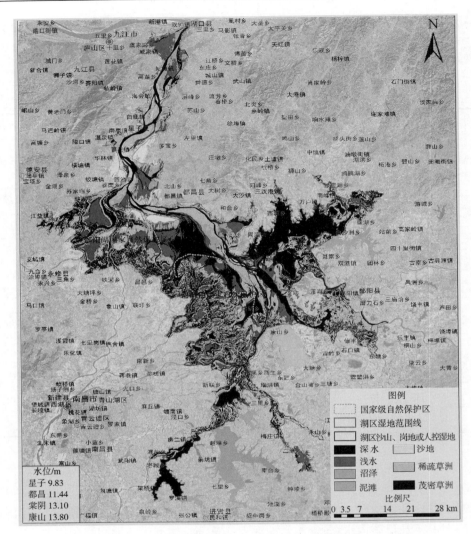

图 1.11　星子站水位 9.83 m 时的卫星遥感影像

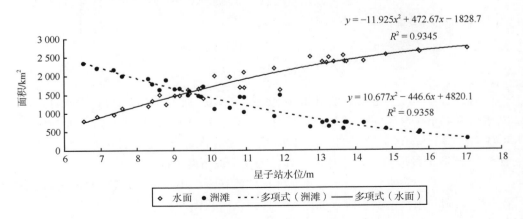

图 1.12　鄱阳湖不同水位水面与洲滩面积关系

　　第二，星子站水位在 10～12 m 区间，松门山南部是河道与草洲的过渡区，地面坡降十分平缓，1 cm 的高差，可能有几平方公里的泥沙滩面积(图 1.14)。

　　两方面因素叠加，图 1.12 中的经验点据就显得分散了。从南部湖区的微地形判断，星子站水位 10 m 是河相与湖相的分界点(图 1.11 和彩图 3)。10 m 以下水流归槽，点据比较集中，10～12 m 以泥沙滩为主，洲滩地面坡度小，水位小幅度波动，洲滩显露面积变化很大；12 m 以上河槽两岸皆为草洲，地面坡度较大；湖水位高于 12 m 时，水位波动影响较小，水位与面积的点据又比较集中。综合两方面的分析，将 10 m 作为区分河相与湖相的标志比较恰当(图 1.11)。

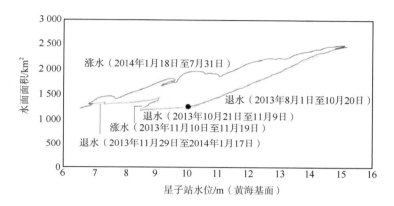

图 1.13　鄱阳湖南部湖区水位与水面面积关系

图 1.14　东水道旁边的沙洲

1.5　碟形湖在鄱阳湖湿地生态系统中的作用与地位[19]

　　鄱阳湖存在一种特殊的地貌景观——碟形湖，在鄱阳湖演变简史中已经简要介绍了碟形湖产生的历史过程。所谓碟形湖，是指鄱阳湖湖盆中由于泥沙沉积不均而形成后，经过加高周边土坝、开挖排水沟等人工改造而形成的具有特殊水文过程和生态学特征的湖中湖；古代称为"陂湖""洪陂"，谭其骧先生称其为"重湖"[6]。丰水期鄱阳湖一片汪洋，碟形湖融入主湖体，鄱阳湖完全显现大湖特征。当鄱阳湖水位下降到 14.5 m后，碟形湖依次显露；当水位降到 12 m 左右时，蝶形湖成为独立水域，与鄱阳湖主湖区没有直接的水流联系，形成湖中湖的独特景观。秋冬季少雨，碟形湖水位相对稳定，保持浅水特征。这种生境为湿地生态系统发育提供了优越的环境条件，特别适宜浮游动物、漂浮植物、水生植物、底栖生物和鱼类、越冬候鸟栖息。下面讨论碟形湖水文、生态特性及其在维护鄱阳湖湿地生态系统中的作用与地位。

1.5.1　碟形湖的形成、分布与水文特征

1. 碟形湖的形成

赣江等"五河"尾闾地区地面平缓，随着鄱阳湖大水面的形成，湖水位对"五河"下游产生顶托，促使"五河"干流分支分汊，形成马尾状支流进入鄱阳湖。从南宋开始鄱阳湖"五河"水系中上游大力开发山区丘陵，明清时期开发利用力度不断加强，赣、抚、修、饶、信等"五河"带来大量泥沙在鄱阳湖沉积下来，入湖三角洲不断发育[1]。在河口三角洲形成过程中，水流进入主湖区流速减小，泥沙在水动力作用下产生不均匀的沉积，在主流两旁逐渐堆积成自然土埂，远离主流的水域逐步封闭成浅碟形洼地。丰水期鱼类游到碟形洼地觅食栖息，湖区居民为了多捕鱼，南宋时期渔民用竹子或树枝编成的栏栅，插入水中，不让鱼类往外逃离，形成"栈簖"取鱼方式[17]。后来，将洼地周边土埂加高形成矮堤，仅在面向主湖区的低洼处留一个口子，主湖区水位下降时，用竹片编成的栏栅挡住这个口子，防止鱼类向外逃逸，留在洼地水体中育肥，称为"甄湖"。同时在碟形湖内开挖排水沟，便于冬季排水抓鱼，由此形成碟形湖以及鄱阳湖一种特有的捕鱼方式——"甄湖"取鱼，并流传"涨水一尺，得鱼一塘""七甄金、八甄银，九月十月甄鱼鳞"等民谚。后来，在一些碟形湖出口建起了排水闸，闸底板高程一般比碟形湖底低 40～50 cm，经过人为改造，形成一个又一个碟形湖（鄱阳湖国家级自然保护区中的大汊湖未经改造，仍是碟形洼地）。这一过程仍在继续，新的碟形洼地数量还在增加。

2. 碟形湖的分布和地貌特征

利用遥感影像和鄱阳湖数字地形图，运用 ArcGIS 10.0 识别碟形湖，并依据湖周矮堤提取碟形湖的边界（图1.15），计算出每个碟形湖的面积、周长、中心点坐标和高程等信息。共发现鄱阳湖湖盆内共有碟形湖 102 个，总面积 701.82 km²，占鄱阳湖湖盆区总面积近 20%（图 1.15）。面积最大的蚌湖为 67.02 km²；面积最小的是赣江尾闾新形成的碟形湖，面积仅 0.34 km²。其中 1 km² 以上碟形湖有 77 个。52.94%的碟形湖处于赣江支流入湖三角洲上，其他汇入鄱阳湖的河流形成的碟形湖较少，原因是赣江流域面积大、入湖水量和泥沙量最多。昌江入湖三角洲南宋形成的碟形湖随着鄱阳湖演变和围湖造田活动已经消失了。

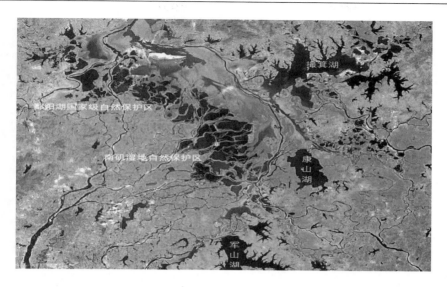

图 1.15　鄱阳湖中碟形湖的分布（遥感影像）

碟形湖底部平坦。对 102 个碟形湖的高程与面积结构进行统计分析后发现，碟形湖底部高程在 10.0～17.5 m 之间，集中分布在 11.0～14.5 m 之间，其中 12.5～13.5 m 高程的面积最大，占所有碟形湖总面积的 34.14%。碟形湖的湖底最低点高程在 10.00～14.30 m，平均底高程为 12.01±0.90 m。碟形湖集中分布的区域，也是鄱阳湖中国家级和省级自然保护区所在地。其中，鄱阳湖国家级自然保护区和南矶湿地自然保护区分别有碟形湖 9 个和 33 个，各占保护区总面积的 68.95% 和 44.18%（图 1.15）。

碟形湖附近一般有河流流过，河岸洲滩上有自然形成、人工加固的土堤；其余地段一般为丘陵坡脚或者永久性堤防的堤坝。位置较高的碟形湖位于鄱阳湖南部，形成历史较长，土堤顶高程为 10.60～21.30 m，平均值为 14.85±1.96 m。较低的位于三角洲前缘最新形成的碟形湖，土堤顶高程为 9.0～15.90 m，平均高程 13.12±1.31 m。临河人工堤的堤顶高程决定碟形湖开始显露进而成为独立水域的时间早晚。表 1.3 是鄱阳湖国家级自然保护区 7 个碟形湖的主要地形数据；图 1.16 是 2004 年鄱阳湖国家级自然保护区大湖池干涸的情景，左上角是丁家山山坡，右上角为土堤，土堤外面是修河，人站的地方高程约 13 m。

表 1.3　鄱阳湖国家级自然保护区碟形湖地理参数（黄海基面）

名称	周边高程/m		湖底最低高程/m	排水闸底高程/m	面积/km²	蓄水量/10⁸m³	相应水位/m
	山丘或堤防	人工土堤					
大湖池	19.02～22.31	14.37～17.59	11.82	10.36	29.45	0.679	15.0
沙湖	16.13～17.03	14.02～16.05	12.22	11.05	10.31	0.103	13.5
蚌湖	19.64～21.1	12.12～18.09	10.82	9.77	43.66	0.309	12.0
朱市湖	16.65～23.42	14.44～16.30	11.92	11.55	2.15	0.027	14.5

名称	周边高程/m		湖底最低高程/m	排水闸底高程/m	面积/km²	蓄水量/10⁸m³	相应水位/m
	山丘或堤防	人工土堤					
常湖池	17.45~21.84	12.38~15.94	12.12	11.41	2.91	0.038	13.5
中湖池	18.73~21.14	13.96~15.30	12.42	11.26	4.744	0.051	14.0
梅西湖	16.92~27.54	14.24~16.48	12.52	11.22	2.039	0.028	14.5
象湖	20.63~21.18	13.9~15.94	12.92	11.57	2.686	0.024	14.5
大汊湖*	15.32~21.05	13.7~14.94	10.32	11.2	48.95	0.23	10.9

*大汊湖为碟形洼地;"人工土堤"为自然形成的沙埂;"排水闸底高程"为放水沟底高程。

图 1.16　大湖池湖底状况

3. 碟形湖的水文特征

碟形湖具有不同于鄱阳湖主湖区的水文过程,与鄱阳湖水位关系总体表现为高水位相融、低水位分离。

图 1.17 是 2014~2016 年大湖池、沙湖月平均水位与星子站水位关系。星子站水位是鄱阳湖的水位代表站,反映主湖区的水文状况。从图 1.17 可以看出,5~9 月鄱阳湖水位高,碟形湖的土堤浸没在湖水中,碟形湖与主湖区融为一体,水位变化与主湖区一致。9 月以后,鄱阳湖水位消落,碟形湖的土堤逐步显露,随着主湖区水位下降,碟形湖与主湖区水位均呈现下降状态。当主湖区水位低于碟形湖土堤顶最低点时,碟形湖与主湖区脱离联系,成为独立水域。此后,碟形湖水位高低主要取决于天然降水、水面蒸发和土壤下渗。从大湖池和沙湖的水位变化过程看,星子站水位超过 13 m,碟形湖水体大多与主湖区水体脱离直接联系,最大水位差可达 6 m 以上。碟形湖则长时间保持水深 50~150 cm 左右的浅水湖泊特征。由于各碟形湖之间所处高程不同、管理方式各异,相互之间也存在一定的水位差。一般在元旦至春节期间渔民打开闸门放水,竭泽而渔。此后让湖底暴露,接受日晒,直到第二年雨季来临,关闸蓄水。如果鄱阳湖遭遇特枯水位,碟形湖水面与主湖区水面高差悬殊大,地下水水面坡降大,蒸发与渗漏加速了碟形湖水位消落,导致提前干涸。

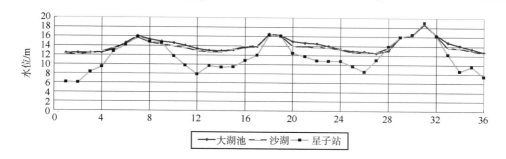

图 1.17　2014～2016 年大湖池、沙湖月平均水位与星子站水位关系

　　不能满足上述地形特征和水文特性的独立水域不是碟形湖。例如人工筑堤堵汊形成的内湖,虽然枯水期与主湖区没有直接的水流联系,形成独立水域,但丰水期由于堤防的拦挡,主湖区的水一般不进入湖汊内,与主湖区没有密切的物质、能量和生物交流,如图 1.15 中的康山湖、军山湖等。如果有河流穿越洼地,由于地势低洼,虽然枯水期形成一定水域,但通过河流与主湖区连通,丰水期与主湖区融为一体,仍属于主湖区的一部分,如前面介绍的撮箕湖等。

1.5.2　碟形湖生物分布特征

1. 湿地植被

　　碟形湖的地形特征和水位过程为湿地植被发育提供了良好的生境。鄱阳湖湿地草洲总面积约 1 440 km²,碟形湖周边占到 23.09%。对秋冬季湿生植被而言,不同的土壤含水量决定了植被带的梯度分布格局,碟形湖湿生植被呈环带状分布。图 1.18 是秋冬季

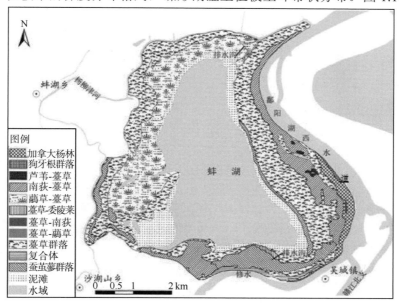

图 1.18　蚌湖秋冬季洲滩植被分布图

蚌湖的植被分布图，由高到低依次为：中性草甸→芦苇南荻群落→薹草群落→蘽草-蓼子草群落→沉水植物群落，群落类型多达 11 种。湿生植物群落主要为低矮草丛，平均高度在 0.1～1.5 m，群落外貌整齐，群丛茂密，平均植被覆盖度达到 62.0%，面积最大的为薹草群落(20.60%)。春夏季节，碟形湖是水生植被的主要分布地，全湖 54%的沉水植被分布在碟形湖中。碟形湖水位相对稳定，水深和水体透明度更适合水生植被发育，形成了大面积以荇菜、轮叶黑藻、苦草和茭白等为主的水生植被。第一次鄱阳湖科学考察查明，主湖区水生植被单位面积生物量为 1 921 g/m²，碟形湖区为 2 902 g/m²，为主湖区的 1.51 倍。第二次鄱阳湖科学考察发现，主湖区单位面积生物量 1 328 g/m²，碟形湖区为 1 844 g/m²，为主湖区的 1.39 倍。

2. 大型底栖动物

丰水期碟形湖与鄱阳湖主湖区联通，枯水期与主湖区脱离联系后，水位相对稳定，水浅，浮游生物众多，水草丰茂。碟形湖中底栖动物的种类、密度和生物量均高于其他区域。根据中国科学院水生生物研究所等单位 1997～1999 年调查分析[20]，鄱阳湖通江水道、主湖区和碟形湖底栖动物的种类、密度和生物量见表 1.4。2012～2013 年鄱阳湖第二次科学考察发现[21]，主湖区大型底栖动物空间分布情况与 1997～1999 年不完全相同，采砂、行船、水产捕捞等人类活动干扰强度对大型底栖动物影响甚大，通江水道与主湖区底栖动物种类和密度大减；碟形湖（以南矶山自然保护区为代表）人类活动干扰少，无论是大型底栖动物的密度，还是单位面积生物量，都明显大于主湖区，具体数据见表 1.4。

表 1.4　鄱阳湖不同区域底栖动物密度与生物量

时期	区域	密度/(ind/m²)	比例/%	生物量/(g/m²)	比例/%	种类	资料来源
1997～1999 年	通江水道	549	1	116.6	1	31	文献[20]
	主湖区	659	1.2	183.7	1.6	41	
	碟形湖	1 509	2.75	3 318	28.45	47	
2012～2013 年	主湖区（平均）	349	1	65	1	72	文献[21]
	碟形湖	1 154	3.31	639	9.83	51	

3. 鱼类

丰水期碟形湖与主湖区融于一体时，丰富的浮游生物、水草、底栖动物吸引了各种鱼类到这里觅食育肥，淹没在水中的湿地植物为产黏性卵的鱼类提供了优良的产卵场所。江西省鄱阳湖国家级自然保护区管理局在日常观察发现，除了鲟科鱼类外，其他鱼类均在碟形湖中出现过，1996～1997 年在保护区碟形湖中采集到 60 多种不同种类的鱼类标本。

4. 越冬候鸟

鄱阳湖湿地生态系统为鸟类越冬提供了理想的栖息地，已经成为东亚地区最大的候鸟保护区、亚洲最大的候鸟越冬地。已记录到 117 种国际湿地公约指定的水鸟，其中 11种属于国家一级保护动物，40 种属于国家二级保护动物；13 种属于世界濒危鸟类。每年10 月水鸟开始来到鄱阳湖，1 月达到最高峰，3 月陆续返回繁殖地。

鸟类处于生态系统食物链的顶端，良好的隐蔽栖息环境、食物丰富和取食可及性是候鸟越冬的必要条件，沼泽地貌、潮湿的土壤或浅水湖滩最适宜涉禽、游禽取食和栖息。碟形湖浅水湖泊的特征为越冬水鸟提供了适宜的生境条件，植被茂盛，水生生物众多，湖床平坦，洲滩开阔，水深梯度适宜，便于各类水鸟觅食、栖息，数量众多的碟形湖及其周边草洲正好满足这些要求，为水鸟栖息提供了适宜的环境，其中白鹤、白枕鹤、东方白鹳等珍稀水禽以碟形湖为主要越冬地。分析 1998～2015 年环湖越冬候鸟同步调查资料，结果表明，鄱阳湖越冬候鸟总数中有 65.92% 的候鸟在碟形湖觅食，仅有 12.37% 的候鸟在主湖区，其余 21.71% 在堤防内的水域和农田中觅食。

1.5.3　碟形湖在鄱阳湖湿地生态系统中的地位

鄱阳湖在长江中下游湿地生物多样性保护中具有十分重要的作用，尤其是在白鹤等珍稀水鸟保护的作用不可替代。碟形湖在维护鄱阳湖湿地生态系统完整性和物种多样性上起到了十分独特而重要的作用。

1. 碟形湖的协同作用使越冬候鸟在鄱阳湖生活半年之久

碟形湖是随着入湖河流三角洲推进扩展时逐步形成的，高程不一，大小各异，底部平坦，土壤肥沃，在鄱阳湖湿地生态系统中形成特色各异、自然生境多样、结构复杂、边缘效应明显、生物多样性丰富的生态斑块，适宜各类候鸟觅食栖息。水鸟越冬的栖息环境一般需要以下条件：与人类活动有一定距离，周边有较好的草洲植被，为鸟类活动提供隐蔽环境，不受人类活动的干扰，满足安全需求；水陆相间的泥滩沼泽带和广阔的浅水水域，便于水鸟觅食栖息；丰富的食物资源，缓慢下降的水位，不断满足水鸟取食可及性，持续提供食物来源。

每年 9 月湖水位开始消退，迁徙候鸟来到鄱阳湖，首先在地势较高的碟形湖栖息觅食；随着碟形湖水位慢慢消落，从岸边逐步向中心移动。此后，主湖区水位消退，位置较低的碟形湖逐步显露，湿生植物发育成熟，随着高处的碟形湖食物减少，越冬候鸟随之移往低处的碟形湖，所有碟形湖取食之后，1 月、2 月各类候鸟迁徙到主湖区周边及浅滩觅食，这样就可以源源不断地得到充足食物，越冬候鸟可以在鄱阳湖停留半年之久。

2. 缓解了洪水、干旱灾害对生态系统的冲击[22]

鄱阳湖作为一个通江连河的过水性湖泊，在季风气候影响下，丰枯变换、水位涨落有其基本特征。各种植物、水生动物和鸟类在长期进化过程中，形成了适应这一变化的地域分布、结构功能、繁衍方式和生长节律。鄱阳湖洪水和干旱时有发生，历年最高、最低水位变幅达 15.41 m，年内变幅在 7.67～14.19 m，多年平均变幅达 11.10 m。如此强烈的水位变化及其随之产生的一系列自然条件改变，对湿地生态系统产生了巨大冲击。但高低有别、面积占盆区总面积 22.25%的碟形湖，提供了与主湖区不同的生境，在水位高低变化过程中起到缓冲作用，缓解了主湖区强烈水位变化产生的负面影响，保持了生态系统的稳定性。

洪水等极端水文事件损害湿地生态系统正常生长发育，可能诱发湿地植被逆向演替。在这种情况下，碟形湖发挥了关键作用。例如，从 1998 年长江流域发生大洪水，鄱阳湖一直处于高水位状态，8 月出现历史最高水位 20.66 m，主湖区没有沉水植物活体；当年枯水期星子站平均水位高达 10.41 m，白鹤、小天鹅等涉禽、游禽缺乏取食、栖息之地；但地势较高的碟形湖仍有沉水植物生长，1998 年冬季绝大多数越冬候鸟集中在共青城附近的南湖等几个地势较高的碟形湖中越冬。2012 年、2016 年鄱阳湖遭遇洪水灾害，也出现 1998 年类似情况，碟形湖有效缓解了特大洪水灾害对生态系统的冲击。近来年，鄱阳湖水位低枯，枯水期延长，枯水位屡创新低，主湖区水面缩小；由于碟形湖的存在，越冬候鸟数量及分布并没有发生明显变化。

3. 维护了鄱阳湖湿地生态系统的可持续性[22]

复杂系统理论认为，只有一个开放的系统，不断与周围环境进行物质、能量和信息交流，才是一个有序、稳健的系统[3]。在鄱阳湖湿地生态系统中，每一个碟形湖都是一个高度开放、相对独立、特色鲜明的子系统。遍布入湖三角洲的碟形湖高低不一、错落有致，在气候、水分、地形地貌等自然因素影响下，形成高程与位置不同、特色各异的景观斑块，增加了生境的异质性和边缘效应。开放性使不同位置和高程的碟形湖具有许多共性，维护了鄱阳湖湿地生态系统的完整性和可持续性，具体体现在两个方面：第一，每年的丰水季节，碟形湖与鄱阳湖主湖区融为一体，频繁进行物质、能量和生物交换，并使碟形湖具有一定共性。第二，冬天渔民放水"戛湖"取鱼后，将湖底裸露晒滩，使底泥及其附着物与大气、阳光充分接触，加速了植物残体的分解和有毒物质的消减，改善土壤结构，避免了污染、淤积、沼泽化甚至消亡，使碟形湖保持着强大的自然生产力。这种裸露湖底、接受暴晒的生态效应在温带气候条件下也存在，2003 年，Van Geest 等调查荷兰莱茵河下游冲积平原上 100 个湖泊，发现一些浅水湖泊偶尔干涸、湖底裸露，接受日晒，增加水生植物丰富度的潜力很大[23]。

1.6　鄱阳湖是水文生态学研究的最佳样本

1.6.1　鄱阳湖第二次科学考察成果简述

1983～1986 年江西省政府组织了第一次鄱阳湖科学考察[1]。为了掌握 30 年来鄱阳湖水文、水环境和水生态变化情况，2013～2015 年江西省开展了第二次鄱阳湖科学考察[21]。

这次考察掌握了丰富的第一手资料，取得了丰硕成果。

1. 鄱阳湖水文水环境基本情况

鄱阳湖是一个季节性、过水型浅水湖泊[1]，水文和水环境过程具有以下特点。

(1) 受东亚季风气候影响，全年降水不均，鄱阳湖呈现"高水是湖、低水似河"景观，湖水水位变幅大，水流在鄱阳湖滞留时间短。

(2) 鄱阳湖蓄水量受长江水位(流量)影响大，长江对鄱阳湖产生拉空、顶托和倒灌作用；长江水位越高，对鄱阳湖顶托作用越明显。由于长江的拉空、顶托和倒灌作用，湖盆流场分为重力流、顶托流和倒灌流三种情况，湖区流速时空分布不均匀。

(3) 在"五河"进入的鄱阳湖三角洲上分布许多碟形湖，这些碟形湖与主湖区具有不同的水文、生态特征，对鄱阳湖湿地生态系统生物多样性和可持续性具有重要意义。

(4) 2000 年以来，鄱阳湖流域水文情势没有发生趋势性变化，年内分配有所改变，丰水期"五河"入湖流量有所减少，枯水期入湖径流量增加。从 2003 年开始，鄱阳湖枯水期长期处于低枯状态：枯水位出现时间提前，枯水期延长，湖区主要水位站枯水期水位全面降低。

(5) 由于流域森林植被改善及水利工程调蓄，从 2002 年开始，入湖泥沙少于出湖泥沙，湖盆整体上处于冲刷状态，入江水道尤为明显。

(6) 2000 年以前，鄱阳湖水质基本保持 II、III 类水质，2003 年以后鄱阳湖水环境质量开始变差，全年各监测站点难以维持 III 类水质(湖泊标准)，湖口出流可达 II、III 类水质(河流标准)。

2. 生物资源状况[21]

鄱阳湖生物资源丰富，各类水生、湿生动植物门类多，生物量大。

(1) 鄱阳湖湿地共有高等植物 109 科 308 属 551 种。这些高等植物中，苔藓植物 16 科 24 属 31 种，蕨类植物 14 科 15 属 18 种，被子植物种类最多，也是鄱阳湖湿地的优势类群，共有 79 科 269 属 502 种。秋冬季湿地植被以湿生植物为主，分布面积为 1 440 km²；春夏季以沉水植物、挺水植物和浮叶植物为主，总面积约为 1 306 km²。

(2) 历史记录到鄱阳湖底栖动物共有 117 种。第二次科学考察发现，底栖动物有 83 种，其中环节动物门占底栖动物总种数的 25.3%，软体动物门占 44.6%，节肢动物门占 30.1%。蚌类是鄱阳湖重要的底栖动物。近 30 年间，鄱阳湖大型底栖动物的栖息密度和生物量逐渐减少。

(3) 历史上记录到鄱阳湖共有鱼类 131 种。第二次科学考察监测到 89 种，其中鲤科鱼类最多，占鱼类种类数的 53.9%；主要优势种为鲤、鲫、鲶、黄颡鱼、鳜、鲢等；记录到虾类 7 种、蟹类 2 种。约有 450 头长江江豚在鄱阳湖觅食栖息，占江豚总数的 40%～50%。渔获物年龄低幼化，个体小型化，品质低劣化。

(4) 共记录到鸟类 236 种，隶属于 15 目 52 科，共有国家重点保护鸟类 27 种，其中国家 I 级重点保护鸟类 4 种，国家 II 级重点保护鸟类 23 种，中国特有鸟类 2 种。鄱阳湖是东亚地区候鸟的主要越冬地，根据 1998～2015 年环鄱阳湖越冬水鸟同步调查，平均每年有 38.42 万只候鸟在鄱阳湖及周边地区越冬，其中白鹤约占全球总数的 95% 以上。

科学考察初步分析了水生植被、底栖动物和鱼类资源退化的原因，与鄱阳湖水位低枯、水环境变差和湖区人类活动加剧等有密切关系。更为具体的分析，需要运用生态水文学的原理与方法进行模型化、定量化研究。

1.6.2 生态水文学与水文生态学研究的发展方向

1. 生态水文学与水文生态学研究方向

生态水文学的初步概念首先从水陆过渡带的研究中产生，以河滨湿地作为研究对象。经过几十年的准备和积累，1992 年世界水与环境会议上正式提出生态水文学 (ecohydrology) 成为一门学科，并认为该学科是建立在生态学、水文学等专门学科基础上的新兴边缘性学科[24-26]。英国科学家 Paul J. Wood 等[24]认为，生态水文学这一科学术语"在广义上指水文-生态相互作用"。David Harper 等[25]则认为，生态水文学"将流域生物群落和水文学的制衡关系定量化和模型化，两者相互修正、相互促进，从而减缓人类活动对生物群落和水文的影响，最终保护、提高和恢复流域水生生态系统的承载能力，实现可持续利用"。夏军院士提出："生态水文学是生态学与水文学的交叉科学，从不同尺度 (全球、区域、流域) 研究和揭示生态水文多要素之间的相互关系，以及形成和制约生态系统格局及其过程的水文学机理"[27]。最近 20 多年来，这一领域的研究在一系列国际研究计划的推动下得到快速发展，对解决实际问题的支撑能力日益增强，创新成果不断涌现[28-36]。2018 年联合国教科文国际水文计划提出，生态水文学是从分子到流域尺度的整体科学，认为水循环和生物圈是地球圈层中最为活跃的过程，其变化牵一发而动全身，涉及生态环境状况和全球气候变化，蒸发既是全球水循环的重要环节，又是联系水与生物的纽带。

由于生态水文学仍处在丰富和发展之中，不同研究者的研究对象各不相同，学科内容、理论框架和方法体系及其准确定义尚未完全确定[24, 26, 27]。有些学者认为，生态水文学与水文生态学各有不同含义，有些学者认为，两者含义基本相同；但"以生态过程和水文过程耦合机制的尺度效应为学科关键点，以水资源可持续利用、维持生态系统健康和实现可持续发展为学科研究目标"的内涵则基本取得共识[24, 25]。本书中生态水文学与水文生态学均以这一基本内涵为基础，不作更细微的区分。

作为一门正在成长的学科，联合国相关组织和专家、学者寄托了很大希望，认为发展该学科应当为解决全球水资源短缺和粮食问题做出贡献[26]。为了使生态水文学更加深入发展，增强解决实际问题的能力，Paul Wood[24]提出，生态水文学未来研究主题包括生态系统对水温变化的敏感性、日益增强的自然 (气候) 干扰和人类活动对水和生态的压力、水生-陆生生态系统的联系、应用生态水文学等；David Harper 等[25]学者则认为，生态水文学未来将成为应对全球气候变化影响的工具，要着重研究植被、气候和水之间的相互作用，流域的输出和淡水供应，温度不断升高对湖泊和水库的影响等。夏军等学者[27]就生态水文学的学科体系、发展战略提出了较为完整的设想，认为生态水文学的核心内容由两部分组成：一是以观察、观测、实验等手段为基础，摸清生态水文基本原理、本质和规律，形成生态水文学的基础理论；二是针对特定的研究对象和目标，以多要素间的相互联系和作用所形成的多学科之间综合和交叉的研究理论。

2. 湖泊生态水文学研究现状

和河流、流域生态水文学相比，湖泊生态水文学研究的覆盖面和内容深度均要薄弱很多，研究重点主要集中在营养物质在湖泊生态系统与湖泊水体间转化、扩散和消减作用等方面。由欧美科学家主导的传统湖沼学主要研究对象是深水湖泊和小型湖泊[40]，对我国浅水湖泊的针对性不够强。丹麦科学家 Jϕrgensen 结合 Glumsoe 湖的实际，建立了中小型湖泊富营养化生态模型，描述湖泊整个藻类、浮游植物、浮游动物、鱼类等食物链的营养物质循环，温度、光照对藻类生长率的影响等[37]。美国水文工程中心研发的 WQRRS 模型，用于河流与水库水生生态模拟，生物方面考虑了两种藻类、浮游动物、三种鱼类以及大肠杆菌等组分。由美国环保局支持开发的 EFDC (环境流体动态代码)、丹麦水动力研究所开发的 MIKE 系列模型模拟二维或三维湖泊、水库营养物质迁移、回归趋势，但没有考虑沉水植物、挺水植物和飘叶植物在营养物质的吸收、转移、还原和消减作用。我国对湖泊生态水文学的研究是从湖泊富营养化治理开始。中、日、韩三国的环境研究机构合作，根据三个国家湖泊和湿地水环境生态修复实践，研究了湖泊挺水植物、漂浮植物和沉水植物生长发育的湖盆形态、地质条件和水文条件，探讨了水生植物、浮游生物、底栖动物和鱼类在消减湖泊营养物质方面的功能、效率及实现生态平衡的结构要求及管理措施[38]。中国科学院南京地理与湖泊研究所以太湖为对象，探讨了水生高等植物的结构、分布、演化过程以及对水环境的影响；湖流、波浪、悬浮物浓度、水下光照强度、透明度等动力过程对浅水湖泊中营养物质的迁移、扩散和颗粒物质的悬浮、漂浮、堆积以及进一步影响生态系统的方式与途径；在应用领域研究了富营养化湖泊生态恢复与水质改善原理与方法，并建立了太湖梅梁湾水源地生态恢复试验示范区，开发生物操纵技术和食物链调控等技术控制藻类，进行生态恢复的实验研究[39, 40]。

3. 湿地生态水文学研究的发展方向

和湖泊生态水文学关联较为密切的是湿地生态水文学，重点关注湿地生态水文系统的定量化以及湿地生态过程和水文过程的相互作用机制，湿地生态水文过程与模型、生态需水、生态水文调控与水资源管理、气候变化对湿地生态水文的影响等领域[41, 42]。章光新等学者认为，未来湿地生态水文学的发展方向亟待解决四大关键科学问题："基础理论方面重点解决的关键科学问题：基于'多要素、多过程、多尺度'的湿地生态水文相互作用机理及耦合机制；应用实践方面重点解决的关键科学问题：①气候变化下湿地生态水文响应机理及适应性调控；②湿地"水文-生态-社会"耦合系统的相互作用机理及互馈机制；③基于湿地生态需水与水文服务的流域水资源综合管控"[43]。

鄱阳湖生态水文特征的研究最近十年来开始起步，研究了鄱阳湖湿地生态系统特点、各种湿地植物群落的生境、结构和分布规律，讨论了湿地植物群落对湖水位变化的响应、鄱阳湖湿地土壤有机质和氮素空间分布特征以及在不同植物群落之间的差异等[44-47]。

1.6.3　鄱阳湖是水文生态学研究的理想样本

鄱阳湖复杂多变的水文过程孕育了门类齐全的湿地生物种群、群落和丰富的生物多样性。在经济、社会快速发展的推动下,湖区人类活动更加频繁和激烈。在水文条件频繁变化和人类活动加剧的情况下,湿地生物各类群落、种群和个体怎样应对、产生怎样的响应,成为学术界和社会各界十分关切的问题;各类生物群落、种群和个体适应自然条件变化和人类活动干扰交织在一起,湿地生态系统将产生怎样的响应和反馈,更具有无限的奥秘。研究这些问题,需要利用多学科知识和水文生态学的基本理论与方法为基础,不断创新和发展这门新兴学科。鄱阳湖是水文生态学研究的最佳样本。

1. 生态系统对生境变化的适应

从宏观角度看,鄱阳湖植物组成和植被结构随着湖相与河相交替变化,湿生植被和水生植被也交替轮换。枯水季节呈现河流-湖泊-洲滩景观时,植被群落包括水生、湿生和中生性植被;丰水季节呈现湖泊景观,以水生植被为主;两种植被景观每年交替变换。在这一前提下,一些年份高水位时间持续较长,一些年份低枯水位持续较久,鄱阳湖湿地植被在两种形态交替呈现基础上,随水位波动导致生物群落年内波动和年际波动,在局部区域也发生生物群落演替。由于植被群落结构、分布、生物量等内涵改变,相继影响到浮游生物、鱼类、底栖动物等物种数量、群落结构和分布的变化。在水文和生态因子驱动下,水环境质量的变化制约水生物的生境,对湿地生态系统产生胁迫。

鄱阳湖湿地生态系统中的植物基本上都是草本植物,是湿地生态系统的初始生产力。从中观角度讲,为了适应水文、水环境的急剧变化,湿地植物形成了较为完善的生存策略。为了确保种群繁衍,这些植物同时具有有性繁殖(开花结果)和无性繁殖(利用根茎发芽)两种功能,以逃避不利环境,缓冲灾难性破坏,减少种群灭绝概率。在自然条件(包括气象、水文、土壤和养分等条件)适合的情况下,湿地植物在发育、开花、结果的同时,把营养物质存储到根茎之中。种子凭借水力和风力,漂移到湖区各处,存储在土壤种子库中,为了种群的扩散和繁衍,种子在土壤中休眠,遇到适宜生长的时节和环境,种子与根茎都可以萌芽、成长。从根茎发育出来的植株,有充分的营养补充,较快地生长成熟,在较短时间内完成一个生命周期;如果遭遇特殊自然条件,存活的植株不能完成生命周期,长期以来存储在土壤种子库中的种子,遇到适宜条件立即萌芽和成长,以保持种群的延续。以蓼子草为例,适宜在气温 10～15 ℃、土壤含水量较高的沙质土壤中生长,适宜蓼子草生长的洲滩出露后,蓼子草迅速发芽、生长、开花、结果,并将营养存储在地下茎中,在寒冬来临之前完成生活史,是典型的短命植物。鄱阳湖水位消退具有一定的随机性,气温变化也具有一定的随机性,只要条件适宜,蓼子草成片生长,往往形成单优群落和纯蓼子草群落;冬季开出淡红色的花朵,成为鄱阳湖一道靓丽的风景线(图1.19)。所以,蓼子草生长的洲滩一年与另一年各不相同。又如沉水植物苦草,既用块茎(一般称为冬芽)萌芽,也可以用种子萌芽(图1.20),2011 年鄱阳湖遭遇春夏连旱,4～5月碟形湖干涸,冬芽萌芽时遇到大旱,幼苗尚未出土就全部死亡;6 月初下雨后,种子迅速萌发,当年苦草仍然生长良好。

图 1.19　蓼子草

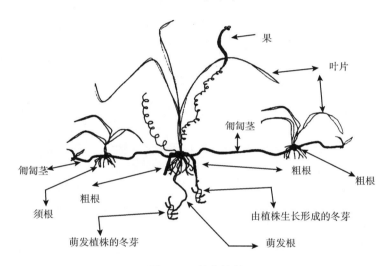

图 1.20　苦草植株

　　湿地生物群落分布格局在中观层次上还表现出主动适应环境的明显特征。例如，影响湿生植物群落分布的主要因素是土壤含水量，其次是土壤质地和组成；在以某种植被群落为主的洲滩，哪怕微地形高低几厘米，就会镶嵌其他的植物群落，呈现出五彩斑斓的景观。影响水生植被群落分布的主要因素是水深和可接受到的光通量，同时沉水植被群落分布对水质变化也十分敏感。

　　鄱阳湖每年水位高低不同，涨水、高水位维持和退水过程在起止和持续时间等方面均存在明显差异。为了生存，各类物种从微观上采取不同策略来应对这些突发性生存危机。比如，水田碎米荠是一种典型的湿生植物，在低洼湿地中大量生长，以匍匐茎的形式产生新的子株。汛期湖水位上涨，洪水淹没植株时，母株仍然固定在土壤基质中，母株发展出来的匍匐茎则脱离土壤基质，在水中漂浮，类似于沉水植物；水位消落后匍匐茎重新扎根到土壤之中，继续产生新的子株，水田碎米荠就这样成功地应对了高水位的生存压力[17]。湿地生物群落的种群、个体不断改善生长性能，适应随机多变的水文、水环境条件，并与其他种群或个体竞争、互补或协同，占据着自己的生态位，并形成与水文节律相适应的生态节律。

2. 湿地生态系统对湖泊水文、水环境的反作用

鄱阳湖湿地生物在适应水文、水环境条件变化的同时，也对生存环境产生反作用，甚至可以改变自然环境。最典型的例证是湿地植被与水流、泥沙和其他因素协同作用，可以改变湖盆地貌。

赣江等"五河"进入到尾闾地区，纵坡降变得平缓，丰水期湖水位升高，使得入湖河流下游和尾闾河段流速变慢，河流被迫分汊，形成鸟爪状支流入湖。洪水淹没洲滩后，洲滩上冬春季生长湿生植被残体没有立即腐烂，南荻一类的挺水植物茎秆甚至不会倒伏，对水流产生一定阻力，湿生植物残体逐渐腐烂分解的同时，沉水植物成长起来，所以鄱阳湖底部对水流运动的糙率不仅空间分布不同，时程分布也不相同，4月、5月春汛开始时水流糙率最大。河道水流入湖后，流速变慢，在糙率大的水域水流流速更慢，水流携带的泥沙沉降，糙率空间分布不均衡，导致泥沙沉积也不均衡，远离主流、冬春季湿生植物生长茂盛的区域，泥沙沉积相对多一些，沉积物慢慢形成"沙埂"。丰水季节过去，沙埂的土层深厚，土质肥沃，湿生植物生长得更加旺盛茂密，由于土壤上层含水量较小，湿地植物种群逐渐由薹草演替为芦苇、南荻等。下一年丰水期洪水来临后，这些地方对水流阻力更大，阻止、沉积的泥沙更多，"沙埂"变得更高、更厚，更有利于沉水植物生长。在入湖河流鸟爪状支流的共同作用下，日积月累，许多沙埂闭合起来或者与湖岸联结起来，中间水域成为浅碟形洼地，后来经过人为改造，在入湖三角洲上形成今天看到的星罗棋布的碟形湖景观。这是生态系统进展演替对地形地貌的反作用。近年来，赣江南、中、北支入湖三角洲前缘水域满布菰(野茭白)群落，南矶湿地自然保护区的神塘湖被菰群落占据，菰群落阻挡水流，促使泥沙沉积，富营养化严重，神塘湖一年比一年变浅，使得这个碟形湖失去了经济利用价值，以后可能会退化为沼泽或滩地。这是湿地植被逆行演替改变自然环境的实例。

水生动植物对湖泊水体质量的影响更加广泛、深刻。鄱阳湖流域土壤以红壤为主，富含氧化铁。水土流失带进湖盆的泥沙颗粒，在湿地植物群落和微生物作用下，发生复杂的物理、化学和生化反应，铁离子从红壤颗粒中游离出来，最后进入地下含水层，导致鄱阳湖周边地下水铁、锰浓度高，超过饮用水水质标准。沉水植物不仅吸收水体和湖泊沉积层的氮磷等营养物质，还与茎叶上附着微生物一起产生它感作用，制约藻类生长，起到净化水质、增加水体透明度的作用；沉水植物被鱼类、水鸟取食后，一部分氮、磷带到湖外，一部分(排泄物)以碎屑的形式进入水生态系统的物质循环。有些湿生植物富集重金属的能力很强，植物茎叶中铅(Pb)含量是表层土壤或水体铅浓度的数百倍，重金属随着鸟类取食、人类的刈割而带到湖外。

3. 鄱阳湖水文生态关系研究是学科发展的迫切需求

目前正在实施长江大保护、建设长江经济带的国家战略，鄱阳湖流域正在开展国家生态文明试点工作，鄱阳湖在建设长江中游绿色生态廊道中起到举足轻重的作用。大批

的生态保护与修复、环境治理以及社会、经济、生态文明建设方面的重大决策、重点工程正在进行科学规划和论证，需要了解各种人类活动如何影响水文、水环境和湿地生态系统变化，湿地生态系统对自然条件变化和人类活动做出怎样的响应等。以鄱阳湖为对象研究湖泊生态水文学原理具有重要的现实意义。

夏军院士提出了生态水文学今后发展的核心领域：一是以观察、观测、实验等手段为基础，摸清生态水文基本原理、本质和规律，形成生态水文学的基础理论；二是针对特定的研究对象和目标，以多要素间的相互联系和作用形成的多学科之间综合和交叉的研究理论[27]。以鄱阳湖为研究对象，以多学科知识为基础，探索生态水文基本原理、本质和规律是学科发展的迫切需要。

1.7　小　　结

湖泊是流域的重要组成部分，是反映流域生态环境状况的窗口，湖泊的地形地貌打上了历史演变的印记。本章从介绍鄱阳湖流域的自然环境、经济社会发展和生态建设开始，简明扼要地描述了鄱阳湖演变情况，然后介绍鄱阳湖地形地貌特征。鄱阳湖水文地貌景观具有以下两个鲜明的特征。

(1) 由于流域降水丰沛，鄱阳湖是一个过水性湖泊，连河通江，水流在湖盆中滞留的时间不长。在亚热带季风气候影响下，天然降水丰枯分明，鄱阳湖呈现"高水是湖、低水似河"的自然景观，区分河相与湖相的标志性水位为星子站水位 10 m。丰水季节湖水辽阔浩瀚，泱泱荡荡，呈现湖相。从鄱阳湖演变过程可知，鄱阳湖南部大水面是古老的鄡阳平原沉陷、水流漫滩而形成的，星子站水位低于 10 m，松门山南部赣江古河道两岸的洲滩全部显露。枯水季节水流归槽，洲滩出露，呈现河相。湖相与河相每年轮转交替，这一水文地貌景观成为鄱阳湖水文过程和湿地生态系统结构与分布的自然基础。

(2) 实地查勘发现，鄱阳湖入湖三角洲上存在许多碟形湖。通过监测、调查揭示了碟形湖的水文特性、生态功能及其在鄱阳湖湿地生态系统中的作用和地位，利用遥感影像和数字电子地形图，查清了湖盆中所有碟形湖的分布、高程及大小，研究了碟形湖在湿地生态系统中的作用与地位，拓宽了认识鄱阳湖湿地生态系统特点和规律的视野。

鄱阳湖水文过程复杂多变，导致鄱阳湖湿地生态系统物种门类齐全，生物多样性丰富，鄱阳湖是生态水文学研究的最佳样本。研究鄱阳湖水文生态关系，不仅是经济、社会发展和生态文明建设的需要，而且对学科创新发展具有重要价值。认识自然是为了更好地适应、保护、利用自然，建立人与自然和谐相处的关系，这一章是后续各章的基础。

参 考 文 献

[1] 《鄱阳湖研究》编委会. 鄱阳湖研究[M]. 上海：上海科学技术出版社，1988.

[2] 中国大百科全书出版社编辑部. 中国大百科全书(简明版)[M]. 北京：中国大百科出版社，1998.

[3] Jacob Kalff. 湖沼学——内陆水生态系统[M]. 北京：高等教育出版社，2011.

[4] 江西省政协文史和学习委员会. 鄱阳湖文化志[M]. 南昌：江西人民出版社，2014：2-15.

[5] 张建民，鲁西奇. 历史时期长江中下游地区人类活动与环境变迁专题研究[M]. 武汉：武汉大学出版

社，2011：138.

[6] 谭其骧，张修桂. 鄱阳湖演变的历史过程[J]. 复旦大学学报(社会科学版)，1982，(2)：42-51.

[7] 葛全胜等. 中国历朝气候变化[M]. 北京：科学出版社，2011.

[8] 许怀林. 江西史稿[M]. 南昌：江西高校出版社，1998.

[9] 许智范. 秦汉时期的江西文化/江右访古[M]. 南昌：江西人民出版社，2015，61-92.

[10] 国家地震局震害防御司. 中国历史强震目录[M]. 北京：地震出版社，1995，8-9.

[11] 刁守中，晁洪太. 中国历史有感地震目录[M]. 北京：地震出版社，2008，8-10.

[12] 胡迎建. 鄱阳湖历代诗词集注评[M]. 南昌：江西人民出版社，2015.

[13] 唐国华，胡振鹏. 鄱阳湖历史演变新考：北宋时期鄱阳湖南部大水面的形成/胡迎建主编. 江西文史，第14辑[M]. 南昌：江西人民出版社，2017.

[14] 张九龄撰，熊飞校注. 张九龄集校注(上册)[M]. 北京：中华书局，2008.

[15] 刘诗古. 资源、产权与秩序——明清鄱阳湖区的渔课制度与水域社会. 北京：社会科学文献出版社，2018.

[16] [宋]洪迈.《夷坚志》支庚卷七"双港富民子"/续修四库全书. 上海：上海古籍出版社，1995.

[17] [宋]洪迈.《夷坚志》支癸卷八"丽池鱼箔"/续修四库全书. 上海：上海古籍出版社，1995.

[18] 唐国华，胡振鹏. 明清时期鄱阳湖的扩展与形态演变研究[J]. 江西社会科学，2017，(7)：123-131.

[19] 唐国华，胡振鹏. 气候变化背景下鄱阳湖流域历史水旱灾害变化特征[J]. 长江流域资源与环境，2017，26(8)：1274-1283.

[20] 崔奕波，李忠杰. 长江流域湖泊的渔业资源与环境保护[M]. 北京：科学出版社，2005.

[21] 戴星照，胡振鹏. 鄱阳湖资源与环境研究[M]. 北京：科学出版社，2019.

[22] 胡振鹏，张祖芳，刘以珍等. 碟形湖在鄱阳湖湿地生态系统的作用与意义. 江西水利科技，2015，41(5)：317-323.

[23] Van Geest et al. Vegetation abundance in lowland flood plan lakes determined by surface area, age and connectivity. Freshwater Biology, 2003, 48(3): 440-454.

[24] Paul J. Wood et al. Hydroecology and Ecohydrology: Past, Present and Future[M]. John Wiley & Sons, Ltd. 2007(中译本：王浩等译. 北京：中国水利水电出版社，2009)

[25] David Harper et al. Hydroecology, Processes, Models and Case Studies: An Approach to the Sustainable Management of Water Resources[M]. CAB International, 2008(中译本：严登华等译. 北京：中国水利水电出版社，2012)

[26] Malin Falkenmark, Johan Rockstron. Balancing Water for Humans and Nature: The New Approach in Ecohydrology[M]. UK and USA: Earthscan, 2004(中译本：任立良、束龙仓等译. 北京：中国水利水电出版社，2006)

[27] 夏军等. 生态水文学学科体系及学科发展战略. 地球科学进展[J]，2018，33(7)：665-674.

[28] 程飞等. 水文生态学研究进展及应用前景[J]. 长江流域资源与环境，2010，(19)：98-106.

[29] Ojngen Bonacci et al. A framework for karts ecohydrology[J]. Environ. Geol., 2009, (56): 891-900.

[30] Keith Loague et al. Physics-based hydrologic-response simulation: foundation for hydroecology and hydrogeomorphology[J]. Hydrological Prodesses, 2006, (20): 1231-1237.

[31] Achim Paetzold et al. Riparian arthropod responses to regulation and river cannelization[J]. J. Applied Ecology, 2008, (45): 894 -903.

[32] N. Leroy Poff et al. The ecological limits of hydrologic alteration(ELOHA): a new framework for developing regional environmental flow standards[J]. Freshwater Biology, 2010, (55): 147-170.

[33] Hugo A. Gutierrez-Jurado et al. Ecohydrology of root zone water fluxes and soil development in complex semiarid rangelands[J]. Hydrol. Processes，2006，(20)：3289-3316.

[34] 程根伟等. 山地森林生态系统水文循环与数学模拟[M]. 北京：科学出版社.

[35] 杨胜天等. 生态水文模型与应用[M]. 北京：科学出版社，2010.

[36] 魏晓华，孙阁. 流域生态系统过程与管理[M]. 北京：高等教育出版社，2009.

[37] Sven Erik JØrgensen. 系统生态学导论[M]. 陆健健译. 北京：高等教育出版社，2013.

[38] 金相灿，稻森悠平，朴俊大. 湖泊和湿地水环境生态修复技术与管理指南[M]. 北京：科学出版社，2007.

[39] 秦伯强，胡维平，陈伟民. 太湖水环境演化过程与机理[M]. 北京：科学出版社，2004.

[40] 秦伯强，许海，董百丽. 富营养化湖泊治理的理论与实践[M]. 北京：高等教育出版社，2011.

[41] 崔丽娟. 三江平原沼泽生态系统水量平衡：以别拉洪河流域为例[J]. 地理科学，1994，14(4)：384-386.

[42] 倪晋仁，殷康前，赵智杰. 湿地综合分类研究：I：分类[J]. 自然资源学报，2013，13(3)：214-220.

[43] 章光新等. 湿地生态水文学研究综述[J]. 水科学进展，2018，29(5)：738-749.

[44] 胡振鹏，葛刚等. 鄱阳湖湿地植物生态系统结构及湖水位对其影响研究[J]. 长江流域资源与环境，2010，23(6).

[45] 葛刚，纪伟涛等. 鄱阳湖水利枢纽工程与湿地生态保护[J]. 长江流域资源与环境，2010，23(6).

[46] 葛刚，徐燕花等. 鄱阳湖典型湿地土壤有机质及氮素空间分布特征[J]. 长江流域资源与环境，2010，23(6).

[47] 周文斌等. 鄱阳湖江湖水位变化对其生态系统影响[M]. 北京：科学出版社，2011.

第 2 章　鄱阳湖水文特性及其演变

2.1　引　　言

随着全球气候变化和社会经济发展，鄱阳湖及其周边环境发生了许多变化。例如，1998 年、1999 年洪水发生后，鄱阳湖区实施了大规模"退田还湖、移民建镇和干堤加固"工程，湖盆形态发生改变；鄱阳湖流域森林植被明显改善，进出湖的水量和泥沙状况发生变化；随着经济社会快速发展，大力推进工业化、城镇化建设，人类活动对鄱阳湖干预的深度和广度增大；鄱阳湖保护、开发、利用的重点由过去的治理水土流失、减缓洪水干旱灾害和控制血吸虫病流行，转变为防治水体污染和保护湿地生态系统健康；长江上游大批水利水电工程投入运行，长江干流流量过程发生变化；2003 年以来鄱阳湖水位出现了长期低枯的现象。

这些变化引起鄱阳湖水文情势变化，许多问题需要深入研究，找出答案。其中有一些问题受到长期关注、始终没有圆满解决，如长江与鄱阳湖水文关系，非恒定流影响下鄱阳湖水位、水面面积和蓄水量的计算等；有些是新出现的问题，如鄱阳湖水位长期低枯究竟受到哪些因素影响；为什么 2000 年以后枯水期降水径流系数不仅比丰水期高，而且比 2000 年以前枯水期也高。影响这些问题的因素众多，各因素之间相互关联、相互影响、互为因果，许多因素与环境要素之间及各因素之间往往是非线性关系，属于复杂系统问题。

为了寻求科学答案，开发了"复杂水文现象关键问题递归分析技术"。这一技术的前提是，对拟研究的问题已经有了一定程度的理解，大致明确了各要素之间的定性关系或主要特征，首先选择关联度较少的子问题，通过模型化研究和定量化分析，找出其中的数量关系作为突破口；使复杂问题的其他关系凸显出来，相互关联的方面可以定量分析，再运用一定分析技术或数学模型解决更为复杂的问题，由表及里、由此及彼、由浅入深地把整个复杂问题中的定量关系剖析清楚。

这一章主要运用"复杂水文现象关键问题递归分析技术"，定量研究长江与鄱阳湖的水文关系，定量分析鄱阳湖水位长期低枯的主要原因、流域植被改善对地表径流过程和水沙关系的宏观影响、非恒定流作用下水位与水面面积、蓄水量动态关系的分析及计算图表的编制等。这些问题是更加深刻认识鄱阳湖自然规律的迫切需求，也是分析鄱阳湖环境质量演变和水环境保护、剖析湿地生态系统对自然条件变化和人类活动的响应和反馈机制的前提，更是维护鄱阳湖湿地生态系统健康和水土资源可持续开发利用的基础。

2.2　长江与鄱阳湖水文过程的丰枯变化

2.2.1　汉口站流量丰枯变化周期

鄱阳湖流域是长江流域的一部分，鄱阳湖蓄水受到流域来水和长江干流水位的双重影响，在研究鄱阳湖水文过程的变化之前，分析长江丰枯变周期化很有必要。英国水文学家 H. E. Hurst 对 Nile 河的河川流量及其他 900 个自然现象进行了相关分析，提出所谓"Hurst 现象"[1]。"Hurst 现象"在水文中表现为"一丰连丰，一枯连枯"的特征，显示水文长系列的发展趋势。水文长序列数据特征及趋势性分析的常用方法有变差系数、极值比与极值差、距平法、均方差分级法、线性倾向估计法、滑动平均法、小波理论分析法和经验模态分解(EMD)法等。下面通过滑动平均法分析 1949 年以来长江汉口站年均流量变化过程，了解长江中游流量过程的趋势性、丰枯变化特征及不确定性。

设有 N 个数据组成的非平稳随机过程，滑动平均法认为，这一过程中存在 m 个相邻数据的小区间接近平稳随机过程，取 m 个相邻数据的平均值表示这一小序列取值，通过 m 不同取值的试算，求出非平稳数据系列中若干接近平稳随机小系列，找出非平稳随机过程的演变特征。选取长江汉口站 1949～2014 年年均流量为样本序列，分别用3 年、5 年、7 年、9 年、11 年进行滑动平均变换计算。比较结果发现，7 年和 9 年滑动平均曲线比较清晰地区分出丰枯交替变化(图 2.1、图 2.2)。

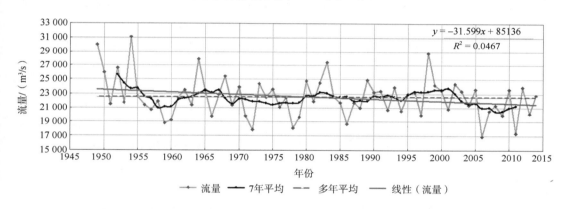

图 2.1　汉口站 1949～2014 年年均流量及 7 年滑动平均曲线

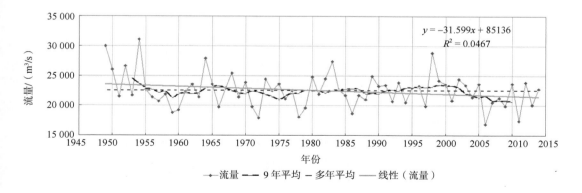

图 2.2　汉口站 1949～2014 年年均流量及 9 年滑动平均曲线

1949～2014 年汉口站多年均流量为 22 522 m³/s，从图 2.1 可以看出，年均流量呈现减少趋势；根据 7 年滑动平均转换曲线结果，1949～2014 年的丰枯节律如表 2.1 所示。9

年滑动平均曲线也能够看出相似的丰枯节律(图 2.2)，比较突出地显示了 1949～1955 年来水较丰，1956～1963 年、2004～2014 年来水较枯。

表 2.1　汉口站 1949～2014 年丰枯节律

起止年限/年	年数	平均流量/(m³/s)	丰枯	起止年限/年	年数	平均流量/(m³/s)	丰枯
1949～1955	7	25 642	丰	1980～1985	6	23 817	丰
1956～1963	8	21 163	枯	1986～1994	9	2 200	偏枯
1964～1968	5	2 380	丰	1995～2003	9	23 467	丰
1964～1979	11	21 345	枯	2004～2014	11	21 034	枯

2.2.2　鄱阳湖流域降水丰枯变化周期

利用鄱阳湖流域 1956～2014 年面雨量为样本序列，分别用 3 年、5 年、7 年、9 年、11 年时段进行滑动平均变换计算。结果发现，9 年滑动平均曲线比较清晰地区分出丰枯节律变化(图 2.3)。流域多年平均面雨量 1 611 mm，降水过程略显增加趋势，丰枯节律如表 2.2 所示。与表 2.1 相比较，可知长江与鄱阳湖水文节律大致类似，但起止年份有差异，长江汉口站流量变化节奏比鄱阳湖流域要快。

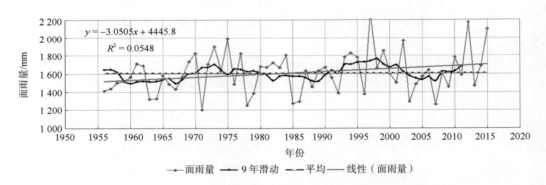

图 2.3　1956～2015 年鄱阳湖流域面雨量及 9 年滑动平均过程线

表 2.2　鄱阳湖流域面雨量丰枯周期

起止年限/年	年数	平均面雨量/mm	丰枯	起止年限/年	年数	平均面雨量/mm	丰枯
1956～1968	13	1 503	枯	1993～1999	7	1 793	丰
1969～1977	9	1 698	丰	2000～2015	16	1 637	平
1978～1992	15	1 539	枯				

2.3　长江与鄱阳湖水文关系定量分析[2]

2.3.1　鄱阳湖蓄水受流域来水和长江水位双重影响

20 世纪 80 年代进行的鄱阳湖第一次科学考察发现，湖盆存在重力型、顶托型和倒灌型等水流状态，不同流态与长江及鄱阳湖不同水文情势有关[3]，长江对鄱阳湖的顶托和倒灌作用开始引起重视[4, 5]。刘元波等通过分析水文资料认为，20 世纪 60 年代和 80 年代鄱阳湖流域来水较枯，长江对鄱阳湖作用较强；20 世纪 70 年代和 90 年代流域产水较丰，鄱阳湖对长江作用较强；其中 7～9 月是长江对鄱阳湖作用较强的季节[6, 7]。杨沛钧等认为，可以用不同时段鄱阳湖进、出湖平均流量之比来衡量长江对鄱阳湖的顶托作用[8, 9]。胡春宏等对江湖关系及其演变进行了系统研究[10]，戴星照和胡振鹏利用半理论半经验方法研究得出，九江每增加一个流量，因顶托湖口出流约少一个流量[11]。到目前为止，鄱阳湖与长江水文关系、表现形式及其发生条件的量化研究成果少见。定量研究鄱阳湖与长江的水文关系及其表现形式、各种形式出现的条件，对于湖区水资源利用和水环境、水生态保护具有非常现实的意义。

湖口水文站位于鄱阳湖与长江交汇处，控制了鄱阳湖流域全部集雨面积。离湖口最近的长江干流水文站有汉口和大通站，水位、流量资料系列长、精度高。按多年平均流量统计，汉口流量占大通流量的79.2%，鄱阳湖湖口出流占大通流量的 16.8%；汉口至湖口河段（长 295.4 km）、湖口至大通河段（长 219.0 km）两岸入流以及太湖流域进入长江流量仅占大通流量的 4%[12]。因此，汉口流量基本可以反映湖口河段长江干流状态。本节以汉口站作为长江干流代表站、星子站作为鄱阳湖代表站来分析长江与鄱阳湖的水文关系。

长江流域水文过程以年为周期，根据 1956～2012 年长江汉口站流量、鄱阳湖入湖流量资料，通过回归分析，得到星子站水位年平均 H（黄海高程，m）与汉口站年均流量 Q_1、鄱阳湖流域入湖年平均流量 Q_2 的关系为

$$H=0.0002524Q_1+0.0003106Q_2+4.3526 \qquad (2.1)$$

复相关系数 $R^2=0.9446$；在 0.001 置信水平通过了 F 检验。复测定系数为 0.8922，表明用自变量 Q_1、Q_2 可解释因变量 H 变差的 89.22%。对式 (2.1) 分别求偏导，得 $\partial H / \partial Q_1 = 0.0002524$，$\partial H / \partial Q_2 = 0.0003106$，这表明长江、"五河"入湖每变化一个流量，引起星子站水位的变化情况。就年平均流量而言，长江变化 1 m³/s 对星子站水位影响力相当于五河入湖流量变化 1 m³/s 的 81.26%。

式 (2.1) 说明，鄱阳湖星子站水位与长江干流和本流域入湖流量密切相关，其关系表现为：①长江水流对鄱阳湖出流基本无影响；②长江对鄱阳湖出流产生顶托；③江水倒灌入湖等三种情况。

2.3.2　长江流量小对鄱阳湖出流影响不明显

20 世纪 80 年代，鄱阳湖区结束了大规模围湖造田活动，湖泊水域大致稳定。长江流域气候与水文具有 10 年左右为一周期的特点，20 世纪八九十年代属于一个水量丰沛的周期[5, 9]，21 世纪进入水量偏枯的新周期[9]。将汉口流量分别与当天、后一天和后两天的星子站水位进行回归分析，汉口流量与当天星子站水位关系效果最好。因此，分别利用 1980～1999 年共 20 年和 2000～2014 年共 15 年汉口站日流量 $Q_{汉}$ 和鄱阳湖星子站当

天日均水位 $H_星$ 建立相关关系(图 2.4),回归方程为

$$H_星^{21}=6.0221\ln Q_汉 - 48.502 \tag{2.2}$$

$$H_星^{20}=5.1572\ln Q_汉 - 38.94 \tag{2.3}$$

式中, $H_星^{21}$、$H_星^{20}$ 分别为 2000~2014 年和 1980~1999 年星子站水位,相关系数 R^2 分别为 0.9156 和 0.8705,在 0.05 置信水平通过了 F 检验,满足可靠性要求。另外,还利用 1960~1979 年共 20 年资料进行类似分析,回归方程形式与式(2.3)相同,仅系数略小一点。这说明式(2.2)的关系是稳定的。

分别对式(2.2)、式(2.3)求导得:

$$\mathrm{d}H_星^{21}/\mathrm{d}Q_汉 =6.0221/Q_汉 \qquad \mathrm{d}H_星^{20}/\mathrm{d}Q_汉 =5.1572/Q_汉 \tag{2.4}$$

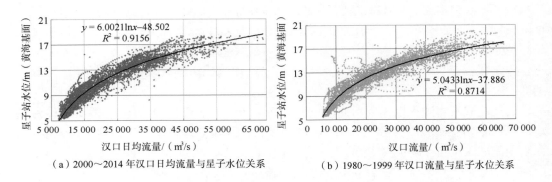

(a)2000~2014 年汉口日均流量与星子水位关系　　(b)1980~1999 年汉口流量与星子水位关系

图 2.4　2000~2014 年、1980~1999 年汉口流量与星子水位关系

式(2.4)表示星子站水位对汉口流量变化的响应,即汉口流量改变一单位,星子站水位改变量。为了直观反映汉口流量增加星子站水位边际递减效果,现将汉口不同流量时每增加 100 m³/s 星子站水位增加值(cm)列在表 2.3 和图 2.5 中。如表 2.3 第 3 列所示,2000 年以后,每减少 100 m³/s 流量,当汉口流量为 10 000 m³/s 时,星子水位降低 6.02 cm;汉口流量 15 000 m³/s 增大到 20 000 m³/s 时,每增加 100 m³/s,星子站水位从增加 4.01 cm 减少到 3.01 cm;汉口流量为 50 000 m³/s 时,星子水位仅减少 1.20 cm。由此可见,汉口流量小于 15 000 m³/s 时,对鄱阳湖出流顶托作用非常小,鄱阳湖基本保持自由出流状态,星子站水位主要受流域来水影响;汉口流量大于 20 000 m³/s,对星子水位变化的影响较小,顶托作用明显。

表 2.3　2000 年前后汉口不同流量改变 100 m³/s 对星子水位的影响　　(单位:cm)

汉口流量/(10^2 m³/s)	80	100	120	150	180	200	250	300	400	500
1980~1999 年	6.44	5.16	4.30	3.44	2.87	2.58	2.06	1.72	1.29	1.03
2000~2014 年	7.53	6.02	5.02	4.01	3.35	3.01	2.52	2.40	1.51	1.20

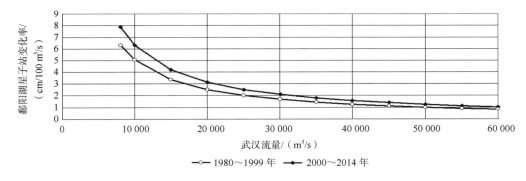

图 2.5　2000 年前后汉口不同流量改变 100 m³/s 对星子水位影响(单位：cm)

2.3.3　长江流量较大时对鄱阳湖出流产生顶托作用

所谓顶托是指长江干流流量较大,鄱阳湖水流不能自由流出而存蓄在湖盆中的现象。假设长江干流不发生顶托,鄱阳湖水量平衡方程为

$$S_{t+1} + \Delta S_t = S_t + (I_t - Q_t)\Delta t \tag{2.5}$$

如果存在顶托现象,湖泊水量平衡方程为

$$S_{t+1} = S_t + (I_t - q_t)\Delta t \tag{2.6}$$

式中,S_t、S_{t+1} 为时段 t(在此取 1 天)初、末湖泊蓄水量;I_t 为时段平均入湖流量;q_t、Q_t 分别为有、无顶托时的湖口出湖流量;ΔS_t 为 t 时段因顶托湖盆增加的蓄水量;Δt 为时段秒数,在此为 86 400 s。将式(2.6)代入式(2.5)中,得

$$\Delta S_t / \Delta t = Q_t - q_t \tag{2.7}$$

定义 $\alpha=(Q_t - q_t)/Q_t$ 为时段 t 的顶托比,表示因顶托滞留在湖盆中水量与没有顶托自由出流的水量比值,可由式(2.7)求顶托比 α。

q_t 为现状湖口出流量,有水文监测记录,关键是求得 Q_t。在长江顶托情况下,湖口与鄱阳湖星子站的水位-流量关系十分紊乱。图 2.6 显示 2005~2011 年星子站水位与当天湖口流量关系,左边负数是长江倒灌。

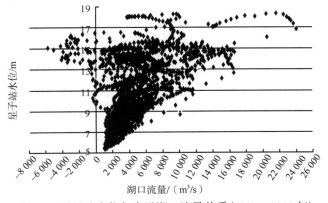

图 2.6　星子站水位与当天湖口流量关系(2005~2011 年)

　　从前面的研究可知，汉口流量小于 15 000 m³/s 时，长江顶托作用不明显，鄱阳湖基本上属于自由出流。为此，从 1980～2014 年的汉口流量资料中选择日流量小于 15 000 m³/s 样本与当日星子站日平均水位进行回归分析，结果如图 2.7 所示。

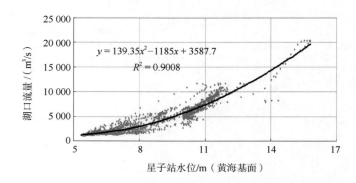

$$y = 139.35x^2 - 1185x + 3587.7$$
$$R^2 = 0.9008$$

图 2.7　长江不顶托时鄱阳湖星子站与湖口出流量关系(1980～2014 年)

回归方程为 $$Q = 139.35h^2 - 1185h + 3588 \tag{2.8}$$

式中，Q 为长江不顶托情况下湖口出流量；h 为星子站水位(黄海，m)；样本数据 $n=1760$；相关系数 $R^2=0.9008$，在 0.05 置信水平通过了 F 检验。

　　湖口断面出流 $$Q = Av$$

式中，v 为流速；过流断面面积 A 为梯形或抛物线型，可用过水深的二次函数描述。所以，式(2.8)具有一定的水力学依据，由于湖口出流不是恒定流过程，回归方程点据不甚集中。

　　利用 2003～2015 年湖口平均出湖流量和星子站日平均水位资料(不考虑倒灌情况)，按照式(2.8)计算长江不顶托情况下湖口出流量 Q_t，按照式(2.7)计算每天的顶托比，然后根据汉口流量大小进行聚类分析。得到下述结论：

　　(1)汉口流量 16 000～18 000 m³/s，共 202 天，顶托比平均值 $\bar{\alpha} = 0.25$，离差系数 $C_v= \bar{\alpha} / \sigma = 0.876$，$\alpha$ 点据分布离散度较大，顶托作用的一致性较差，可以认为，这一条件属于影响较小向顶托过渡，表 2.4 未列出。

　　(2)汉口流量 18 000～22 000 m³/s，共计算 316 天，顶托比平均值 $\bar{\alpha} = 0.319$，$C_v = 0.675$，α 点据分布较为分散。这一条件下，星子站水位均在 8 m 以上。可以认为，星子站水位低于 8 m，鄱阳湖处于严重枯水位以下一般不发生顶托。

　　(3)汉口流量超过 22 000 m³/s，顶托明显，点据集中。顶托比大小，与汉口站流量紧密相关，汉口流量越大，顶托比平均值 $\bar{\alpha}$ 越大、C_v 越小，α 点据分布越集中。汉口流量不同等级时的顶托比平均值 $\bar{\alpha}$、离差系数 C_v 具体见表 2.4。

表 2.4　长江干流流量对鄱阳湖顶托作用

汉口流量/(10^4m³/s)	1.80～2.20	2.20～2.80	2.80～3.50	3.50～4.50	4.50～5.00
出现天数/天	316	450	682	419	88
顶托比平均值 $\bar{\alpha}$	0.319	0.416	0.533	0.671	0.814
离差系数 C_v	0.675	0.554	0.362	0.257	0.119

2.3.4　长江向鄱阳湖倒灌的影响因素

如果长江干流流量增大，江水流进鄱阳湖，称为江水倒灌，湖口实测流量为负值。倒灌第一天汉口站流量和星子站水位是触发倒灌的水文条件。为此，根据 1956～2014 年湖口实测资料，统计了历年倒灌首日汉口日均流量、星子站水位和一次倒灌持续天数(一次倒灌过程中偶然 1、2 天未发生倒灌仍做一次处理)、倒灌水量等水文参数。各个阶段具体情况列在表 2.5 中。1956～2014 年 59 年共有 48 年发生倒灌，共 99 次；1972 年、1977 年、1992 年、1993 年、1995 年、1997 年、1998 年、1999 年、2001 年、2006 年、2010 年、2011 年没有发生倒灌。48 年发生倒灌 682 天，倒灌水量 1 280×10⁸ m³，按发生年数平均每年 26.67×10^8 m³，平均每次 2.88×10^8 m³。按月统计，倒灌发生主要发生在 7～10 月，6 月、11 月偶有发生。按月份统计的倒灌特征如表 2.6 所示。

表 2.5　1956～2014 年不同年代长江倒灌情况

年　份	1956～1969	1970～1979	1980～1989	1990～1999	2000～2014	合计
年　数	14	10	10	10	15	59
倒灌次数	23	16	30	8	22	99
天数/天	226	92	190	52	122	682
水量/10⁸m³	473.23	108.06	305.12	156.82	237.07	1280.33

表 2.6　不同月份长江倒灌特征统计

月　份	6	7	8	9	10	11
倒灌次数	3	29	24	33	8	2
倒灌天数/天	14	197	196	234	31	11
水量/10⁸m³	85.88	1095.21	789.09	1009.58	237.00	53.83

倒灌首日汉口流量大小和星子站水位高低，是倒灌发生与否的重要水文条件。如图 2.8 所示，倒灌首日星子站水位与汉口日均流量正相关，星子站水位越高，产生倒灌长江所需流量越大(图 2.8)。

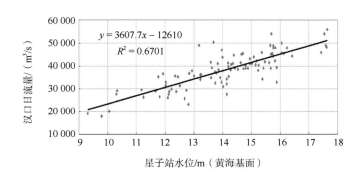

图 2.8　鄱阳湖倒灌首日星子水位与汉口流量关系

　　用 P-Ⅲ 型理论频率曲线适线法将各次鄱阳湖倒灌首日星子站水位进行频率分析，均值 $\overline{X}$ =14.09 m，C_v=0.15，C_s=2.5C_v（图 2.9）。从图 2.8、图 2.9 可看出，星子水位低于 11.50 m 仅 5 个样本，分别为 9.30 m、9.79 m、10.30 m、10.33 m，汉口相应日流量为 18 000 m³/s、17 900 m³/s、20 000 m³/s、27 700 m³/s 和 29 100 m³/s。星子站水位高于防汛警戒水位 17.14 m 也仅有 5 个样本，分别为 17.43 m、17.54 m、17.59 m、17.62 m、17.64 m 时，汉口相应日均流量为 45 800 m³/s、53 900 m³/s、49 000 m³/s、48 300 m³/s、55 900 m³/s。长江对鄱阳湖倒灌特征见表 2.7。

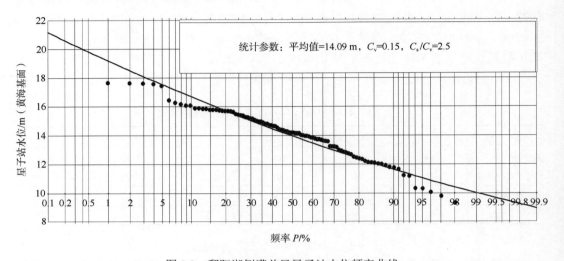

图 2.9　鄱阳湖倒灌首日星子站水位频率曲线

　　(1)星子站水位 10.5～16.5 m、汉口流量大于 25000 m³/s 时，发生倒灌的可能性最大，这种情况覆盖 P-Ⅲ型曲线理论频率曲线约 89%区间。在此范围内，星子水位低，汉口流量大，倒灌时间长，水量大。如 1991 年 7 月 3 日，星子站水位 13.69 m、汉口流量 50300 m³/s，连续倒灌 17 天，倒灌水量最大，达 107.41×10⁸ m³；1988 年 8 月 22 日星子站水位 12.44 m、汉口流量 35 200 m³/s，连续倒灌时间最长，达 27 天，倒灌水量 52.16×10⁸ m³。

　　(2)当长江干流汉口流量 18 000～19 000 m³/s、鄱阳湖水位处于 9～10 m 时，长江可能倒灌鄱阳湖，一般倒灌时间不长，入湖水量不多(表 2.7 第 1 种情景)，星子站水位高于防汛警戒水位 17.14 m，长江汉口站流量大于 45 000 m³/s，也可能发生倒灌，倒灌日数不多，入湖水量也不大(表 2.7 第 2 种情景)。

　　(3)鄱阳湖主汛期一般不发生长江倒灌。鄱阳湖主汛期为 4～6 月，6 月偶尔也会发生倒灌，倒灌主要发生在 7 月、8 月、9 月、10 月。有监测资料以来，6 月份仅发生 3 次倒灌，一般均发生在月末，倒灌时间不长，入湖水量不多(表 2.7 第 3 种情景)，发生在主汛期结束较早的年份。另外，11 月份倒灌发生 2 次，星子站水位较低，倒灌时间短、入湖水量也不多(表 2.7 第 4 种情景)。

表 2.7　不同情境下长江倒灌概况

情景	倒灌初日(年/月/日)	星子站水位/m	汉口流量/(m³/s)	倒灌天数	倒灌水量/10⁸ m³
湖水位低	1967/11/30	9.30	19 100	3	0.64
	1978/09/10	9.79	17 900	10	8.07
湖水位高	1983/07/04	17.64	55 900	3	8.12
	1969/07/16	17.62	48 300	2	5.56
	2002/08/23	17.59	49 000	4	2.66
6 月倒灌	1978/06/27	12.58	25 700	3	2.08
	1980/06/26	14.65	45 000	7	11.02
	1981/06/29	12.14	28 700	4	4.83
11 月倒灌	1967/11/30	9.30	19 100	3	0.64
	1996/11/10	10.05	20 000	6	10.90

2.3.5　长江与鄱阳湖水文关系的整合

综合上述分析,长江与鄱阳湖水文关系可以简要地归纳为:

(1)星子站水位变化受流域来水和长江干流流量双重影响。当汉口站流量从 8 000 m³/s 增加到 15 000 m³/s 时,边际递减率从 7.87 cm/(100 m³/s)减少到 4.19 cm/(100 m³/s),长江干流低水位对鄱阳湖出流的顶托很小,鄱阳湖出流基本上可以自由流淌,水位变化幅度较大。

(2)汉口站流量 15 000～18 000 m³/s 时,由影响较小向产生顶托过渡。

(3)汉口水位超过 18 000 m³/s 时,长江水流对鄱阳湖产生比较明显的顶托作用,汉口流量越大,顶托越显著,汉口流量从超过 18 000 m³/s 增加到 45 000 m³/s 时,因顶托不能顺利出流而存蓄在湖盆中的水量占入湖水量的 31.9%～81.4%。

(4)在发生顶托前提下,长江水流是否倒灌进鄱阳湖,则取决于星子站当天水位,星子水位低于 8 m 或鄱阳湖主汛期入湖流量较大时一般不会发生倒灌,星子水位 10.5～16.5 m 且汉口流量大于 25 000 m³/s 最容易发生倒灌,持续时间较长、入湖水量较多;星子站水位 9～10.5 m 且相应的汉口站日流量大于 18 000 m³/s、星子水位高于防汛警戒水位 17.14 m 且汉口站流量大于 45 000 m³/s,也有发生倒灌的可能,但倒灌入湖的水量不多,时间较短。以星子站水位为纵轴,汉口流量为横轴坐标系,这些关系如图 2.10 所示。

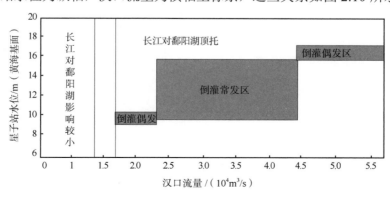

图 2.10　长江与鄱阳湖水文关系

2.4　鄱阳湖水位长期低枯的原因分析

2.4.1　鄱阳湖流域 2000 年以来降水径流变化[13]

定义每年 3 月～次年 2 月为一个水文年，其中 3～9 月为丰水期，10 月～次年 2 月为枯水期；分别计算了全系列(1953～2012 年)、2000 年以前(1953～1999 年)和 2000 年以后(2000～2012 年)的流域面雨量、"五河"入湖平均流量和湖口出湖流量，如表 2.8 和图 2.11～2.13 所示，得出以下结论。

(1)鄱阳湖流域 60 年来年降水量未发生趋势性变化，但年内分布有所改变。2000 年以后(2000～2012 年)流域面雨量仅比以前(1953～1999 年)减少 3.31%；其中丰水期降水量减少 81 mm，约占 6.18%，主要少在 4、5 月；枯水期增加 26 mm，增加 7.45%(图 2.11、表 2.8)，主要在 11、12 月增加。

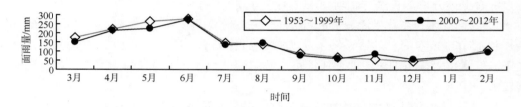

图 2.11　鄱阳湖流域不同系列平均面雨量过程

表 2.8　鄱阳湖流域不同系列面雨量、进出湖流量比较

项目	系列	丰水期		枯水期		水文年	
		数量	2000 年后增减	数量	2000 年后增减	数量	2000 年后增减
流域面雨量/mm	1953～1999 年	1 309	1.0	349	1.0	1 658	1.0
	2000～2012 年	1 228	−6.18%	375	7.45%	1 603	−3.31%
	1953～2012 年	1 297	—	354	—	1 646	—
"五河"入湖流量/(m³/s)	1953～1999 年	5 208	1.0	2143	1.0	3 931	1.0
	2000～2012 年	4 691	−9.92%	2237	4.39%	3 669	−6.66%
	1953～2012 年	4 950	—	2190	—	3 800	—
湖口出流量/(m³/s)	1953～1999 年	6 275	1.0	2620	1.0	4 752	1.0
	2000～2012 年	5 844	−6.87%	2830	8.02%	4 588	−3.45%
	1953～2012 年	6 059	—	2726	—	4 670	—

(2)2000 年以后与 2000 年以前相比，"五河"入湖丰水期流量减少，枯水期增加。2000 年以后丰水期比以前少 517m³/s，减少 9.92%，4～8 月均有减少；枯水期 2000 年以后比以前增加 94 m³/s，增加 4.39%，主要在 11 月、12 月增大(图 2.12)。

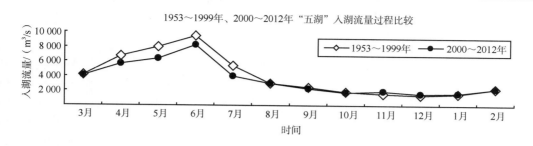

图 2.12　两个系列"五河"入湖流量过程

(3) 1953~2012 年鄱阳湖进入长江流量年均 4 670 m³/s，折合年径流总量 1 472×10⁸ m³，2000 年以后丰水期比以前少 6.89%，主要在 4~7 月减少，枯水期比以前增加 210 m³/s，增加 8.02%，主要在 12 月和 1 月、2 月增加(图 2.13)。

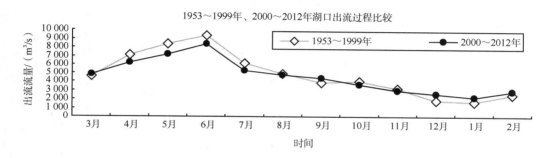

图 2.13　不同系列鄱阳湖湖口站出流过程

根据表 2.8 列示的数据，计算了 1953~1999 年、2000~2012 年两个子系列丰水期与枯水期的降水径流系数(表 2.9)。两个子系列水文年降水径流系数相同，但 2000 年以后枯水期降水径流系数大于 1953~1999 年枯水期，丰水期则小于 2000 年以前的丰水期，说明 2000 年以后丰水期更多的水存蓄到土壤含水层，枯水期释放到河道中，2000 年前后全流域用水消耗量没有明显变化。

表 2.9　1953~1999 年、2000~2012 年降水径流系数

阶　　段	丰水期	枯水期	水文年
1953~1999 年	0.456	0.462	0.459
2000~2012 年	0.437	0.481	0.459

2.4.2　2003 年以后湖水位持续低枯[13, 14]

2003 年以来，鄱阳湖秋冬季水位持续低枯，具体表现在低枯水位出现时间提前、枯水期延长、极端枯水位屡创新低。

1. 低枯水位出现时间提前，枯水期延长

根据星子站水位将鄱阳湖干旱程度划分为：①枯水：星子站水位 10 m 以下；②严重枯水：星子站水位 8 m 以下；③特别枯水：星子站水位 6 m 以下。分别统计 20 世纪 60 年代、70 年代、80 年代、90 年代和 21 世纪（2003～2012 年）以及全系列（1956～2012 年）星子站每年各级枯水位出现时间和持续天数、星子站枯水和严重枯水和特别枯水出现时间、持续时间等特征值，然后计算每个年代的平均值；结果表明，鄱阳湖枯水期提前，枯水期时间延长。具体结果见表 2.10。

表 2.10　鄱阳湖星子站不同等级枯水位平均每年出现天数及时间统计

时期	枯水 10 m		严重枯水 8 m		特别枯水 6 m	
	天数	初日	天数	初日	天数	初日
1960～1969 年	132	11 月 7 日	81	11 月 22 日	22	12 月 26 日
1970～1979 年	139	9 月 1 日	80	10 月 24 日	13	12 月 9 日
1980～1989 年	109	10 月 16 日	65	11 月 25 日	3	1 月 15 日
1990～2002 年	117	9 月 19 日	54	11 月 13 日	1	2 月 27 日
1956～2002 年	124	10 月 24 日	68	10 月 24 日	9	12 月 9 日
2003～2012 年	175	8 月 22 日	106	9 月 28 日	20	12 月 11 日
1956～2012 年	136	8 月 22 日	79	9 月 28 日	12	12 月 9 日
最多/天	277（发生 2006 年）		166（发生 2010 年）		70（发生 1963 年）	
次多/天	216（发生 2010 年）		156（发生 2006 年）		64（发生 2004 年）	

枯水位出现时间提前，2003 年以前星子站枯水位 10 m 初现时间在 9 月 1 日～10 月 16 日，2003 年以后提前到 8 月 22 日，提前了 9 天。2003 年以前严重枯水位 8 m 初现时间在 10 月 24 日～11 月 25 日；2003 年以后提前到 9 月 28 日，提前了 26 天。

星子站 1956～2002 年系列 10 m 以下枯水位平均每年 124 天，严重枯水位 8 m 以下时间共 68 天，特别枯水 6 m 以下时间平均仅为 9 天；而 2003～2012 年这三个特征枯水位以下平均天数分别增加到 175 天和 106 天、20 天。2003～2012 年在表 2.10 所列的六个时期的平均值之首位。特别是 2006 年 10 m 和 8 m 以下持续时间分别长达 277 天和 166 天，2010 年 10 m 和 8 m 以下持续时间分别达 216 天和 156 天，成为 57 年整个系列中枯水持续时间最长的前两位。

2. 极端枯水位屡创新低

表 2.11 归纳了鄱阳湖各水位站最枯水位。除湖口站外，湖区各个主要监测站实测最低水位均发生在 2003 年以后。从表 2.9 可以看出，星子站、康山站均在 2004 年出现历史最低水位；都昌站 2007 年出现历史最低水位 6.53 m 以后，2008 年、2009 年屡创新低，2012 年最新历史最低水位记录为 6.27 m。棠荫站在 2007 年出现历史最低水位。湖口站水位受长江、鄱阳湖双重影响，历史最低水位出现在 1963 年（4.02 m），2004 年出现历史

第二低枯水位 4.74 m。2003 年以后，除湖口站外，湖区所有水位站均出现有实测资料以来的最低水位。

表 2.11　鄱阳湖各水位监测站最低水位　　　　　　　（单位：m）

年份	湖口	星子	都昌	棠荫	康山
2003 年以前	4.02	5.26	6.97	9.25	10.38
2003	5.72	6.04	7.20	8.27	10.34
2004	4.74	5.22	7.07	8.24	10.26
2005	5.94	6.31	7.82	9.92	12.17
2006	6.46	5.91	7.45	9.60	10.88
2007	5.27	5.38	6.53	7.92	10.48
2008	5.28	5.48	6.40	8.13	10.64
2009	5.41	5.60	6.34	9.25	10.64
2010	5.65	5.85	6.50	9.50	10.82
2011	6.08	6.16	6.46	9.48	10.87
2012	5.79	5.90	6.26	9.59	10.77

3. 湖区主要水位站枯水期水位全面降低

2003 年以后鄱阳湖水位比以前降低的时间持续 7～9 个月。分析湖区湖口、星子、都昌、棠荫、康山等主要水位站监测站 9 月～次年 3 月各月水位的变化，将 2003～2012 年系列月平均值减去 1956～2002 年系列月平均值，结果见表 2.12。从中可以看出，鄱阳湖主要水位站水位降低从 9 月开始，最大降幅出现在 10 月和 11 月，然后降幅逐步减小，一直持续到次年 3 月。就空间分布而言，都昌站降幅最大，星子站次之，都昌站上游的棠阴、康山减少较小。湖口站直接受长江和鄱阳湖水位影响，在三峡工程补水期 1～3 月水位有所提升。

表 2.12　湖区 9 月～次年 3 月水位变化差值　　　　　　　（单位：m）

水位站	9 月	10 月	11 月	12 月	1 月	2 月	3 月
湖口	−0.80	−2.20	−2.60	−0.54	0.25	0.38	0.67
星子	−0.80	−2.18	−2.64	−0.77	−0.40	−0.55	−0.22
都昌	−0.81	−2.14	−2.67	−2.12	−2.03	−2.06	−0.60
棠荫	−0.77	−2.18	−2.05	−0.64	−0.63	−0.38	−0.05
康山	−0.52	−2.27	−0.58	−0.29	−0.32	−0.29	−0.08

2.4.3　鄱阳湖水位长期低枯的主要原因分析

对于鄱阳湖相同的入湖水量，长江顶托不顶托，不仅湖水位有所不同，湖区流场也不相同；同样的入湖污染负荷，长江顶托不顶托，湖泊水体污染物浓度分布完全不同，湖泊中污染物总量也不相同。鄱阳湖与长江水文关系的定量化分析，对于鄱阳湖水资源利用、水环境和水生态保护具有重要价值，利用这些定量关系，可以探讨 2003 年以来鄱阳湖水位长期低枯的主要原因。

2000 年以来，鄱阳湖流域水文情势没有发生趋势性变化，年平均面雨量仅减少3.31%。"五河"入湖流量丰水期有所减少(图 2.12)，比 2000 年以前减少 817 m^3/s，约减 9.92%；枯水期入湖径流量增加 4.39%。

2000 年以后长江中上游进入一个枯水期，随着上游水利工程陆续投入运行，长江干流流量过程年内发生很大变化。由于干旱，2003～2014 年汉口平均流量从 1956～2002 年22 387 m^3/s 减少到 21 162 m^3/s，减少 5.67%(图 2.14)。汉口年均流量减少与上游水库运行无关(上游水库多是年调节和不完全年调节水库)，主要由气候变化引起。汉口流量丰水期减少 2 023 m^3/s，少 6.54%；枯水期减少 310 m^3/s，少 2.26%，其中 10 月由 26 766 m^3/s 减少到 19 985 m^3/s，减少了 6 781 m^3/s(图 2.14)，假设鄱阳湖水文条件不变和长江干流河床稳定，按式(2.1)计算，10 月份星子站水位降低 1.71 m。

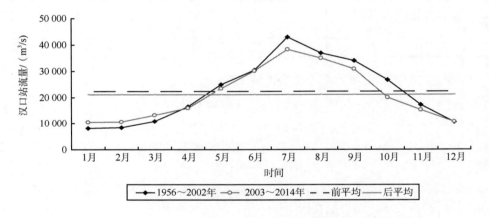

图 2.14　1956～2002 年、2003～2014 年汉口站月平均流量变化过程

上游水库蓄水使汉口站流量 9 月、10 月、11 月急剧减少，10 月减少 6781 m^3/s，导致长江对鄱阳湖的顶托作用大减，鄱阳湖出流更为自由，蓄水迅速流空，枯水期提前到来，湖水位普遍降低。鄱阳湖星子站水位从 1956～2002 年平均水位 11.49 m 下降到 2003～2015 年的 10.73 m，降低 0.75 m，其中丰水期降低 0.70 m(图 2.15)。1～3 月份以后虽然汉口站流量有所增加，但顶托作用小，鄱阳湖流域来水不多，低枯水位一直延续下去，枯水期平均降低 0.88 m，其中 10 月降低 1.71 m(图 2.15)。

式(2.1)说明，长江变化 1 m^3/s 对星子站水位影响相当于五河变化 1 m^3/s 的 81.26%。丰水期鄱阳湖水位降低，与鄱阳湖流域入湖水量减少和长江流量减少有关。丰水期汉口站平均流量从 2002 年以前的 30 925 m^3/s 减少到 28 902 m^3/s，按式(2.1)计算，降低星子站水位 0.51 m；鄱阳湖五河平均入湖流量从 2002 年以前的 5 208 m^3/s 减少到 4 691 m^3/s，按式(2.1)计算，星子站水位减少 0.16 m；两者之和为 0.67 m；如果加上 15%的鄱阳湖周边区间入流(按集雨面积计)，与实际下降 0.70 m 基本一致。这样，鄱阳湖丰水期水位降低，长江流量减少的贡献率为 73%。

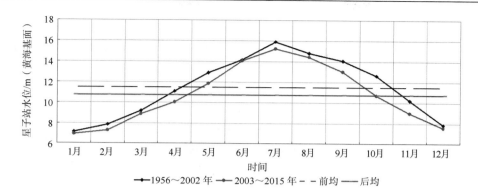

图 2.15　1956～2002 年、2003～2015 年鄱阳湖星子站月平均水位过程

枯水期鄱阳湖水位低枯归结于长江流量变化。2003 年以后枯水期鄱阳湖流域入流比 2003 年以前增加 4.39%（表 2.8），长江汉口站流量比 2003 年以前仅减少 2.26%，长江流量 9 月、10 月减少太多，鄱阳湖水位急速下降、水位很低，虽然 1～3 月以后汉口站流量比 9～12 月略有增加，也仅有 10 373～13 288 m³/s，对鄱阳湖产生不了顶托作用，10 月以后鄱阳湖本身来水就少，水位低枯现象就一直持续下去，这是复杂系统组分之间非线性关系相互作用产生的滞后效应。

比较式（2.2）和式（2.3），汉口站流量与星子站水位关系中，同样的汉口流量，2000～2014 年比 1980～1999 年对星子站水位影响更大，原因在于长江干流河床受到冲刷，监测资料表明，2004～2013 年汉口至长江湖口江段主河槽冲刷量达 4.2×10⁸ m³，同样流量下长江水位有所降低，顶托作用减弱。最关键的问题是，长江干流长时期、远距离冲刷还在继续，汉口至湖口江段的水沙关系没有达到平衡状态，干流河床将继续冲刷，过流断面不断扩大，同样流量下长江水位还要降低，长江对鄱阳湖顶托作用会进一步减弱，拉空作用强化。鄱阳湖与长江水文关系发生将不断改变，鄱阳湖秋冬季低枯水位现象将持续下去。

2.5　森林植被改善对鄱阳湖流域径流过程的宏观影响[14]

本章 2.3 节已经介绍，鄱阳湖流域年均降水径流系数 2000 年前后均为 0.459，说明蒸发量与社会经济活动的耗水量没有明显改变，但 2000 年以后枯水期降水径流系数比以前增加 0.019。影响鄱阳湖流域径流年内分配的下垫面因素主要包括两方面：一是水利工程调蓄，蓄丰补枯；二是流域森林植被改善，丰水期减少了水土流失，增加土壤含水层的蓄水量，枯水期释放出来。本节定量分析流域森林植被改善对地表径流的宏观影响，然后分析水利工程调蓄发挥的作用。

2.5.1　流域植被改善对地表径流过程影响

1985 年江西省开始实施"山江湖综合开发治理工程"，经过 30 年努力，共有 740 多个小流域进行了系统综合治理与生态修复，累计治理水土流失面积 1.9×10⁴ km²，封山

育林 $3.1×10^4 km^2$。1990 年以后，江西省的森林覆盖率大幅度提高，由 1985 年的 31.5%
上升到2010年的63.1%(图1.5)；森林质量不断改善(图1.6)，2004 年森林蓄积量达 $4.1×10^8$
m^3。大部分竹林、果林和经济林属于成熟林；乔木中成熟林以杉林和松林为主，中、幼
龄林大多是封育后自然修复的针阔叶混交林，水土保持效果较好。

　　小流域试验、研究结果表明，森林植被对天然降水进行再分配。林冠截留天然降水，
林冠截留水量占降水量的比率随树冠外形和郁闭度不同而变化[15]，林冠截留减少了一次
暴雨产生的径流量，延长汇流时间，其中部分截留的降水在暴雨后期逐步下渗到土壤中，
形成地下径流，仅小部分以地表径流形式输出小流域[16]。植被覆盖增加了地表的枯枝落
叶，在降水过程中，有效阻止地表径流和泥沙流失，土壤下渗量增加[17]。植被覆盖根系
发达，改善了土壤结构，土壤肥力增强，土壤持水量增大，最终使地下径流增加[16, 17]。
许多小流域治理前后变化已经证实，植被改善可以减少地表径流，增加土壤和地下水含
水层的含水量，坦化径流过程，减少土壤侵蚀[18, 19]。森林植被条件改善产生的这些效应
受到流域地形地貌、土壤地质、气候条件和植被分布状况、林分组成、森林成熟程度等诸
多条件的影响，同时与降水次数及一次降水多少有关。不同小流域对降水、蒸发、径流和
泥沙流失的影响不完全相同，即使同一自然地理条件，森林结构不同，其效果也不同[20]。
大中流域生态系统是由不同层级、大小不一的小流域景观斑块和河道湖泊组成，大中流
域水文和输沙过程是各个景观斑块对降水、蒸发、径流和土壤侵蚀、输沙、冲淤过程的
综合与集总。

　　从目前发表的文献看，植被对水文要素影响方面的研究主要集中在小流域植被覆盖、
土地利用、土壤结构和地质条件等因素变化对降水、蒸发、土壤含水量、泥沙流失、地
表径流和地下径流的影响机理及定量分析方面，把微观效果整合成大中流域宏观水文要
素过程改变的研究很少，植被改善对大中河流与湖泊输沙过程、冲淤变化的宏观效应更
少提及。为了使生态水文学更加深入发展，增强解决实际问题的能力，David Harper 等
学者认为，生态水文学未来将成为应对全球气候变化影响的工具，要着重研究植被、
气候和水之间的相互作用、流域景观和淡水供应[21]。夏军院士提倡："针对特定的研究
对象和目标，以多要素间的相互联系和作用所形成的多学科之间综合和交叉的研究理
论"[22]。下面以现有的微观机理研究成果为基础，以河道基流为切入点，梳理鄱阳湖流
域 60 年来植被变化、降水、径流等实测资料，定量研究流域植被改善对大中型河流、湖
泊径流过程的宏观效应。

2.5.2　径流过程中基流的分割与计算

　　河流基流是联系森林微观作用与江湖水文要素宏观效应的纽带。河道基流是指河流
常年存在的那部分径流量。在天然状态下，基流由地下水补给，一般比较稳定。基流是
森林植被调节降水径流、水土保持、增加土壤和地下含水层蓄水量等微观作用的结果，
又是河流湖泊径流、输沙和冲淤过程等宏观效应的基础。土壤和地下含水层的蓄水量增
加，存储在流域内的地下水增多，就一次暴雨过程而言，在同样降水条件下，河道洪峰
流量减少，洪水历时延长，一次洪水总量减少；就河道径流而言，丰水期流量减小，大

流量持续时间缩短，丰水期径流总量有所减少，水流挟沙能力减弱，河床冲刷缓解；枯水期河道水位较低时，土壤、地下含水层中的蓄水以各种途径释放到河道、湖泊中，增加了河道基流，使枯水期河道径流量增加，径流年过程平坦化，有利于水资源利用。在人类活动影响下，水利工程调蓄等因素也明显影响河道基流。

将河流流量过程中的基流分割出来，目前尚没有规范的方法，一般用 95%保证率的枯水流量来估算。下面根据基流的内涵，开发一种分割方法，使基流分割更加科学严谨。从理论上来讲，年流量过程中最枯流量就是基流，但一日一时的最枯流量受到各种自然或人为的随机因素影响，因此需要适当放宽"最枯流量"的限制。《水文情报预报规范（SL250—2000）》提出"变幅为零的许可误差采用 0.03σ"，σ 为变幅的均方差；其次，基流是由地下水补给，具有一定稳定性，适当地放宽后的最枯流量应该持续几天。根据这一设想，湿润区域大中型河流和湖泊以日径流过程为基流分割的基础。具体步骤为：

（1）定义水文年，划分丰、枯水期。鄱阳湖流域每年 3 月～次年 2 月为一个水文年，其中 3～9 月为丰水期，10 月～次年 2 月为枯水期。

（2）对河流 i 第 j 年，计算枯水期日流量的平均值和均方差。

（3）在枯水期日流量序列中找到最小日流量 q_{ij}^{*} 以及前后若干天枯水流量子过程 q_{ij}^{t}（t=1，2，…，n），在子过程中找出 $q_{ij}^{t} \leq q_{ij}^{*} + 0.06\sigma$（$t$=$k$，$k$+1，$k$+2，…，$m$）的日流量，由于 0.03σ 的许可误差可正可负，正向一侧取 0.06σ。

（4）如果 q_{ij}^{t}（t=k，k+1，k+2，…，m）存在连续 3 天以上，求其平均值，即为河流 i 第 j 年的基流 q_{ij}^{0}。

举例而言，如图 2.16 所示，鄱阳湖流域昌江渡峰坑水文站（控制流域面积 5 013 km²）断面枯水期（2003 年 10 月～2004 年 2 月）日流量系列 153 天，其均值为 17.31 m³/s，均方差 σ 为 7.27 m³/s，最枯流量 10 月 30 日 q_{ij}^{*}=7.93 m³/s，那么 $q_{ij}^{*} + 0.06\sigma$ =8.37 m³/s，日流量最小的系列为 10 月 29 日～11 月 6 日，在这个子系列中仅 10 月 30 日与 31 日、11 月 1 日与 2 日小于 8.37 m³/s，平均值为 8.07 m³/s，这就得到昌江渡峰坑水文站断面 2003～2004 年枯水年的基流。

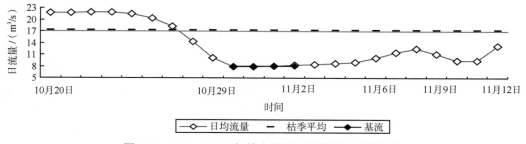

图 2.16　2003～2004 年枯水期昌江渡峰坑站基流计算

定义基流 q_{ij}^{0} 与该河流年平均流量 $\bar{Q}_{ij}$ 之比为基流系数 $k_{ij} = q_{ij}^{0} / \bar{Q}_{ij}$。根据进入鄱阳湖的赣江外洲站、抚河李家渡站、信江梅港站、昌江渡峰坑和虎山站、修河支流潦河万家埠站的日径流量实测资料，分别计算 6 个水文站每个水文年的基流 q_{ij}^0 和基流系数 k_{ij}。修水因柘林水库修建后水文站迁址，建库前后的日径流资料缺乏可比性，未统计基流系数。前面已经述及，2000 年是长江与鄱阳湖流域水文过程丰枯变化的一个明显转折点，也是鄱阳湖流域森林覆盖率增加和质量提升的节点(图 1.5)。为此将 1953～2012 年系列拆分为 2000 年以前(1953～1999 年)、2000 年以后(2000～2012 年)两个子系列分析。首先计算 5 条入湖河流 6 个控制站每年的基流和基流系数，表 2.13 是上述基流切割方法得到的各测站 2000 年以前(1953～1999 年)及 2000 年以后(2000～2012 年)多年平均基流系数，五河六口中除李家渡以外，2000 年以后的平均基流系数比 2000 年以前有所增大，李家渡基流系数减少与 2000 年后南昌市城镇化进程加速、导致上游枯水期引水量增加有关。

表 2.13　"五河"多年平均基流系数表

平均基流系数	渡横坑	虎山	李家渡	梅港	外洲	万家埠
1953～1999 年	0.093	0.136	0.091	0.138	0.227	0.214
2000～2012 年	0.155	0.153	0.085	0.198	0.268	0.263

对每条河流每年的基流系数进行加权平均，权重系数为该河流多年平均流量 $\overline{Q}_{ij}$ 与 6 站多年平均流量之和 Q_j 的比值，得到"五河"加权基流系数 K_j。图 2.17 为基流切割方法得到的"五河"加权基流系数年变化图。从中可知，以 2000 年为界，1953～1999 年"五河"基流系数平均值为 0.176，2000～2012 年为 0.225，2000 年以后与以前相比提高0.049。将基流系数分别乘以 1953～2012 年"五河"入湖的多年平均流量，可知五河六站 2000 年以后基流流量增加 172 m^3/s。

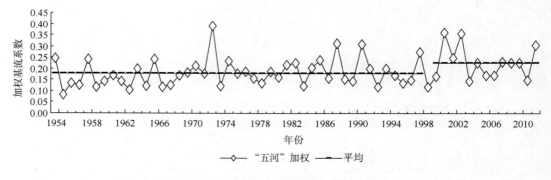

图 2.17　五河加权基流系数年变化图

2.5.3　鄱阳湖流域森林植被改善使基流增加

基流增加不仅受到森林植被影响，还受水库调蓄影响。鄱阳湖流域修建各类水库近万座，其中大型水库共 27 座，总库容 175.2×10^8 m^3，兴利库容 80.5×10^8 m^3。这些水库大部分是 1958 年、1959 年和 1967～1975 年修建的。中小型水库主要用于农田灌溉，8 月晚稻泡田栽插之后，基本没有多少蓄水。大型水库中，修水柘林水库(1985 年正式投入运用)调蓄能力最强(多年调节)，在基流计算中，修水未纳入计算。抚河的廖坊、昌江的浯溪口水库尚在建设之中，万安下游的峡江水库 2014 年才开始运用，不在研究时间之内。赣江的万安水库(1996 年正式运用)、袁河上的江口水库(1959 年运用)在峡江水库下游汇入赣江、抚河的洪门水库(1970 年运用)集雨面积大、调蓄能力强，属于流域控制性水库。选择这 3 座水库进行调节计算，分析水库对五河基流的影响大小，设水库 i 第 t 月水量平衡方程为

$$S_{t+1}^i = S_t^i + (Q_t^i - q_t^i)\Delta t \tag{2.9}$$

式中，S_t^i、S_{t+1}^i 分别表示第 i 个水库 t 时段初、末蓄水量；Q_t^i、q_t^i 为第 i 个水库 t 时段入库、出库流量，可由水库运行记录查到；Δt 为一个月秒数。如果没有水库，则有 $S_{t+1}^i = S_t^i$，那么，$Q_t^i = q_t^i$。也就是说，水库运行后与之前河道流量变化为进出库流量之差：$Q_t^i - q_t^i$，丰水期小于 0，枯水期大于 0，由此可以推算水库运行增加的基流。选用 3 座水库投入运行年至 2012 年长系列实测的进、出库流量和蓄水过程资料进行径流还原计算，水库运行平均每年增加基流 89 m³/s，因此植被改善使基流增加 83 m³/s。

枯水期增加的基流来自丰水期河道流量的减少，除水库外，土壤和地下含水层起到调蓄作用。2000 年以后和 2000 年以前相比较，丰水期平均流量减少，枯水期平均流量和降水径流系数增大，流量过程在年内平坦化，一定程度上减小洪灾风险，有利于水资源利用和生态环境保护。

2.6　森林植被改善对鄱阳湖流域输沙过程的影响

赣江等"五河"输沙量年内分布不均，主要集中在每年的 4~7 月，占全年输沙量的 74% 以上。森林植被改善有效减少了土壤侵蚀，水库也拦蓄了部分泥沙，使得鄱阳湖流域主要河流输沙量显著减少，原来的河流水沙平衡状态被破坏，对河床产生冲刷，河床底部刷深，过水断面扩大。进入鄱阳湖泥沙减少，入湖泥沙少于出湖泥沙，鄱阳湖湖盆总体上处于冲刷状态，入江水道冲刷明显。

2.6.1　赣江等"五河"干流下游冲刷严重

森林植被改善和水库拦蓄使得赣江等"五河"干流全面处于冲刷状态，分析监测资料发现，1997 年是淤积转变为冲刷的转折点。由于"五河"入湖水文站流量监测断面受到保护，基本上没有河道采沙等人类活动，且每隔几年必须测量一次，比较明晰地反映了河道冲刷情况。表 2.14 摘录了"五河"下游七个监测断面 2000 年和 2012 年河底平均高程、断面最低点的冲刷及测流断面扩大情况。从表 2.14 可知，赣江外洲断面河底平均刷深 6.23 m，断面最低点刷深 1.93 m，测流断面面积扩大 79%，其他河流的测流断面均受到冲刷。由于饶河虎山断面左岸为岩石基质，右岸为卵石基质，虎山断面略有淤积，但并不能反映饶河其他河段没有受到冲刷。

表 2.14　"五河"水文站测流断面冲刷情况

河流断面	2000 年			2012 年		
	河底平均高程/m	断面最低高程/m	断面面积/m²	河底平均高程/m	断面最低高程/m	断面面积/m²
赣江外洲	16.15	7.13	10730	9.92	5.20	19200
抚河李家渡	26.61	21.77	3610	26.12	21.14	4580
信江梅港	18.43	13.34	3620	17.78	13.01	4060
饶河渡峰坑	22.35	17.73	2230	22.21	17.33	2280
修河万家埠	22.81	19.88	2010	20.22	16.11	3130
修河虬津	17.29	14.84	2080	16.70	13.59	2300

2.6.2　进出鄱阳湖泥沙量变化过程

河流输沙量减少使进出鄱阳湖的泥沙量发生变化。根据 1956～2012 年赣江等"五河"进入鄱阳湖输沙量以及湖口出湖输沙量实测资料计算，2001 年是转折点，出湖泥沙量大于入湖泥沙量，如图 2.18 所示(其中 1963 年出湖泥沙−372×10⁴t，表明长江泥沙倒灌进鄱阳湖)。

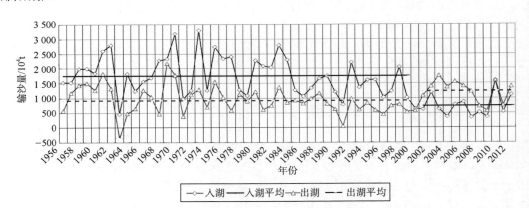

图 2.18　1956～2012 年进出鄱阳湖泥沙量过程

1956～2000 年赣江等"五河"平均每年进入鄱阳湖泥沙量 1 750×10⁴ t，湖口流出泥沙量 925×10⁴ t，平均每年湖盆淤积 825×10⁴ t；2001～2012 年平均每年入湖泥沙量 743×10⁴ t，比 2000 年以前减少了 1007×10⁴ t；湖口流出泥沙量 1 239×10⁴ t，比 2000 年以前增加了 314×10⁴ t；平均每年湖盆冲刷量达 496×10⁴ t 左右。

2.6.3　湖盆冲淤状况

2001 年以来"五河"干流入湖泥沙少于鄱阳湖出湖泥沙，鄱阳湖总体上由淤积状态转变为冲刷状态。但泥沙在湖盆内沉积不是均匀分布，有些地方表现为冲刷，有些地方表现为淤积。根据 2010 年鄱阳湖湖底地形测量资料与 1998 年长江水利委员会测量结果分析，湖盆冲淤大致分布如下(图 2.19)。

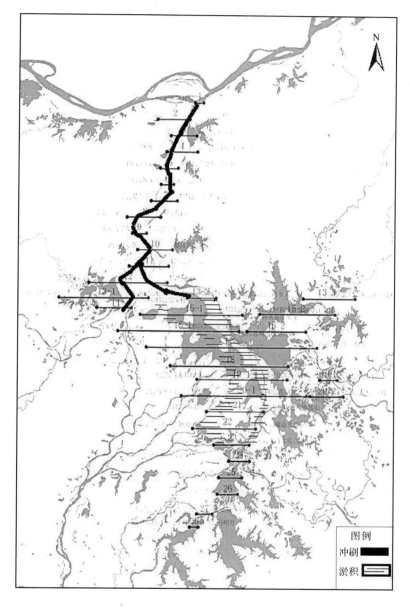

图 2.19　鄱阳湖湖盆冲刷和淤积分布

(1)湖盆南部"五河"入湖三角洲前缘水域(图 2.19 中 24#～34#断面)呈现略微冲刷趋势，湖底下切最大深度为 0.43 m，平均冲刷深度 0.26 m。

(2)湖盆中部是主湖区(图 2.19 中 14#～23#断面)，水面辽阔，流速缓慢，湖底呈淤积状态，淤积高度最大为 0.72 m，平均 0.11 m，东水道棠阴岛附近河段淤积尤甚。

(3)湖盆北部入江水道(图 2.19 中 1#～13#断面)，湖底表现为冲刷，下切最大深度为

7.91 m，平均深度 1.15 m；底宽较大河段下切较浅；底宽较窄河段下切较深；屏峰山、星子、老爷庙断面 2010 年和 1998 年变化如图 2.20 的 6#、8#和 9#断面所示。

（4）湖口断面是岩石基质，基本保持不变，右岸略显淤积状态，断面变化情况如图 2.20 的 1#断面所示。

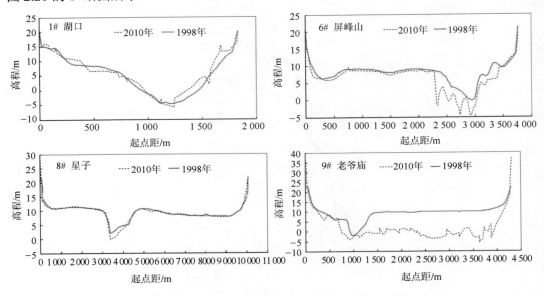

图 2.20　入江水道几个主要断面 1998 年与 2010 年地形变化

有人认为，入江水道过水断面扩大是由于湖区采沙所致。事情没有那么简单：第一，2007 年鄱阳湖专项整治无序采沙后，明确规定入江水道不能采沙；第二，入江水道水运繁忙，来往船只很多，如果吸沙船在采沙，整个航道都阻塞了；第三，从屏峰山 6#、星子县城 8#断面侵蚀形状分析不是采沙所致，采沙后一般遗留深坑，在水流作用下，难以形成锯齿状；第四，分析图 2.20 的断面变化可知，老爷庙 9#断面的侵蚀与采沙有关，但不是直接采沙所致，老爷庙水域风大浪高，采沙作用难度大；清代文献记载，老爷庙上游原有一宽厚的砂埂，一直延伸到松门山以北；松门山附近水域是主要采砂场所，无序采砂挖掉了相当一部分沙埂，老爷庙断面不断地被水流冲刷掉，侵蚀最为严重；沙埂的"门槛"作用弱化，枯水期老爷庙上游水位持续下降，导致最近 10 年来都昌水位 3 次刷新历史最低枯水位记录（表 2.11）。

入江水道冲刷原因包括：①入湖泥沙减少是主因；②湖区采砂有一定影响；③近 10 年来长江干流枯水期水位低枯，起到拉空鄱阳湖的作用，入江水道流速有所增加；④"五河"上游水利工程拦截泥沙的作用不显著。鄱阳湖的水库大多在 1958 年修建，后来逐步除险加固，1986 年后正常运行，从图 2.18 可以看到，水库拦截泥沙的功能还是有限的，1988 年以后入湖泥沙有所减少，但没有根本性改变。其原因是，鄱阳湖流域以红壤为主，土壤流失的泥沙在水体中以悬移质形态输送为主，丰水期输沙量占全年绝大部分，鄱阳湖流域的水库调节性能差，汛期泄洪，大多数泥沙随下泄水流排放到下游，沉积在库区的泥沙有限。

根据受冲刷断面河底地形变化情况，分别统计入江水道各个断面冲刷面积，从 2# 断面至 13# 断面扩大河床面积共计 9.78×10^4 m²。取下一个和上一个断面冲刷面积的平均值乘以河段长（5 km），得到各河段冲刷量。入江水道被冲刷掉泥沙 4.86×10^8 m³。老爷庙断面侵蚀扩大 3.24×10^4 m²，这一河段冲刷掉 1.61×10^8 m³，占入江水道冲刷总量的 33.12%。如前所述，鄱阳湖平均每年湖盆冲刷量达 496×10^4 t 左右，按泥沙 1.5 t/m³ 计算，2001～2012 年共 12 年冲刷 4.0×10^8 m³ 左右，与按断面计算结果大致协调。

2.6.4　入江水道冲刷对湖口出流的影响

入江水道河床下切、过水断面扩大，并不意味着出湖流量增大、鄱阳湖更多的水流入长江。从图 2.20 的湖口 1# 断面可以看到，水流出湖断面并未受到冲刷，甚至略有淤积，对下切的入江水道而言，在出口处形成"门槛"效应，湖口以上断面切深，使水面坡降变平缓。根据水力学谢才公式可知，水面坡降 i 减小，断面流量相应减小；过水断面增大，断面流量增加；两者共同影响出湖流量。2003 年以后鄱阳湖水位降低，也影响湖口出流减少。

由于鄱阳湖湖盆地形是 1998 年、2010 年进行测量的，2002 年是进出湖泥沙趋势改变的转折点，计算了 2000 年以前（1987～1999 年）、以后（2000～2012 年）各 13 年鄱阳湖水位消落季节（9 月～次年 3 月）每旬最大、最小流量组成的上、下包络线和平均值（图 2.21）。从图 2.21 可知，2000～2012 年 9 月至次年 3 月共 7 个月的旬平均流量过程与 1987～1999 年大致相当，仅 11 月中旬和 12 月中旬略大，2000 年后 13 年 9 月～次年 3 月平均流量均比 1987～2000 年小，分为 3 421 m³/s、3 828 m³/s，前者是后者的 89.4%。除个别月份外，多数月份的最小流量也比 1987～2000 年小。下包络线的平均值分别为 1 241 m³/s、1 273 m³/s，前者是后者的 97.5%。2000 年后 13 年最大流量组成的上包络线则比 2000 年以前小得多，仅 11 月出流量略大于 1987～2000 年；13 年平均值分别为 7 066 m³/s、9 269 m³/s，2000 年后只有以前的 76.2%。由此可知，到目前为止，入江水道受冲刷、过水断面增大没有导致更多的水从鄱阳湖流入长江，缺乏证据证明因冲涮和挖沙导致鄱阳湖水位长期低枯。

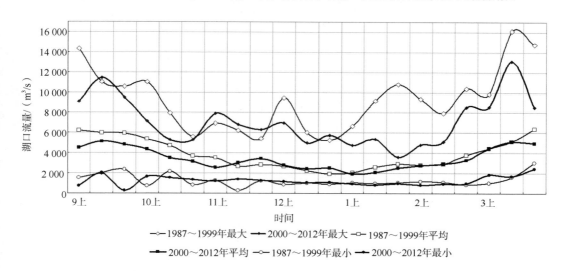

图 2.21　1987～1999 年、2000～2012 年消落期湖口出流量平均值和上下包络线

2.7　鄱阳湖非恒定流作用下水位–水面面积–蓄水量关系

2.7.1　背　　景

在水库设计中求算防洪高水位和防洪校核水位时，根据水文、水力学初始条件和进出流过程等边界条件，求解三维水量平衡、能量平衡的"圣维南方程组"，得到相应条件下水面曲线及蓄水量，水利工程中称为动库容计算方法，计算程序复杂，工作量很大。湖泊(或水库)的水位、水面面积、蓄水量关系曲线是湖泊(或水库)水资源开发利用、水环境保护中最重要的基础性资料。由于计算动库容的复杂性，一般情况下，根据地形图绘制高程–面积–容积关系曲线，由水位推算湖泊水面面积和蓄水量的近似值，称为静库容计算。

浅水湖泊和水库水体是非恒定流作用下的流动水体，水面并不是一个平面。1954年洪水之后，为了满足湖区堤坝修复的需要，长江流域规划办公室开始编制鄱阳湖高程–面积–容积关系曲线，由于当时对长江、鄱阳湖水文规律和特征缺乏深入的了解，以湖口站作为鄱阳湖的水位代表站，根据1∶50 000地形图绘制了鄱阳湖高程–面积–容积关系静态曲线(称为"1954年线")。湖口水位受到长江来水和鄱阳湖蓄水双重影响，不能完全代表鄱阳湖水位，由湖口水位推求的鄱阳湖水面面积和蓄水量误差较大，1961年江西省水利设计院重新推算，仍然把湖口站作为鄱阳湖的水位代表站，得到"1961年线"，1965年、1967年江西省水文局继承同样的方法和资料，推算了1965、1967年线[3]。从1954年开始，鄱阳湖大规模围湖造田，修筑了许多堤坝，湖泊形态变化极大，1998~1999年长江水利规划勘测设计院和江西省水利规划勘测设计院对鄱阳湖湖盆进行了地形测量，准备重新绘制湖区地形图，编制鄱阳湖高程–面积–容积关系曲线，由于退田还湖、移民建镇，计划被搁置。2010年，江西省政府组织了鄱阳湖基础地理测量，以此为基础编制了1∶10 000湖区数字地形图，编制鄱阳湖高程–面积–容积关系曲线的问题再一次提上议事日程[23]。

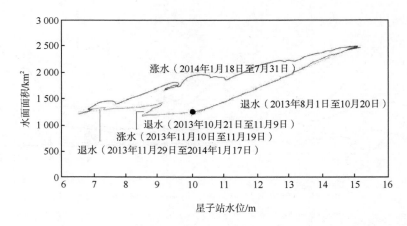

图2.22　鄱阳湖南部湖区水位–面积关系

在非恒定流影响下,湖泊水面不是一个平面,越到上游水位越高,例如当鄱阳湖处于河相状态时,同一时间上游水位站水位比下游站高 6 m 多。再者,水位和水面面积呈现绳套状(图 2.22)关系,同一水位涨水期间水面面积大于退水期间。利用静态高程-面积-容积关系曲线计算水面面积和蓄水量误差较大。在防汛抗旱、航运、水环境和水生态保护、水土资源开发利用等方面,需要掌握在不同水位下较为准确的水面面积和蓄水量。因此,研究如何编制在非恒定流影响下水位-水面面积-蓄水量动态关系曲线是非常必要的。

2.7.2　非恒定流作用下水位与水面面积、蓄水量关系构建原理

鄱阳湖湖盆设有 9 个水位站(图 2.23),长期以来,一直以湖口站水位作为鄱阳湖水位的代表站,湖口站水位受到长江干流和鄱阳湖水位的双重影响,代表性不强。就地理位置而言,棠荫站处于湖盆中央,代表性最好,但自计水位计设置在棠荫岛岸边,枯水期岸滩出露,无法自动监测水位,需要监测人员到水边目测水位,监测结果的精度难以满足要求;2000 年以后设立蛇山站代替棠荫站,但蛇山站水文监测记录系列太短。都昌站也靠近湖盆中央,近十多年来因湖盆冲刷与湖区采沙,老爷庙断面侵蚀严重,都昌站水位屡创新低,与其他水位站协调关系差,与过去的监测记录缺乏连续性。除星子站外,其他水位站代表性不强。通过相关分析,选择星子站作为湖盆水位代表站,并用水文学方法构建非恒定流作用下鄱阳湖水位与水面面积、蓄水量关系曲线。

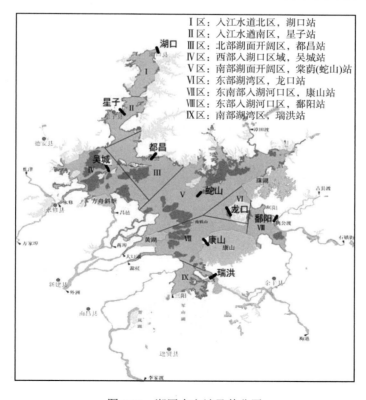

图 2.23　湖区水文站及其分区

　　在非恒定流影响下，鄱阳湖水面是一个曲面。如图 2.24 所示，星子站水位上涨和消落时，其他水位站水位各不相同，水面面积和蓄水量也不相同；为了反映这一特点，用泰森多边形法(垂直平分法)将湖盆分为 9 个分区[24]，每个分区都有一个水位站(图 2.23)，相对于星子站同一水位，其他各水位站也有相应的实测水位，根据这一水位来计算本分区的水面面积和蓄水量，反映了非恒定流特征。

　　分区计算一定水位下的水面面积和蓄水量，可以反映非恒定流特征，但如图 2.24 所示，在不同时期湖水位上涨和消落时，各水位站与星子站水位的差异不一致，年内各月的水位差悬殊很大。根据多年来积累的对鄱阳湖水位关系认识，根据监测资料，绘制了各水位站时间与水位二维关系(图 2.24)。根据图 2.24 可以发现各水位站实测水位之间具有一定特征，例如 11 月、12 月、1 月、2 月枯水期，鄱阳湖呈现河相状态，各水位站之间水位差很大；3～5 月湖区水位上涨，水位差没有枯水期大，但水面面积扩展较快(蓄水量增加幅度大)；6～8 月丰水期，受长江顶托影响，呈现湖泊状态，各站水位差异较小；9 月、10 月是水位消落期，水面面积和蓄水量与水位上涨期的趋势相反。因此，立足于这些特征的认识，分枯水期(11～次年 2 月)、涨水期(3～6 月)、丰水期(7～8 月)和消落期(9～10 月)分别绘制非恒定流影响下水位-水面面积-蓄水量动态关系曲线，以求得到比较准确的结果。

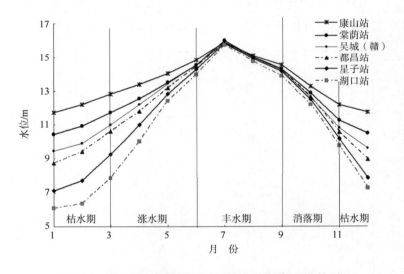

图 2.24　鄱阳湖各水位站各月平均水位关系(吴淞基面)

　　此外，还有两个具体问题需要妥善处理。第一，根据鄱阳湖防洪调度方案，主湖区星子站水位高于 18.64 m 或者尾闾区遭遇 5 年一遇洪水，动用万亩以下"单退"圩堤蓄洪，运用规则要求哪个地方达到这样的标准，就动用附近的"单退"圩堤蓄洪；星子站水位高于 20 m 时，动用四个分洪区分蓄洪。编制水位-水面面积-蓄水量动态关系曲线时，将这一规则简化为在哪个区域达到分蓄洪标准，就先动用哪个区域的"单退"圩堤或分蓄洪区。第二，枯水季节碟形湖脱离主湖区水域，碟形湖水位与主湖区水位没有直接关联，编制关系曲线时，碟形湖单独计算，若某区域水面低于某碟形湖土堤最低点高程时，就将这一碟形湖水面面积和蓄水量加到该区域水面面积和蓄水量中，碟形湖形似浅碟，水位变化缓慢且幅度不大、水面面积和蓄水量对水位变化不甚敏感，编制动态关系曲线时没有考虑碟形湖自身水位变化的影响。

2.7.3　鄱阳湖水位-水面面积-蓄水量动态关系[23, 24]

1. 动态关系曲线的编制

选择 1991～2010 年共 20 年鄱阳湖区 9 个水位站实测水文资料中，作为编制鄱阳湖水位-水面面积-蓄水量动态关系的样本。1956～2015 年鄱阳湖年均流入长江的径流量为 $1\,436 \times 10^8\,\mathrm{m}^3$，其中 1991～2000 年属于丰水年组，年均径流量达 $1\,769 \times 10^8\,\mathrm{m}^3$，包括了所有水位站有记录以来的最高水位；2001～2010 年来水较枯，年均径流量达 $1\,428 \times 10^8\,\mathrm{m}^3$，包括了除湖口站外所有水位站有记录以来的最低水位。为了消除日水位上涨与消落产生的随机波动(如风浪影响等)，以 20 年所有旬平均水位作为样本。

动态关系曲线分期进行，比如编制水位上涨期(3～6月)的水位-水面面积-蓄水量关系时，3～6月间，对于星子站某一旬平均水位，其余 8 个水位站都有一定旬平均水位相对应，代表某一区域水位，利用 1∶10 000 鄱阳湖数字电子地形图画出边界，计算水面面积和蓄水量，9 个区域计算完成后，将结果相加，得到星子站某一水位相应的水面面积和蓄水量。对 20 年间 3～6 月共 240 个星子站旬平均水位进行同样计算，得到 240 对星子站水位-水面面积、星子站水位-蓄水量点据，利用回归分析方法求出其关系曲线。编制过程示意图，如图 2.25、图 2.26 所示。如果通过可靠性检验，作为 3～6 月的星子水位-水面面积-蓄水量关系曲线。

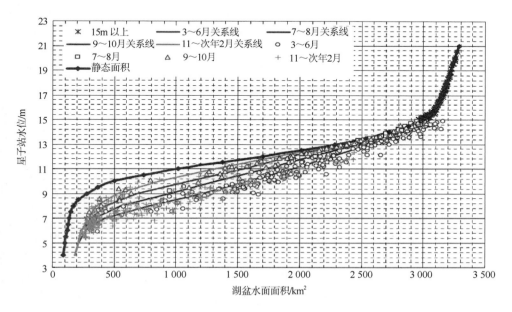

图 2.25　星子站水位与鄱阳湖水面面积关系曲线

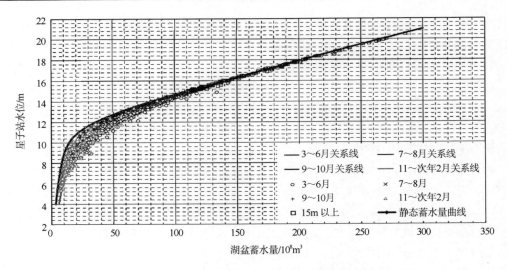

图 2.26　星子站水位与鄱阳湖蓄水量关系曲线

对丰水期(7～8 月)、水位消退期(9～10 月)和枯水期(11～次年 2 月)进行类似的分析计算,得到不同时期鄱阳湖水位-水面面积-蓄水量动态关系曲线(图 2.25、图 2.26)。另外,利用 1∶10 000 鄱阳湖数字电子地形图编制一条水位-面积-容积关系曲线(静态曲线),作为合理性检验的参考标准(表 2.15 第 2、3 列)。将全年四个分期的点据放在一起,进行回归分析得到一条综合线(表 2.15 第 8、13 列)。

2. 关系曲线的合理性检验

如图 2.25、图 2.26 所示,在以星子站水位为纵轴、以湖区水面面积(或湖盆蓄水量)为横轴的直角坐标系中,4 条动态关系曲线都在静态曲线之下,说明同一水位考虑非恒定流影响比不考虑其影响时,水面面积(蓄水量)更大;水位上涨期(3～6 月)的关系曲线在最下部,表明同一水位时水位上涨期水面面积(蓄水量)最大,水位消落期(9～10 月)在静态曲线下面、其他 3 条曲线之上,符合非恒定流绳套状逻辑关系。枯水期(11～次年 2 月)和丰水期(7～8 月)关系曲线处于水位消退期和水位上涨期曲线之间,表明水位变化对水面面积(蓄水量)的影响比上涨期、消落期小一些。

星子站水位 6 m 以下,4 条动态关系曲线逐渐靠拢,说明鄱阳湖低水位时,不管水位上涨还是消落均接近河流状态;星子站水位高于 15 m,4 条动态关系曲线和静态曲线逐渐收拢到一起,说明湖相状态水面相对平坦,水面面积(蓄水量)变幅逐渐减小。这些关系都符合鄱阳湖基本水文特征。

4 条分期的动态关系曲线编制成表格(表 2.15)主要提供给工程技术人员使用,根据工程设计需要选择不同分期曲线,可以得到较为准确的结果。为了满足一般性描述鄱阳湖特性的需要(非工程计算),将 4 个时期所有点据进行回归分析,得出一条综合曲线,列在表 2.15 第 8 列和最后一列(图 2.24、图 2.25 未画出)。例如,根据综合线可知历史最高、最低、平均水位对应的面积和蓄水量,见表 2.16。

表 2.15　鄱阳湖星子站水位与水面面积和蓄水量关系

水位/m	静态		动态面积/km²					蓄水量/10⁸m³				
	面积/km²	容积/10⁸m³	3~6月	7~8月	9~10月	11~次年2月	综合线	3~6月	7~8月	9~10月	11~次年2月	综合线
4	98.688	3.599	210			210	210	6.19			6.19	6.39
4.5	107.701	4.115	218			218	223	7.00			6.65	6.85
5	120.389	4.685	231			226	231	7.82			7.32	7.32
5.5	130.098	5.311	269			241	239	8.79			8.01	8.31
6	142.470	5.992	313			256	283	9.76			8.76	9.01
6.5	153.363	6.731	396			286	346	11.20			9.46	9.93
7	168.860	7.537	500		345	321	430	12.66		11.01	10.18	11.27
7.5	183.337	8.417	635		403	356	533	15.06		12.59	11.35	13.23
8	209.495	9.398	822		472	397	667	17.48		14.19	12.55	15.11
8.5	248.657	10.542	1034		595	479	835	20.48		16.17	14.02	18.10
9	326.018	11.974	1254		728	568	1026	23.52		18.19	15.52	21.02
9.5	415.555	13.825	1449		940	753	1215	28.20		21.42	18.03	24.58
10	575.772	16.287	1661	1404	1193	948	1426	33.01	29.06	24.78	21.06	28.56
10.5	835.169	19.797	1874	1628	1453	1203	1638	38.97	34.47	30.47	25.97	34.27
11	1138.649	24.712	2093	1860	1719	1461	1856	45.02	40.45	35.89	31.32	39.52
11.5	1583.346	31.498	2369	2156	2042	1806	2131	52.95	48.22	43.48	38.75	46.95
12	2013.797	40.608	2663	2471	2383	2170	2424	61.57	56.67	51.77	46.87	55.07
12.5	2408.759	51.729	2942	2771	2697	2522	2702	71.99	67.17	62.36	57.54	65.04
13	2767.028	64.663	3215	3075	2994	2900	2999	83.36	78.63	73.89	69.16	75.86
13.5	3127.578	79.479	3492	3394	3322	3292	3327	97.14	93.12	89.12	85.12	89.87
14	3413.834	95.961	3696	3652	3626	3636	3636	111.87	108.37	104.94	101.67	104.47
14.5	3660.106	113.706	3816	3826	3825	3821	3826	126.98	124.08	121.08	118.08	120.32
15	3892.559	132.849	3954	3962	3962	3962	3962	142.54	140.51	137.34	135.51	136.51
15.5	4030.114	152.705	4060	4065	4066	4066	4066	158.23	156.93	155.23	152.83	152.83
16	4151.892	173.157	4152	4152	4152	4152	4152	173.16	173.16	173.16	173.16	173.16
16.5	4257.283	194.675	4257	4257	4257	4257	4257	194.68	194.68	194.68	194.68	194.68
17	4347.232	216.185	4347	4347	4347	4347	4347	216.19	216.19	216.19	216.19	216.19
17.5	4425.178	238.228	4425	4425	4425	4425	4425	238.23	238.23	238.23	238.23	238.23
18	4519.199	261.177	4519	4519	4519	4519	4519	261.18	261.18	261.18	261.18	261.18
18.5	4588.796	284.039	4589	4589	4589	4589	4589	284.04	284.04	284.04	284.04	284.04
19	4664.105	307.170	4664	4664	4664	4664	4664	307.17	307.17	307.17	307.17	307.17
19.5	4725.685	330.645	4726	4726	4726	4726	4726	330.64	330.64	330.64	330.64	330.64
20	4812.067	354.895	4812	4812	4812	4812	4812	354.89	354.89	354.89	354.89	354.89
20.5	4883.557	379.579	4884	4884	4884	4884	4884	379.58	379.58	379.58	379.58	379.58
21	4949.547	404.482	4950	4950	4950	4950	4950	404.48	404.48	404.48	404.48	404.48

表 2.16　历年最高、最低、平均水位对应的鄱阳湖面积和蓄水量

项目	水位/m	面积/km²	蓄水量/10⁸m³	备注
星子站最高	20.66	5 156 4 905 4 384	404.2 387.2 351.2	军山湖和 4 个蓄洪区蓄洪 仅 4 个蓄洪区蓄洪 仅"单退"圩堤蓄洪
星子站平均	11.57	2 028	47.2	可流动通江水体,未计碟形湖
星子站最低	5.25	239	7.82	可流动通江水体,未计碟形湖
湖口站最低	4.06	211	6.44	可流动通江水体,未计碟形湖

2.8　鄱阳湖水流特性模拟模型与计算[25]

2.8.1　湖流水质同步监测网络

为了全面掌握鄱阳湖不同水流状态、污染物分布、转移和消散情况,同时也为湖泊二维浅水数值模型率定参数,按照 5 km 一个断面、每个断面 1～7 个测点,设置了流场-水质同步监测网络(图 2.27)。2010～2016 年对鄱阳湖共进行了 7 次流场-水质同步监测,监测时间、施测时的水文条件(包括水位、进出湖流量及湖泊状态等)均归纳在表 2.17 中。按照水文测验规范,采用 5 点法测量流速、流向,同时监测水面 3 m 处的风向、风力。

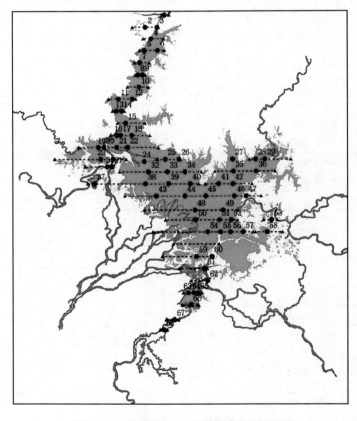

图 2.27　鄱阳湖流场-水质同步监测网络

表 2.17　鄱阳湖流场-水质同步监测基本情况

项目	监测时间	平均水位/m	水面积/km²	状态	入湖	汉口流量/(m³/s)	流场描述
		最高~最低	蓄水量/10⁸m³		出湖流量/(m³/s)		流速/(m/s)
第 1 次	2010 年 10 月 9~12 日	12.52	2 435	湖相退水	1 429	20 850	全湖 0.01~0.77，平均 0.213。入江水道 0.25，东南水域 0.46，西部水域 0.2，主湖区 0.16 m/s
		12.85~12.16	65.47		7 125		
第 2 次	2010 年 10 月 19~20 日	8.68	904	河相涨水	3 883	20 650	全湖 0.01~1.59，平均 0.83。入江水道 0.8，东水道 1.62，西水道 0.59 m/s
		8.51~8.85	19.15		5 010		
第 3 次	2010 年 10 月 28~29 日	8.53	846	河相退水	1 742	20 000	全湖 0.07~1.79，平均 0.64。入江水道 0.59，东水道 0.7，西水道 1.1 m/s
		8.60~8.45	18.28		4 375		
第 4 次	2012 年 5 月 17~18 日	15.22	4 007	湖相涨水	12 446	35 150	全湖 0.09~1.11，平均 0.288。入江水道 0.34，东南部 0.44，西部 0.41，主湖区 0.25，东部湖汊 0.16 m/s
		15.13~15.56	143.41		11 100		
第 5 次	2013 年 3 月 11~12 日	8.09	697	河相退水	1 950	11 000	全湖 0.12~1.29，平均 0.624。入江水道 0.534，西部 0.80，主湖区 0.7，东南部 0.51 m/s
		8.14~8.03	15.65		3 799		
第 6 次	2014 年 8 月 30~31 日	14.58	3 848	湖相水位稳定	3 749	37 450	全湖 0.04~0.47，平均 0.155。入江水道 0.17，东南部 0.41，西部 0.22，主湖区 0.16，东湖汊 0.12 m/s
		稳定	122.91		5 040		
第 7 次	2016 年 8 月 10~11 日	16.75	4 302	湖相水位下降慢	2 230	28 700	全湖 0.05~0.54，平均 0.15。入江水道 0.24，东南部 0.27，西部 0.32，主湖区 0.16，东部湖汊 0.07 m/s
		16.78~16.72	205.44		6 480		

2.8.2　湖盆水流特性研究的理论模型

　　鄱阳湖的水流特性研究主要集中在水位、水深、流场三方面。根据鄱阳湖湖底地形复杂、水草丰茂，呈现重力流、顶托流、倒灌流和混合流等流态多样，"高水是湖、低水似河"，水陆边界急剧变化且幅度大，上下边界水文条件变化多样等特性，建立数值模型用来模拟水流特性。

　　根据浅水湖泊水平尺度远大于垂直尺度的特征，湖泊二维浅水数值模型采用由 Navier-Stokes 方程按平均水深积分推导，得到非线性二维浅水水动力学模型，其守恒形式由一个质量连续方程及 x、y 两个方向的动量守恒方程组成。在结构化网格直角坐标系下，以守恒变量表示的偏微分方程组为[25]：

$$\frac{\partial h}{\partial t}+\frac{\partial (hu)}{\partial x}+\frac{\partial (hv)}{\partial y}=q$$

$$\frac{\partial u}{\partial t}+u\frac{\partial u}{\partial x}+v\frac{\partial v}{\partial y}+g\frac{\partial h}{\partial x}=s'_x$$

$$\frac{\partial v}{\partial t}+u\frac{\partial v}{\partial x}+v\frac{\partial v}{\partial y}+g\frac{\partial h}{\partial y}=s'_y$$

$$s'_x=-\frac{1}{\rho}\frac{\partial p_a}{\partial x}-g\frac{\partial Z_b}{\partial x}+\frac{\tau_{ay}-\tau_{by}}{h}+F_{bx}$$

$$s'_y=-\frac{1}{\rho}\frac{\partial p_a}{\partial y}-g\frac{\partial Z_b}{\partial y}+\frac{\tau_{ay}-\tau_{by}}{h}+F_{by}$$

式中，h 为水深；ρ 为水的密度；p_a 为水面大气压力；Z_b 为水底高程；τ_{ax}、τ_{av} 为水面应力的 x、y 的分量；τ_{bx}、τ_{by} 为水底摩阻应力的 x、y 分量；F_{bx}、F_{by} 为作用于单位质量水上的体积力(柯氏力)的 x、y 的分量。

2.8.3　浅水湖泊分析二维模型的求解方法

计算湖泊、水库三维非恒定流流场的成熟计算机软件市场上很多。由于鄱阳湖中的碟形湖具有特殊的水文、水力学特性，没有一个软件直接适合这一情景，决定自己编写程序计算[25]。为了使数学模型求解结果更加符合实际，开发了以下技术求解模拟模型[25]。

(1)根据鄱阳湖"高水是湖、低水似河"的水文生态特征，采用变尺度有限空间法划分网格来适应"湖相"与"河相"转换。

(2)针对鄱阳湖空间尺度计算域的复杂性，为了较好地概化水域内具有深水河道和滩地的地形特征，采用自适应结构化网格剖分计算域，使得模型的计算效率和精细度得到提高。

(3)针对鄱阳湖的动态变化性，采用了单元中心型底坡近似项对源项进行修正，保证了计算格式的和谐性；同时对摩阻项采用半隐格式的处理，能够在固定网格上实现动态干湿边界的模拟。

(4)针对鄱阳湖的地形复杂性及水域随高程变化的湖盆地形和洲滩上广泛分布的季节性碟形湖等特征，为了辨识碟形湖脱离主湖区水流联系后的流场分布，用水位变量代替了水深变量，以主湖区水位低于碟形湖土堤最低点高程为脱离主湖区的标志，保证了水量守恒的前提下，自动识别主湖区与碟形湖。

(5)针对鄱阳湖的流态复杂变化性，采用 Muscl-Hancock 预测校正格式，使数值模拟在空间上和时间上都具有二阶精度。

这些计算技术使得模型精度达到要求。模拟水位、水深的变化趋势与实测水位、水深的变化趋势相一致。模拟水位和水深的相对误差均小于20%，并且水深的纳什确定性

系数 R^2 在 $0.981 \sim 0.927$ 之间，水位的纳什确定性系数 R^2 为 $0.976 \sim 0.591$。这说明数值模拟模型可以有效应用于鄱阳湖湖流特性的研究中。

2.8.4　鄱阳湖流场特性

二维浅水数值模型计算之前，共有 5 次鄱阳湖流场-水质监测资料，利用其中 3 次资料来率定模型参数，用 2 次资料进行校核，后来又新增第 6 次监测，也用来作进一步校核，流场-水质监测时的基本气象、水文条件见表 2.17。求解二维浅水数值模型，模拟了鄱阳湖不同水文、气象条件下的各类型流场，在如重力流、顶托流等宏观分布，得到与实测资料相一致的结果，对鄱阳湖流场特征取得许多新的认识[25]。

1. 重力型湖流

重力型湖流是鄱阳湖湖流的主要形式之一，流场-水质同步监测中，第 1、2、3、5 次监测均呈现重力流流场。河相退水时的流场最典型。二维浅水数值模型模拟结果显示，河相退水重力型湖流流速在 $0.06 \sim 1.82$ m/s，流向顺河道向下游；全湖平均 0.628 m/s，入江水道平均流速 0.57 m/s，西水道 0.82 m/s，东水道 0.73 m/s，东南湖区 0.5 m/s，东北湖汊区最慢 0.16 m/s。特别需要提出的是，鄱阳湖星子站水位为 9 m 左右时，鄱阳湖东水道的水深最小的水域在棠阴下游附近，仅 1.76 m，只能达到四级航道的水深要求（$1.6 \sim 1.9$ m）。星子站极端最低水位 5.25 m 时，东水道可能会出现严重的碍航现象。

2. 顶托型湖流

顶托型湖流是鄱阳湖流场结构最复杂的湖流，总体表现在湖区流速比重力型湖流流速小，涨水与退水流向很不相同。流速在 $0.05 \sim 1.0$ m/s，流向总体上顺河道向下游；全湖平均 0.2 m/s 左右，入江水道平均流速 $0.20 \sim 0.41$ m/s，西部水域 $0.32 \sim 0.76$ m/s，东部水域 $0.30 \sim 0.61$ m/s，主湖区 $0.15 \sim 0.35$ m/s，退水时流速大于涨水。

湖相涨水期流场结构远比退水期复杂，比河相涨水期也复杂，对于认识污染物质在湖盆的运动、分布、扩散与消减特征以及浮游生物在湖区分布与演变特征提供了水动力学基础资料。

（1）鄱阳湖东、水西道在渚溪口汇合，松门山南北两侧水流在河相和湖相退水情形下，环流为逆时针方向流向下游；但湖相涨水期间出现顺时针方向环流（图 2.28），对东水道水流产生一定顶托。产生这一现象的原因与赣江东西支分流比改变有关。最近几十年来，赣江西支（主支）分流比越来越大，从吴城西水道入湖的水量越来越多，东水道入湖水量减少，暴雨中心在赣江流域时，鄱阳湖涨水期水流从西水道顶托东水道来水，形成逆时针方向流态，对水体污染物扩散不利。

（2）受到抚河、信江入湖水流的顶托，鄱阳湖湖相涨水期，赣江南支河口三角洲前缘的水域的水流流速慢，流向指向南支入湖口（图 2.29），原因是赣江南、中、北三支处于逐渐萎缩过程中，入湖水量减少；如果抚河、信江来水较多，对赣江南支来水产出顶托，流向改变，赣江南支出流受阻。南昌市区、南昌县、进贤县等经济社会较发达地区，大多数污染物通过赣江南支、中支和抚河排入鄱阳湖，这种流场态势对水体污染物扩散极为不利。

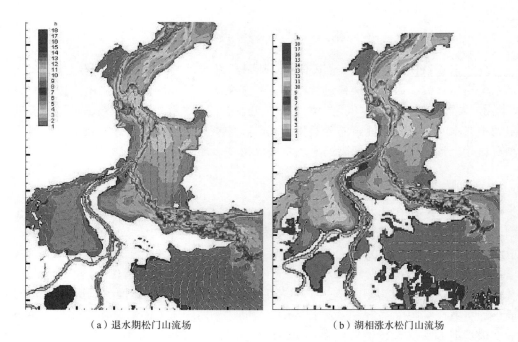

（a）退水期松门山流场　　　　　　　（b）湖相涨水松门山流场

图 2.28　松门山流场(a：退水期；b：涨水期)

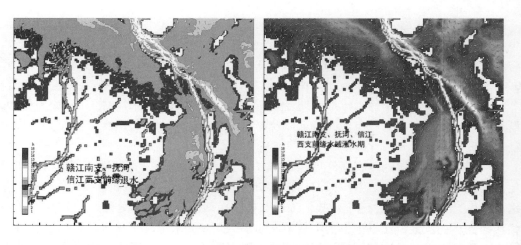

图 2.29　赣江南、中、北三支三角洲前缘区域流场(左：退水期；右：涨水期)

（3）鄱阳湖"湖相"涨水情形下，主湖区的水流向东北湖汊群水域倒灌或顶托，流速极小（图 2.30）。第 2 章述及，东北湖汊群(撮箕湖)入湖水道改变，水面坡降比原来平缓得多，湖汊群水面面积 80 km² 以上，没有较大河流入湖，主湖区水位上涨时，水流向内倒灌。东北湖汊群原成为水产养殖基地，围湖养殖的围网众多，如果投放肥料、饲料，很容易产生富营养化。

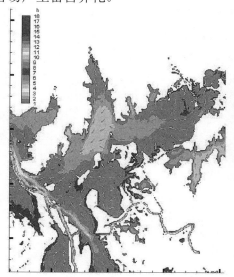 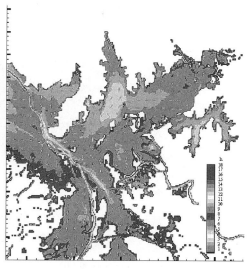

（a）东北湖汊群退水期流场　　　　　　　　　（b）湖相涨水东北湖汊群流场

图 2.30　东北湖汊群流场（a：退水期；b：涨水期）

2.9　小　　结

　　这一章着重研究鄱阳湖水文情势问题。鄱阳湖连河通江，影响水文过程的因素众多，各要素之间、要素与自然环境的关联度高。对于复杂系统问题，难以用整体模型综合求解，为此开发了复杂水文现象关键问题递归分析技术。

　　该技术立足于对待研究的问题已经有了较为清晰的理解，基本掌握了要素之间、要素与周边环境相互作用的定性关系或主要特征；在这个前提下，瞄准需要解决的关键问题，首先选择关联度较少的子问题作为突破口，通过模型化、定量化分析，找出其中的定量关系；在此基础上，揭示关联度更复杂的子问题之间的关系，运用定量化技术求解，如此由表及里，由此及彼，由浅入深，把整个复杂问题中的定量关系逐一剖析清楚。在解决一个复杂问题的过程中，对求解其中某个子问题也遵循这一技术路线。

　　举例而言，研究流域植被改善对地表径流过程的宏观作用和效果问题，本质上是植被改善与地表径流产流汇流问题，产流汇流的关键除了蒸发以外，就是土壤含水层的蓄水问题，丰水季节土壤含水层蓄水，影响到河流基流；如果求出了河流基流，分析影响基流变化的各种原因，可以逐步求出流域植被改善对地表径流过程的宏观效果。长江与鄱阳湖的水文关系方面，已知鄱阳湖蓄水受到流域来水和长江干流的双重影响，通过回归分析得到验证；接下来的关键问题是分析什么条件下长江对鄱阳湖出流不产生明显影响；掌握了这一条件，就可以从大量的监测资料中找出不受长江干流影响的资料，建立数学模型，长江干流顶托问题就可以迎刃而解。长江发生倒灌的水文条件十分复杂，有时倒灌时间达一个月之久，有时仅倒灌一二天，关键问题是什么条件诱发倒灌，抓住了倒灌第一天长江干流流量和星子站水位，就找到了破解内在联系的"钥匙"。有关非恒定流作用下湖水位与水面面积、蓄水量动态关系的分析也是这样，非恒定流对湖泊(水库)水位的影响，表现在从上游到下游各处水位各不相同，先用分区的办法，分别选用分区内代表性水位站的水位计算本分区的水面面积和蓄水量来体现非恒定流的特征；非恒定流影响第二方面表现在同一水位时涨水、退水的水面面积和蓄水量不相同，根据水文节律，按照各水位站水位差异将一年分成若干时期，分期研究水位与面积、蓄水量的关系；最终得到非恒定流作用下湖水位与水面面积、蓄水量动态关系的图表。鄱阳湖水位长期低枯的主要原因定量分析也是这样一步一步地抽丝剥茧，逐步分析，最后得到定量结果。

这些水文问题直接影响到鄱阳湖水环境和湿地生态系统状况和演变。因此，这一章是以后各章的基础。后面的许多分析都要用到这一章的结论。

参 考 文 献

[1] Hurst H E. Long-term storage capacity of reservoirs. Trans ASCE，1951，116：770-808.
[2] 胡振鹏，傅静. 长江与鄱阳湖水文关系及演变的定量分析. 水利学报，2018，49(5)：570-579.
[3] 《鄱阳湖研究》编委会. 鄱阳湖研究[M]. 上海：上海科学技术出版社，1987.
[4] Qi Hu，Song Feng，Hua Guo，et al. Interactions of the Yangtze River flow and hydrologic processes of the Poyang Lake, China[J]. Journal of Hydrology，2007，347：90-100.
[5] 刘健，张奇等. 近50年鄱阳湖流域径流变化特征研究[J]. 热带地理，2009，29(30)：213-218.
[6] 刘元波，张奇等. 鄱阳湖流域气候水文过程及水环境效应[M]. 北京：科学出版社，2012.
[7] 叶许春，李相虎，张奇. 长江倒灌鄱阳湖的时序变化及其影响因素[J]. 西南大学学报(自然科学版)，2012，34(11).
[8] 杨沛钧，廖智凌. 鄱阳湖流域江湖关系研究综述[J]. 中国农村水利水电技术[J]，2017，(3)：65-67.
[9] 万荣荣，杨桂山. 长江中游通江湖泊江湖关系研究进展[J]. 湖泊科学，2014，26(1)：1-8.
[10] 胡春宏，阮本清，张双虎等. 长江与洞庭湖、鄱阳湖关系演变及其调控[M]. 北京：科学出版社，2017.
[11] 戴星照，胡振鹏. 鄱阳湖资源与环境研究[M]. 北京：科学出版社，2019.
[12] 陈进. 长江演变与水资源利用[M]. 武汉：长江出版社，2012.
[13] 许闻婷，胡振鹏，傅静. 2000年以来鄱阳湖枯水期进出湖流量增加及原因分析. 江西水利科技，2014，(4).
[14] 唐国华，许闻婷，胡振鹏. 森林植被改善对鄱阳湖流域径流和输沙过程的影响. 水利水电技术，2017，48(2)：12-21.
[15] 陈永瑞，林耀明，李家永，等. 江西千烟洲试区杉木人工林降雨过程及养分动态研究[J]. 中国生态农业学报，2004，(1)：79-81.
[16] 杨淳朴，吴国琛. 世纪工程——山江湖开发治理[M]. 南昌：江西科学技术出版社，1996，1-327.
[17] 钱正英，张光斗. 可持续发展水资源战略研究综合报告及各专题报告. 北京：中国水利水电出版社，2001，1-284.
[18] 何长高. 兴国县塘背河小流域综合治理的经济评价[J]. 中国水土保持，1991，(7).
[19] 程根伟，余新晓，赵玉涛，等. 山地森林生态系统水文循环与数学模拟[M]. 北京：科学出版社，2004，1-298.
[20] 于法展，张忠启，陈龙乾，等. 江西庐山自然保护区主要森林植被水土保持功能评价[J]. 长江流域

资源与环境，2015，04：578-584.

[21] David Harper et al. Hydroecology，Processes，Models and Case Studies: An Approach to the Sustainable Management of Water Resources[M]. CAB International，2008（中译本：严登华等译，北京：中国水利水电出版社，2012）.

[22] 夏军等. 生态水文学学科体系及学科发展战略. 地球科学进展[J]. 2018，33（7）：665-674.

[23] 纪伟涛等. 鄱阳湖——地形、水文、植被[M]. 北京：科学出版社，2017.

[24] 王浚，郭生练，谭国良，等. 变化条件下鄱阳湖区水文水资源研究与应用[M]. 北京：中国水利水电出版社，2017

[25] 林玉茹，鄱阳湖水流特性与水环境特征研究[D]. 武汉：武汉大学，2014.

第3章 鄱阳湖水环境状况及其演变

3.1 入湖污染负荷监测与分析

1954 年大洪水以后，鄱阳湖流域开始建设水文站监测入湖流量，1956 年赣江、抚河、信江、饶河和修河分别在外洲、李家渡、梅港、虎山、渡峰坑、虬津和万家埠等 7 个水文站开始监测水位、流量和泥沙状况（图 3.1 和彩图 4 中三角形代表监测断面）。后来监测项目逐步扩展，20 世纪 80 年代开始进行污染物浓度监测。但是，"五河七口"断面仅控制 85%左右的鄱阳湖集雨面积，监测断面以下还有 2.5×10^4 km^2 集雨面积，其中包括人口集中、经济社会较为发达的南昌市市区以及南昌县、丰城市、进贤县和永修县等城镇。为了尽可能准确掌握入湖污染负荷，2013 年鄱阳湖第二次科学考察在"五河七口"以下增设"五河"各支流及湖区周边中小河流监测断面 18 个（图 3.1 和彩图 4 中圆点代表新设监测断面），同时对直接进入鄱阳湖的污染源进行了全面细致调查，比较准确地掌握了入湖污染负荷变化情况。现在，这 18 个监测断面已经列入省级环境质量监测监控网络，定期向社会公布监测结果。

3.1.1 入湖河流水质与流量的监测

赣江自南向北进入下游辽阔冲积平原，两岸地势平坦，赣江等"五河"陆续分支，呈鸡爪状支流入湖，"五河"尾闾地区阡陌纵横、河网交错，两岸堤防众多。

赣江干流在外洲水文站以下 3.6 km 处（南昌市八一桥下杨子洲头）分为东支和西支。东支在南昌县蒋巷镇蛟溪头村再分出南支和中支，南支靠右，中支靠左；南支在南昌县昌东镇窑咀上村分成 3 个小支流，分别从长胡子电排站、程家池泄水闸、东吴头排水闸流入鄱阳湖，中支在南新乡分 3 个小支流分别进入鄱阳湖。西支现在为赣江主支，在新建县樵舍镇港下再分出西支和北支。北支在港下 11 km 处（新建县联圩乡下堡村）又分出两支：南侧一支称沙汊河，从成新农场南湖闸进入鄱阳湖；北侧一支称官港河，从成新农场官港分场进入鄱阳湖。西支从吴城镇望湖亭和修水会合后进入鄱阳湖，成为赣江进入鄱阳湖的主支。多年来加高加固堤防时，并圩联堤，堵塞了一些小支流，现在分南、中、西、北四条支流入湖。

抚河下游干流在赣抚平原灌溉引水工程（焦石坝）以下 4 km 处（进贤县李渡镇）设李家渡水文站。抚河过李渡渡流至新畲分为 2 支：左支通往总干渠；右支在 1958 年茌港实施改道工程时，通过一段弯曲河道进入青岚湖，在进贤县三阳汇入鄱阳湖。

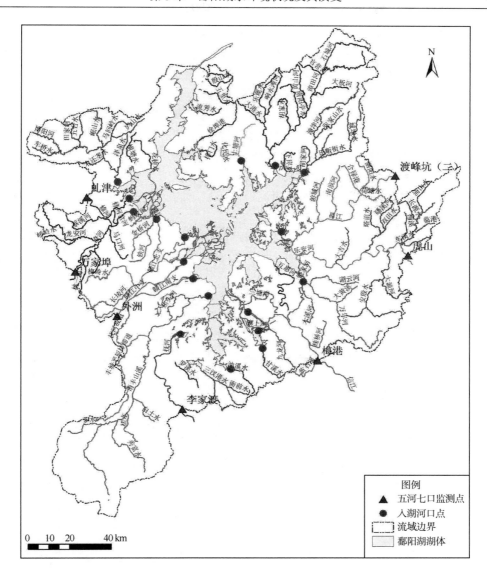

图 3.1　鄱阳湖周边河流和入湖流量与污染物浓度监测网络

信江下游干流北流至梅港水文站进入冲积平原区，在潼口（俗称"大八字嘴"）分为东、西两大河。东大河在潼口下约 7 km 的洪恩渡（俗称"小八字嘴"）又分出左、右两支；左支称为互惠河在洪家嘴乡再分为东、西两汊，东汊汇入东大河于乐安村与饶河相通，西汊在信丰垦殖场金山分场进入鄱阳湖湖汊大莲子湖；右支东大河，与改道后的万年河汇合，然后向北汇并到饶河入鄱阳湖。西大河在黎背村分出三塘河和龙津河两支，三塘河与余干县瑞洪镇十亩仍与龙津河汇合后进入鄱阳湖，龙津河经瑞洪镇下风洲入鄱阳湖。

饶河是乐安河和昌江的合称，乐安河为饶河纳昌江之前干流名称。乐安河以虎山水文站为控制站，乐安河流过虎山水文站在乐安村于左岸接纳信江东大河，到角山前分为两支：一支从表恩进入鄱阳湖；另一支归并于昌江后在尧山又分成两支：一支沿珠湖联圩西北流过西山进入鄱阳湖,另一支西去于龙口入鄱阳湖。昌江以渡峰坑水文站为控制站,昌江流经渡峰坑过景德镇市,在鄱阳县城姚公渡从右岸汇入饶河。

修河是修水和潦河的合称,修水干流在涂家埠镇上游约 800 m 处右岸接纳最大支流潦河,汇合成修河。修水过柘林水库在坝下 24 km 永修县虬津镇设有虬津水文站,过虬津水文站后在永修县艾城镇一分为二:支(主流)继续向东流经永修县城涂家埠镇于艾城镇麻垄窟右岸纳蔡溪河后,经吴城镇进入鄱阳湖;北支称杨柳津河,一部分流经蚌湖进入鄱阳湖,另一部分经王家河于涂家埠镇下游流回修河干流。潦河干流在安义县长埠镇石窝龚家从左岸纳入北潦河,在汇流口下游 3 km 处设立万家埠水文站,在万家埠下游 35 km 处从右岸注入修河。在修水和潦河汇流口以下的涂家埠镇铁路桥下 275 m 处设有永修水文站作为修河进入鄱阳的控制站。

除了"五河"众多支流外,湖区周边还有清丰山溪、博阳河、土塘水、漳田河(西河)、潼津河、甘溪水、池溪水和九龙河等中小河流直接入湖。这些河流的发源地、流域面积和河长等情况在第 1 章中作了详细介绍。

从 2010 年开始,在赣江 4 条支流、信江 2 支流、饶河 2 支流、抚河和修河入湖口共设 10 个监测断面以及 8 条中小河流入湖口新设 8 个断面(图 3.1 中圆点所示),定期监测流量、水位和污染物浓度等。监测站未控制、直接入湖的面积仅庐山市(原星子县)、湖口县、都昌县和进贤县部分区域(共计不到流域面积的 3%),需要通过调查来确定入湖污染负荷。

3.1.2　河流带来的污染物数量及其特征

2010～2014 年监测的入湖河流主要污染物浓度年均值具体情况见表 3.1。

表 3.1　2010～2014 年入湖河流主要污染物浓度年均值变化表

编号	河流名称	断面名称	COD/(mg/L)	氨氮/(mg/L)	总磷/(mg/L)	总氮/(mg/L)
1	赣江北支	大港	9.73～13.87	0.26～0.59	0.074～0.102	1.152～2.003
2	赣江中支	周坊	9.38～12.27	0.19～0.53	0.079～0.105	1.463～2.063
3	赣江南支	吉里	10.33～12.90	0.47～0.96	0.105～0.163	1.558～3.148
4	赣江主支	吴城赣江	9.00～11.42	0.27～0.45	0.042～0.128	0.748～1.198
5	抚河东支	塔城	9.69～15.23	0.26～0.41	0.066～0.097	1.073～1.353
6	抚河西支	新联	13.95～15.32	0.66～1.01	0.093～0.140	1.690～2.919
7	信江西支	瑞洪大桥	8.76～11.23	0.30～0.45	0.042～0.103	0.947～1.282
8	信江东支	布袋闸	7.41～12.05	0.27～0.63	0.047～0.112	0.888～1.690
9	饶河	赵家湾	11.00～14.48	0.65～0.98	0.073～0.258	1.433～2.211
10	修河	吴城修河	9.00～11.42	0.16～0.29	0.041～0.138	0.610～0.727
11	博阳河	梓坊	14.40～16.61	0.12～0.32	0.036～0.065	0.450～1.105
12	池溪水	下艾村	24.75	1.55	0.099	4.725
13	甘溪水	下万村	21.10	0.56	0.098	1.519
14	九龙河	宋家	12.00	0.22	0.055	0.873

续表

编号	河流名称	断面名称	COD/(mg/L)	氨氮/(mg/L)	总磷/(mg/L)	总氮/(mg/L)
15	潼津河	庆丰村	10.49	1.28	0.065	2.398
16	漳田河	独山	11.62	0.74	0.059	1.732
17	土塘河	曹家	13.33	0.23	0.038	0.715
18	杨柳津河	尖角村	20.67	0.44	0.164	1.115

2010 年，11 个监测断面达标率(达到Ⅰ～Ⅲ类标准断面比例)为 81.8%，其中，赣江主支吴城赣江断面石油类超标，Ⅳ类水质；饶河赵家湾断面总磷超标，Ⅳ类水质。2011～2013 年，11 个监测断面达标率为 100%。2014 年，18 个监测断面达标率为 72.2%，其中，抚河西支新联断面氨氮超标，Ⅳ类水质；池溪水下艾村断面氨氮和化学需氧量超标，Ⅴ类水质；甘溪水下万村断面化学需氧量超标，Ⅳ类水质；潼津河庆丰村断面氨氮超标，Ⅳ类水质；杨柳津河尖角村断面化学需氧量超标，Ⅳ类水质。

根据 18 个断面监测的污染物浓度和流量，得到 2010～2014 年 4 种主要污染物入湖数量，如表 3.2 所示。

表 3.2　河流带入鄱阳湖的污染物数量

项目	2010 年/t	2011 年/t	2012 年/t	2013 年/t	2014 年/t	平均/t
COD	1 969 261	899 070	2 035 049	1 301 632	1 461 234	1 533 249
氨氮	73 672	17 412	70 931	54 265	63 483	59 953
总磷	24 219	5 664	11 553	8 012	10 598	12 009
总氮	250 936	106 985	223 769	146 960	194 369	184 609
年均流量	7 019	3 070	6 680	4 460	4 830	5 212

回归分析表明，4 种污染物与年均入湖流量 x 具有较好的相关关系(图 3.2)。

化学需氧量：　　　$y_{COD}=4806.8\ln x-63067$　　　$R^2=0.9653$

总氮：　　　　　　$y_{TN}=16.729\ln x-122.1$　　　$R^2=0.9529$

氨氮：　　　　　　$y_{NH}=4.2417\ln x-29.801$　　　$R^2=0.9723$

总磷：　　　　　　$y_{TP}=0.0004x-0.4901$　　　$R^2=0.6489$

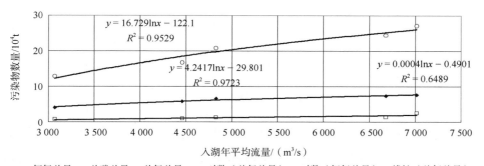

图 3.2　总氮、氨氮和总磷与入湖年平均流量关系

化学需氧量、总氮和氨氮与入湖年平均流量关系曲线的相关系数 R^2 均在 0.95 以上，相关性较好，总磷的相关系数要差一些。污染物与入湖径流正相关说明：①城镇生活污水和工业废水随着人口增长、经济发展及水处理能力缓慢增长，相对稳定；②农业生产、水土流失和城乡垃圾等面源污染在入湖污染负荷中比重较大。

3.1.3　入湖污染负荷总量

2010～2014 年对湖滨工业和生活直排、湖滨面源污染(含农业面源、水土流失和城乡垃圾流失等)、水产养殖等 4 种污染源及入湖途径进行了调查、统计；2014 年增加每月一次空气沉降污染物监测。其中工业直排入湖污染量利用统计资料并实地调研得出，空气沉降污染物通过监测推算，生活直排、湖滨面源污染和畜禽水产养殖通过随机抽样调查进行推算。包括河流带进的污染物在内，得到入湖年平均污染负荷总量，如表 3.3 所示。从表 3.3 可知，河流带入的污染物数量占 87%～98%，其中总磷所占比例最低。这是由于直排污染源入湖途径短，消减能力差，总磷的消减能力更弱。因此，污染物直接入湖区域的环境管理需要高度重视。

表 3.3　2010～2014 年鄱阳湖年平均入湖污染负荷平均值

来源	COD/t	氨氮/t	总磷/t	总氮/t
河流带入	1 570 200	63 200	13 640	203 600
生活直排	462.9	77.9	8.2	207.8
面源	26 936	3 284	1 554	13 492
工业直排	2362	198	13.4	340.3
水产养殖	7 423.3	88.4	167.2	886.6
大气沉降	33 390	2 849	215	6 875
合计	1 640 775	69 698	15 598	225 402
河流占比	0.957	0.907	0.874	0.903

3.2　鄱阳湖水环境质量

3.2.1　鄱阳湖水环境质量例行监测

第一次鄱阳湖科学考察没有进行湖区水环境质量考察，仅在入湖泥沙子课题中对于湖泊底泥中的重金属和农药残留物进行了分析。1982 年开始，江西省水文局建立了专门水质实验室，逐步展开鄱阳湖水环境质量监测，积累了丰富的资料。

1983 年国家颁发了《地面水环境质量标准(GB3838—1983)》。1985 年开始，江西省环保厅正式启动了鄱阳湖水资源动态监测，监测频次为每月一次，监测站点逐步增加，目前湖区已设立监测断面或站点有 19 处，其中"五河"入湖口有 8 个断面(赣江主支、赣江南支、抚河口、信江西支、信江东支、乐安河口、昌江口、修河口)，湖盆 10 个站点(鄱阳、龙口、康山、棠荫、瓢山、都昌、渚溪口、蚌湖、星子、蛤蟆石。鄱阳湖出口断面(设监测垂线 3 条)。监测断面的分布见图3.3。监测项目与监测方法均按照《地表水环境质量标准(GB3838—2002)》(湖、库)进行;根据《地表水资源质量评价技术规程》(SL395—2007),地表水类别采用单因子法(总氮不参加评价)对鄱阳湖不同时间、各站点水质进行分析评价;湖泊营养水平采用营养状态指数法,选取湖区富营养化主要特征指标分析湖区营养状态。营养状态评价指标为:叶绿素 α(chla)、总磷(TP)、总氮(TN)、透明度(SD)和高锰酸盐指数(COD$_{Mn}$)共 5 项。

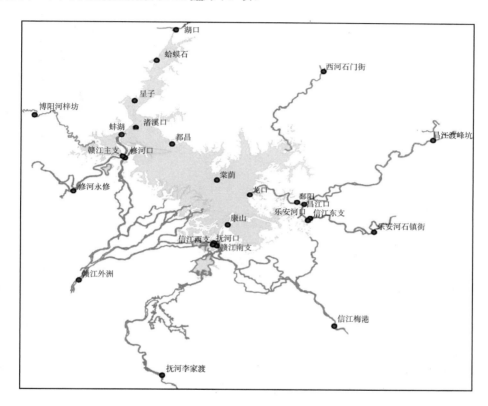

图 3.3 鄱阳湖湖区水质监测点的分布

3.2.2 湖区水环境质量演变

按照《地表水环境质量评价办法》(湖、库),每个站点、每次只要一个项目未达标就认为该站该次水质未达某类标准;然后计算全湖未达标的站点和次数,全年监测未达标站点与次数集总后除以全湖各监测断面全年监测次数的总和为未达标率。据此评价1985~2015 年鄱阳湖水环境质量,结果显示,鄱阳湖水质总体呈下降趋势(图 3.4),主要超标污染物为总磷,其次为氨氮(总氮未参加评价)。

1. 20 世纪 80 年代水质变化情况[1]

全流域以农业生产为主,工业较为落后,废污水排放相对偏少。水质以Ⅰ、Ⅱ类水为主，呈缓慢下降趋势，全年水质Ⅰ、Ⅱ类水达到 85%；不达Ⅲ类水质仅占 0.1%，其中非汛期占 0.1%～13.8%，主要超标物质为氨氮。超过Ⅲ类水质的水域在赣江南支口、信江西支口和杨柳津河入湖口等处。

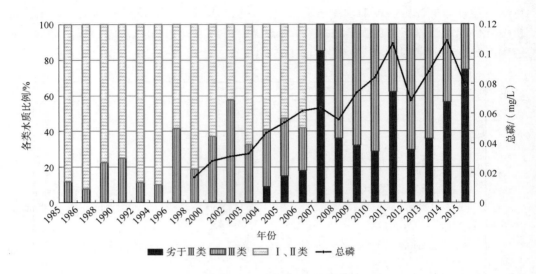

图 3.4　1985～2015 年湖区水质分类与总磷浓度变化

2. 20 世纪 90 年代至 2002 年间水质变化情况[1]

20 世纪 90 年代至 2002 年全省降水量偏丰，水资源丰沛，全流域加快推进工业化、城镇化进程，废水排放相对增加。全年水质Ⅰ、Ⅱ类水达标率为 42.1%～89.9%，平均达 70%；未达Ⅲ类标准仅占 0.1%，主要超标项目为氨氮和总磷。非汛期水质Ⅰ、Ⅱ类水域平均达标率为 67.9%；Ⅲ类水域平均 29.9%；未达Ⅲ类标准占 0.1%～11.3%，按年度平均计算，总磷均没有超标。污染水域主要分布于赣江南支口、信江西支口和都昌。汛期未达Ⅲ类水标准占 0.1%，主要超标项目为总磷，污染区域主要分布在蛤蟆石水域。

3. 2003 年至 2015 年间水质变化情况

2003～2015 年间，长江上游来水减少，鄱阳湖水位持续低枯。流域经济发展迅速，工业化、城镇化进程加快，废污水排放量增加，水质下降；2007 年因湖区无序采沙严重，水质恶化到极点，Ⅲ类水合格率仅达 15%；2008 年全面停止采沙，进行专项整顿，流域内所有县以上城镇建设污水处理厂，水质状况稍有好转；全年Ⅲ类水合格平均 68.0%；汛期平均 78.6%；非汛期平均 51.4%，主要污染物为总磷、氨氮。污染的重点区域分布于东部湖域的乐安河口、信江东支与西支河口、鄱阳县附近水域以及主湖区的龙口、瓢山、康山，青岚湖等南部湖区，年均总磷浓度在波动中攀升。湖口出流水质按照湖泊标准一般为Ⅳ类，按照河流标准可达Ⅱ、Ⅲ类。

1985 年至 2013 年全湖营养化程度属于中营养状态，但营养指数从 35 逐步上升到 49，近几年勉强维持在中营养状态。

3.3　湖区氮磷分布、运动特征[2]

从图 3.3 可知，鄱阳湖水质例行监测点基本布设在湖滨沿岸水域，湖盆污染物分布受到入湖污染负荷、湖泊流场(流速、流向)分布、人类活动等多种因素影响，例行监测没有在湖盆中间布点，不能全面地反映湖区氮磷污染物分布、运动和扩散的基本特征。为了全面掌握鄱阳湖不同水流状态及污染物分布、运动情况，2010 年设置流场-水质同步监测网络，对鄱阳湖流场-水质进行同步监测。这一节根据 7 次同步监测结果，分析氮磷等污染物在湖区分布、运动、扩散与消减情况。

3.3.1　湖区流场、水质同步监测

1. 流场、水质同步勘测网络的布设

为了全面掌握鄱阳湖不同水流状态及污染物分布情况，从 2010 年开始对鄱阳湖流场-水质实施同步监测。流场-水质同步监测网络布设如图 3.5 所示，从湖口开始，每隔 5 km设 1 个断面，全湖共设 34 个断面，每个断面设 1～7 根监测垂线，共布设监测垂线 68条(图 3.5)。丰水期按照 68 条垂线监测；枯水期选取设在主航道或深水区的垂线，测点位置基本不变，根据水情水势可以适当偏移测点，总数不少得于 38 条，保证监测数据的连续性和可比性。

2. 同步监测的水文条件

鄱阳湖丰水期湖面辽阔，呈现湖相；枯水期水束如带，呈现河相；以年为周期轮番交替。鄱阳湖进出湖水量大，水体更换频繁；河相状态最短 6～10 天换水一次(11 月至次年 5 月)；湖相状态最多 28、29 天换水一次(7～9 月)；全年平均约 10 天换水一次。按照图 3.5 设置的监测网络，2010～2016 年共进行了 7 次鄱阳湖流场-水质同步监测，与此同时还监测了赣、抚、信、饶、修五大河各支流以及博阳河、漳田河等直接入湖的中小河流入湖控制站的流量和主要污染物浓度。流速流向测量按照《流量测验规范 GB50179—93》要求进行；水环境监测了 GB3838—2002 规定的 24 个基本项目。7 次监测的时间、水文情势、进出湖水质状况和湖区流场分布情况简要地列在表 3.4 中。其中，第 1、4、6、7 次为湖相，包括水位消退(退水)、上涨(涨水)和平稳状态；第 2、3、5 次为河相，包括涨水与退水情况。7 次监测中，超过Ⅲ类水质标准(湖泊)的主要污染物为总磷、总氮；另有 2 次共有 3 个测点氨氮超标，氨氮超标点位于小河流入湖口门附近水域，周边测点氨氮均满足Ⅲ类标准，说明氨氮在湖区消减较快。

湖区流速分布差异很大，不仅与湖盆地形、湖相或河相状态有关，而且与涨水或退水有关。一般而言，河相状态全湖区平均流速为 0.06～1.82 m/s，全湖平均 0.628 m/s，入江水道平均流速 0.57 m/s，西水道平均 0.82 m/s，东水道平均 0.73 m/s，东南湖区平均0.5 m/s，东北湖汊区最慢(0.16 m/s)。湖相状态流速比河相状态小，流向比较复杂；全湖

流速在 0.05～1.00 m/s 之间,平均 0.34 m/s 左右,入江水道平均流速 0.20～0.41 m/s,西部水域 0.22～0.46 m/s,东部水域 0.23～0.47 m/s,主湖区 0.15～0.35 m/s,退水时流速大于涨水。各次监测流场分布情况详见表 2.17。湖区氮磷浓度及其分布直接受入湖污染负荷影响,污染负荷与入湖径流量紧密相关。表 3.4 列出每次监测的平均水位、入湖、出湖流量及出湖水质类别(湖泊标准)。

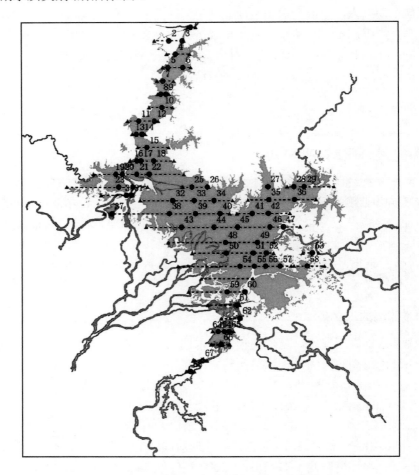

图 3.5　鄱阳湖区流场-水质监测网络分布图

表 3.4　鄱阳湖 7 次流场-水质监测的水文条件

监测次序	时间	平均水位/m	水面面积/km²	情景	入湖流量/(m³/s)	入湖水质达标率/%	出湖流量/(m³/s)	出湖水质(湖)
1	2010 年 10 月 9～12 日	12.52	2 435	湖相,退水。前 10 天流域降水 35 mm;有采砂活动。测点 65 个	1 429	94.1	7 152	IV类
2	2010 年 10 月 19～20 日	8.68	904	河相,涨水,停止采砂。前 10 天流域降水 54 mm;测点 38 个	3 883	93.4	5 010	IV类

监测次序	时间	平均水位/m	水面面积/km²	情景	入湖流量/(m³/s)	入湖水质达标率/%	出湖流量/(m³/s)	出湖水质(湖)
3	2010年10月28～29日	8.53	846	河相,退水,无采砂。前10天流域降水9 mm;测点38个	1 742	91.7	4 375	III类
4	2012年5月17～18日	15.22	4 007	湖相,涨水,采砂。前10天流域降水133 mm。测点68个	12 446	100	11 100	IV类
5	2013年3月11～12日	8.09	697	河相,退水。采砂,流域前10天流域降水12 mm。测点38个	1 950	91.3	3 799	V类
6	2014年8月30～31日	14.58	3 848	湖相,水位稳定,少量采砂,前10天降水38 mm;测点67个	3 749	72.2	5 040	IV类
7	2016年8月10～11日	16.75	4 302	湖相,水位下降慢,少量采砂,前10天降水46 mm,测点68个	2 230	57.1	6 480	IV类

3. 水质监测结果的统计分析

根据 7 次监测结果,分别统计每一次总磷、总氮所有测点的平均浓度(均值)和离差系数 $C_v = \sigma / \bar{x}$,C_v 数值越大,表明点据距均值 $\bar{x}$ 更离散,均列在表 3.5 中。影响氮磷浓度的主要水文条件列在表 3.5 最后一列。表中"不合格"是指达不到III类水质标准。

表 3.5   7 次监测总磷、总氮分布情况汇总

监测序次	实际监测点数		总磷				总氮				水文情势
	水位/m	网格测点数	不合格数	浓度均值	离差系数	合格率/%	不合格数	浓度均值	离差系数	合格率/%	
1	12.5	65	32	0.06	0.718	48.5	40	1.35	0.360	38.5	湖相、退水、采砂
2	8.68	38	33	0.08	0.419	10.5	31	1.46	0.270	18.4	河相、涨水、不采砂
3	8.83	38	17	0.07	0.357	55.3	32	1.49	0.333	15.8	河相、退水、不采砂
4	15.22	68	3	0.031	0.723	95.6	29	1.327	0.665	57.4	湖相、涨水、采砂
5	8.09	38	30	0.08	0.414	21.1	19	0.933	0.517	50.0	河相、退水、采砂
6	14.58	67	30	0.055	0.599	55.2	32	1.14	0.589	52.2	湖相、稳定、少量采砂
7	16.75	68	40	0.055	0.45	41.2	22	0.89	0.472	67.6	湖相、退水、少量采砂

另外,统计每次监测中同一测点总磷、总氮同时超过 III 类标准的测点数量及其占实测点数的比例,列在表 3.6 中。

3.3.2   鄱阳湖氮磷运动、扩散和削减特征

为了分析鄱阳氮磷污染物分布、扩散和削减特性,直观地显示检测结果,将各个测

点监测的总磷、总氮浓度减去Ⅲ类标准(湖泊),以其差值来评价水环境的好坏。差值为负值,表明该测点总氮或总磷浓度比Ⅲ类标准值小,尚有一定环境容量,差值越大,环境容量越大,以浅绿色到深蓝色区分差异;差值为正值,表明已经超过Ⅲ类标准值,差值越大超标越严重,以浅黄色到深红色区分差异。测点浓度差数据本来是离散点据,采用二次函数进行拟合插值,转换为连续的数据曲面,如彩图7~彩图12所示。鄱阳湖氮磷运动、扩散和削减表现出以下特征。

表3.6 7次监测氮磷同时超标测点数量统计

监测序次	1	2	3	4	5	6	7
湖泊状态	湖相	河相	河相	湖相	河相	湖相	湖相
测点总数/个	68	38	38	68	38	67	68
氮磷同时超标数/个	18	23	13	2	14	11	5
比例/%	26.47	60.52	34.21	2.94	36.84	16.41	7.35

1. 氮磷污染物质在湖区没有均匀混合

由于鄱阳湖水体更换周期短,湖水具有一定流速,污染物随水流运动,在湖区没有充分混合就流出鄱阳湖。从彩图7~彩图12可以看到,暴雨径流携带污染物入湖后,湖水位上涨,入湖水量大,污染负荷加重,氮磷超标区域主要集中在河流入湖口门附近水域的一定范围之内,一般呈扇形状态分布;然后,水流向下游流动过程中,总磷、总氮超标的污染团也逐步下移、扩散和削减,尚未充分混合就已经流出鄱阳湖了。表3.5显示总磷离差系数0.357~0.723,总氮为0.27~0.665,说明各监测点之间浓度分布明显不均匀。湖相状态湖面辽阔,监测点数量多,偏差系数大于河相。

2. 磷氮超标水域以团块形式逐步下移并扩散

暴雨径流入湖后,总磷、总氮等污染物聚集在河口水域逐步扩散,氮磷超标水域以团块状形态从上游到下游转移并扩散。例如,2012年5月17日进行第4次监测,5月8~16日流域平均面雨量133 mm,降雨中心以赣江流域为主,赣江主支、北支、中支和南支入湖三角洲前缘水域总氮形成扇形污染水域,抚河、饶河超标水域则在尾闾河道中;总磷超标水域集中在赣江、抚河尾闾河道(彩图7)。又如,第1次监测时间为2010年10月9~12日,总磷、总氮超标水域主要在河流入湖尾闾地区(彩图8),随着水流向下游流动,超标水域一面下移,一面扩散。7天之后,10月9~12日进行第2次监测,总磷超标水域扩大,下移到松门山以南主湖区,并进入入江水道;总氮超标水域以入江水道为主(彩图9)。另外,第1次、第2次监测分别在湖区东部中小河流入湖水域存在2个和1个监测点氨氮超标,但相邻测点氨氮均符合Ⅲ类标准,表明氨氮在湖区降解较快,与鄱阳湖水流交换快及丰富的水生植物吸收有关。

3. 湖相水环境好于河相,湖相状态下总磷与总氮的超标水域一般不重合

彩图7~彩图12可以看到,湖相水环境好于河相;从表3.5第7、11列可以知道,湖相总磷Ⅲ类达标率(41.2%~95.6%)比河相(11.4%~47.6%)好；湖相总氮Ⅲ类达标率(38.5%~67.7%)也比河相(16.7%~50%)好。另外，湖相状态总磷、总氮同时超标水域一般不会出现大面积重合。从表 3.6 可知，湖湘状态 4 次监测总磷、总氮同时超标的测点占所有实测点总数的比例为 2.94%~26.15%；河相状态 3 次监测总磷、总氮同时超标的测点比例为 34.21%~60.58%。

4. 长江对鄱阳湖水流的顶托作用，使入江水道磷氮容易超标

湖区水位消退时，污染水域随水流转移进入江水道，如果遭遇长江水流对鄱阳湖出流顶托，入江水道水面坡降平缓、流速较小，不利于污染物下移，污染物产生聚集效应，水质容易超标，总磷、总氮超标水域面积扩大。2014 年 8 月 30 日、31 日进行的第 6 次监测时，长江顶托，湖区水位稳定在 14.58 m，入江水道部分水域总磷、总氮不同程度超标(彩图 11)。

5. 湖区水质超标对人类活动比较敏感

鄱阳湖流域经常性、固定排污的污染负荷基本占用了鄱阳湖水体磷氮纳污容量，水环境维持脆弱的Ⅲ类状态。如果湖区没有明显影响水环境的人类活动，流域前期没有较大降水过程，总氮、总磷超标水域面积很小。如 2010 年 12 月 28 日第 3 次监测前，湖区全面禁止采砂，总磷超标全面好转，除抚河青岚湖、信江和饶河支流乐安河外，其他水域均达到Ⅲ标准(彩图 12)。

一些影响湖区水质的人类活动使水环境恶化。湖区高强度采砂和专业化捞螺捕蚌搅起沉积在湖底的底泥，增加水体浑浊度，释放吸附在底泥中的磷，使水体总磷浓度增加。如 2014 年 8 月 30、31 日进行的第六次监测，监测前 10 天内流域平均降水 37.7 mm，松门山附近和棠阴岛东面有少量采砂活动，周边水域总磷超标，超标水域的水质为Ⅳ类(彩图 11)。东部湖汊区(撮箕湖)和青岚湖内湖水域因围网从水产养殖投入肥料、饲料，每次监测均均有面积不等的磷氮超标水域(彩图 7~彩图 12)。工矿企业超标排污也使入湖河流总磷超标，增加湖区总磷浓度，如第 6、7 次监测饶河支流乐安河石镇街断面总磷浓度分别达 1.42 mg/L、2.21 mg/L，饶河入湖口门附近水域总磷超标(彩图 11)，原因在于乐平化工园区有企业超标排污。第 7 次监测氮磷分布图与彩图 12 类似，未列示。

3.3.3   采砂对湖区水环境的影响

湖区采沙不仅直接损害水生植物和底栖动物，较大范围影响湖区水环境质量，表现在水体透明度减小、湖底释放沉积物中的总氮、总磷。在第 1 次鄱阳湖流场-水质同步监测后，2010 年 10 月中旬停止采沙，第 2、3 次同步监测均没有采沙活动。利用这 3 次流场-水质同步监测资料分析采沙对水环境的影响。

监测结果显示，采砂对鄱阳湖水质产生负面影响。2010 年 10 月 9~12 日第 1 次监测时，鄱阳湖存在采沙活动，氮磷分布如彩图 8 所示；后来决定全湖停止采沙，10 月 19 日、20 日进行第 2 次监测，之前流域遭遇一次降水，面雨量达 54 mm，第 2 次监测的水质略有好转(图彩 9),但入湖河流带来的污染物较多;12 月 28 日、29 日进行第 3 次监测,水质明显好转,全湖基本达到Ⅲ类水质标准(彩图 12)。高锰酸盐指数浓度下降明显,下降幅度为 0.5～3.1 mg/L,平均下降 1.4 mg/L;氨氮浓度下降幅度达 0.18～0.52 mg/L,平均下降 0.35 mg/L;总磷浓度明显下降,下降幅度为 0.085～0.132 mg/L,平均下降 0.097 mg/L(图 3.11～图 3.13),越到下游总氮、总磷和高锰酸盐指数浓度下降幅度越大。由第 2 次和第 3 次的总磷、透明度指标变化过程反映出,停采 7 天后与停采 16 天比较,总磷浓度与透明度变幅基本稳定,说明采砂停止后,相应水域水质恢复,且较为稳定。

　　图 3.6～图 3.8 表示了第 1、2、3 次监测高锰酸钾指数、总磷、氨氮浓度变化过程。从图 3.6～图 3.8 可以看出,停止采沙后,流域降水(暴雨中心在信江、饶河流域)对水体高锰酸钾指数、总磷和氨氮影响明显,东部湖区尤其突出;第 3 次监测,既无采沙活动,流域也没有明显降水,湖区水质全面好转,且下游比上游污染物浓度更低。

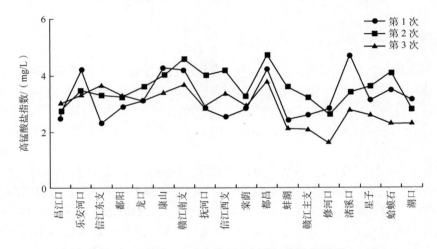

图 3.6　第 1、2、3 次监测高锰酸钾指数监测值

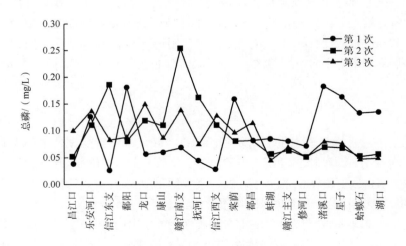

图 3.7　第 1、2、3 次监测总磷监测值

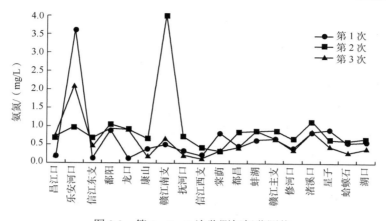

图 3.8　第 1、2、3 次监测氨氮监测值

3.4　鄱阳湖底沉积物中氮、磷元素和有机物浓度分析

3.4.1　湖底沉积物的监测

鄱阳湖湖区水域辽阔，季节性变化显著，水动力条件复杂，由此造成湖底沉积物类型复杂多样，组分构成、沉积与释放过程差异很大。丰水季节"高水是湖"，水面辽阔，水流流速慢，吸附在悬移质上的氮磷元素随泥沙沉积在湖底，水生生物及洲滩植物的残体腐烂分解，氮、磷等营养元素以不同形态解析出来。枯水季节"低水似河"，水流流速较大，对水道冲刷明显，沉积物中的部分氮磷元素随着泥沙冲刷释放出来，水道底部沉积物大多呈现为沙质沉积。在水流、风力和人类活动影响下，湖底沉积物中的氮磷释放出来，严重影响湖泊水体环境质量，称为"内源污染"，防治比较困难。为了比较全面地了解鄱阳湖底沉积物氮磷及有机物分布，中国科学院鄱阳湖湖泊湿地观测站在鄱阳湖区有代表性的区域构建一个沉积物监测网络(图 3.9)，定期监测湖底沉积物中氮、磷和有机质含量。各测站编号及其名称列在表 3.7 中[3-6]。

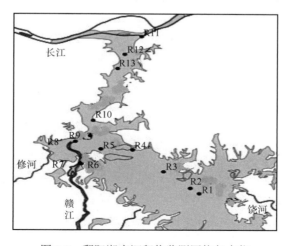

图 3.9　鄱阳湖底沉积物监测网络与点位

表 3.7　2014～2017 年鄱阳湖底沉积物总氮、总磷和有机质含量

名称	总氮/(g/kg)				总磷/(g/kg)				有机质/%			
年份	2014	2015	2016	2017	2014	2015	2016	2017	2014	2015	2016	2017
瑞洪	1.021	0.95	0.92	0.87	0.265	0.442	0.42	0.53	5.9	5.73	5.24	5.12
棠荫	0.898	0.774	0.87	0.85	0.357	0.417	0.47	0.4	5.4	4.14	5.23	5.21
大沔池	1.541	1.652	1.34	1.54	0.465	0.856	0.76	0.89	7.4	7.25	7.69	9.23
都昌	2.089	2.309	2.46	2.72	0.442	0.731	0.78	0.91	8.1	8.31	8.11	12.35
吴城修	0.894	1.037	1.23	1.08	0.389	0.443	0.65	0.62	5.7	6.64	6.05	7.12
吴城赣	0.988	1.125	1.13	1.27	0.212	0.619	0.68	0.73	6.6	6.82	7.17	9.35
蚌湖	1.149	0.886	1.02	1.42	0.484	0.332	0.73	0.87	2.2	3.47	3.02	3.11
杨柳津河口	0.994	0.817	0.85	0.82	0.364	0.551	0.56	0.57	5.5	5.11	5.33	6.17
渚溪	1.216	0.873	0.82	0.74	0.440	0.624	0.68	0.62	2.4	3.45	3.72	3.61
老爷庙	1.593	1.113	0.98	0.83	0.648	0.837	0.62	0.63	5.4	5.76	5.21	5.27
蛤蟆石	1.390	1.297	1.12	1.32	0.412	0.878	0.74	0.75	6.9	4.38	4.69	4.33
塘沽	1.994	2.033	2.33	2.21	0.471	0.954	0.83	0.85	6.5	6.75	7.35	7.26
湖口	1.542	1.872	2.15	2.09	0.409	0.663	0.92	0.84	6.1	6.23	7.89	7.33
平均	1.331	1.316	1.32	1.37	0.412	0.658	0.68	0.72	5.7	5.61	5.9	6.57

从沉积类型区分，鄱阳湖底沉积类型可以粗略地分为洲滩土壤、湖相沉积和河相沉积三种。赣江等五河从东、南、西三个方向带来悬移质结构、组分及其含量各不相同；沉积类型也不同，吸附在沉积物中的氮磷等营养元素和重金属及其含量各不相同。鄱阳湖底沉积物中氮磷及重金属空间分布存在较大差异，细粒径、富含有机质的湖相沉积，大多在湖湾、湖汊中，富集了更多的有机物和氮磷；河相沉积受到水流冲刷，湖底主要由无机物组成，有机质和氮磷一般较低；洲滩土壤半年以上暴露在阳光和空气中，湿地植物季节性生长，吸收氮磷等营养元素，湖水淹没后，一方面水生植物吸收水体中的氮磷碳；另一方面死亡的洲滩植物残体分解，释放氮磷，沉积物中氮磷一般处在湖相沉积和河相沉积之间。

3.4.2　沉积物中氮、磷和有机质时空分布

2014～2017 年，中国科学院鄱阳湖湖泊湿地观测站按照布设的监测网络对鄱阳湖底沉积物进行监测，监测项目为总氮、总磷和有机质。每年湖区监测取样一次，带回实验室分析，总氮、总磷以每千克沉积物的含量计算（单位：g/kg），有机质按照完全燃烧后每千克沉积物损失的重量百分比（%）计算[3-6]。监测结果见表 3.7。表 3.7 点站按照上游到下游顺序排列，瑞洪(R1)、棠荫(R2)、大沔池(R3)和都昌(R4)位于鄱阳湖东部（东水道两侧），其中都昌在东水道旁边的湖湾中；吴城赣(R6)为赣江主支入湖口附近水域、吴城修(R7)为修河入湖水域、蚌湖(R8)碟形湖区水域和杨柳津河口(R9)位于鄱阳湖西部（西水道两侧）；渚溪(R5)是东西水道交汇处水域；老爷庙(R10)水域较为狭窄，蛤蟆石

(R13)和塘沽(R12)是入江水道旁边的湖湾，湖口(R11)为鄱阳湖出口处水域。根据监测数据分别绘制了总氮、总磷和有机质时空分布图，如图 3.10～图 3.12 所示。

1. 沉积物中总氮时空分布特征

沉积物中总氮分布与鄱阳湖水流流速分布相关性很强(图 3.10)，瑞洪(R1)、棠荫(R2)、大汊池(R3)和吴城赣(R6)、吴城修(R7)、杨柳津河口(R9)和渚溪(R5)均属流速较大水域，沉积物中总氮含量较低，在 0.7～1.0 g/kg 之间；都昌(R4)、蚌湖(R8)、蛤蟆石(R13)和塘沽(R12)在主流旁边的湖湾中，总氮含量较高，且都昌(R4)、和塘沽(R12)和湖口(R11)水域建有码头，蛤蟆石(R13)水域是运沙船过驳区，船只密集，都昌(R4)总氮最高达 2.72 g/kg。从年变化的角度看，虽然各测站年度间总氮浓度有所波动，但浓度增加的趋势不明显。

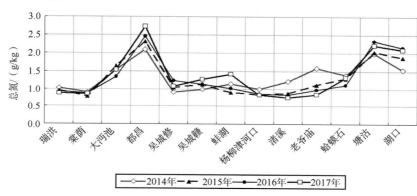

图 3.10　鄱阳湖底沉积物总氮时空分布

2. 沉积物中总磷时空分布特征

总体上讲，全湖沉积物中总磷分布浓度较高(图 3.11)，但没有总氮那么明显的区域特征，瑞洪(R1)、棠荫(R2)、渚溪(R5)等流速较大水域浓度较低，在 0.265～0.68 g/kg 之间；都昌(R4)、蚌湖(R8)、蛤蟆石(R13)、塘沽(R12)和湖口(R11)等湖湾和码头水域浓度较高，在 0.332～0.954 g/kg 之间。从年变化的角度看，虽然年际间有波动，总体上呈现浓度增加的趋势。

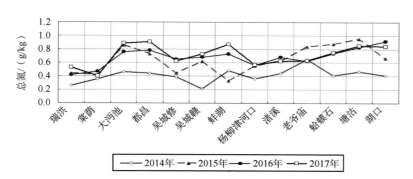

图 3.11　鄱阳湖底沉积物总磷时空分布

3. 沉积物中有机质时空分布特征

沉积物中有机质空间分布较为均匀，2014～2017 年四年瑞洪(R1)、棠荫(R2)、渚溪(R5)较低，有机质约占沉积物的 4%～6%；2017 年大沔池(R3)、都昌(R4)和蚌湖(R8)增加较快，最高达 12.35%(图 3.12)。就年际变化而言，2014～2016 年有机质变化比较稳定，2017 年增长较快，可能是打击无序采沙、捞螺捕蚌等专项整治力度加大，水体清澈、湖底沉积物增加的原因。

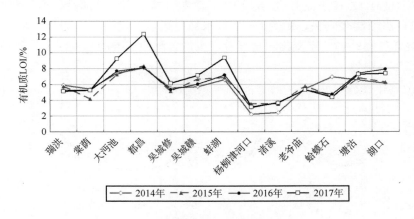

图 3.12　鄱阳湖底沉积物有机质时空分布

4. 沉积物污染物变化趋势

将 2014～2017 年四年鄱阳湖底沉积物中的总氮、总磷和有机物的全湖平均值进行统计分析，可以看出，四年来总氮呈现缓慢增长趋势，总磷增长比总氮稍大，有机质增长速率最大。有机质腐烂后，在微生物作用下分解成氮磷等元素，需要一定时间，预计两三年后底泥中氮磷浓度有较为明显的增加(图 3.13)。

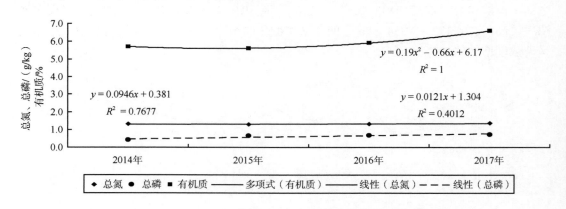

图 3.13　2014～2017 年鄱阳湖底中氮磷和沉积物变化趋势

3.5　小　　结

鄱阳湖是我国水环境质量较好的大型天然淡水湖泊,进入 21 世纪以后,水环境质量逐步变差。为了掌握鄱阳湖水环境质量,在湖周边布设了入湖污染负荷和入湖流量监测网络,湖区设置了流场-水质同步监测和湖底沉积物定位监测网络,介绍了实施监测的结果和相应水文条件,利用这些监测资料以及以往的定期监测数据,研究了鄱阳湖入湖污染负荷的主要污染物种类、数量、影响因素和变化情况;剖析了湖区水环境质量演变过程及其影响因素;通过不同水文条件下氮磷营养元素空间分布和运动情况分析,探索了氮磷在湖区转移和削减特征;分析了湖底沉积物中氮磷和有机质的分布、演变及相应的水力条件。结果表明,鄱阳湖区入湖污染负荷与入湖径流大小密切相关,水环境质量逐年变差,主要污染物为总磷、总氮,湖底沉积物中氮、磷和有机质含量较高。

在时程与空间上保持鄱阳湖水质全部达到Ⅲ类(湖泊)水质标准,任重道远。当前,鄱阳湖水环境保护正处在一个关键时期,必须坚决采取有力措施,遏制湖区水环境恶化的趋势。

(1)只有严格控制经常性、固定排放的污染负荷,才能为面源污染腾出环境容量。必须加强城镇生活污水和园区工业废水的治理。对城镇生活污水而言,要进一步加强完善污水收集管网建设,提高生活污水处理厂的效率,使大多数城镇生活污水处理合格后排放。对园区工业废水而言,下决心制止"有法不依、执法不严"现象,杜绝未经处理的工业废水偷排,同时改进处理工艺,提高处理效率。对地处鄱阳湖周边、人口较为集中的乡镇生活污水要采取一定的处理措施,包括建设小型污水处理装置、利用人工湿地截污等。

(2)全流域进一步开展面源污染治理。加强水土保持工作;强化城乡垃圾分类、回收利用、妥善处理;周边人控湖汊的水产养殖科学施用肥料饲料,尽可能达到清洁养殖目标,并利用沟渠水塘净化排放的废水;加强鄱阳湖周边生态湿地建设,拦截部分入湖污染负荷。杜绝湖区围湖、拦网养殖区。

(3)减少内源污染。加强水生植被保护,整治鄱阳湖区无序采砂现象,采砂活动必须"定点、定时、定量",打击偷采行为,坚决制止专业化捞螺捕蚌活动。

(4)优化产业结构。大力推进循环经济和生态经济,从源头上减少废弃物排放。

参 考 文 献

[1] 孙晓山. 加强流域综合管理,确保鄱阳湖一湖清水[J]. 江西水利科技,2009,35(2):87-92.

[2] 唐国华,林玉茹,胡振鹏,等. 鄱阳湖区氮磷污染物分布、转移和削减特征[J]. 长江流域资源与环境,2017,26(9):1436-1445.

[3] 陈宇炜,张路,等. 鄱阳湖水质与底泥监测/刘光华、余定坤主编,江西鄱阳湖国家级自然保护区自然资源 2014~2015 年监测报告[M]. 上海:复旦大学出版社,2018.

[4] 陈宇炜,张路,等. 鄱阳湖水质与底泥监测/刘光华、罗浩等主编,江西鄱阳湖国家级自然保护区自

　　　然资源 2015~2016 年监测报告[M]. 南昌：江西科学技术出版社，2019.

[5]　陈宇炜，张路，等. 鄱阳湖水质与底泥监测/刘光华、廖宝雄等主编，江西鄱阳湖国家级自然保护区
　　　自然资源 2016~2017 年监测报告[M]. 南昌：江西科学技术出版社，2019.

[6]　陈宇炜，张路，等. 鄱阳湖水质与底泥监测/刘光华、詹慧英等主编，江西鄱阳湖国家级自然保护区
　　　自然资源 2017~2018 年监测报告[M]. 南昌：江西科学技术出版社，2019.

第 4 章　浮游生物时空分布及演变

4.1　鄱阳湖浮游植物 30 年的动态变化

4.1.1　鄱阳湖浮游植物种类

浮游植物是湖泊水体中最简单的初级生产者，种类繁多，数量较大，分布很广。根据鄱阳湖第一[1]、二次[2]科学考察资料以及 1997～1999 年中国科学院武汉水生生物研究所鄱阳湖调查资料[3]，鄱阳湖浮游植物的属种数量如表 4.1 所示。

表 4.1　不同时期鄱阳湖藻类属种结构

时期	绿藻			硅藻			蓝藻			裸藻			隐藻			甲藻			金鱼藻		
	属	种	比例/%	属	种	比例/%	属	种	比例/%	属	种	比例/%	属	种	比例/%	属	种	比例/%	属	种	比例/%
1984～1986 年	78	—	51	31	—	20	25	—	16	6	—	4	1	—		3	—		6	—	4
1996～1999 年	38	49	46	16	24	22	11	18	17	3	5	2	2	2		3	3		6	6	6
2012～2015 年	34	64	49	17	30	23	6	22	16	4	7	5	2	4	4	3	4		1	1	

从表 4.1 可知，30 年来鄱阳湖浮游植物属种数量有所增加，结构比较稳定，绿藻、硅藻和蓝藻是最主要的浮游植物。湖浮游植物的这种结构与"高水是湖、低水似河"的自然景观有关，表现在鄱阳湖水动力状态年内发生变化，水动力状态在不同季节、不同水域差异较大，既不同于静水湖泊，也不同于河流。各门藻类全湖均有分布，但随着生存环境及季节变化，种类组成和数量有所不同。优势种也随季节变化，春季则为硅藻繁盛期，夏秋季蓝藻最多，当秋季蓝藻下降时绿藻和甲藻数量上升，尤以绿藻占优势。硅藻的绝对数量四季中变化不大，在湖泊水体中占优势。

4.1.2　浮游植物生物量及其分布

1996～1999 年主湖区藻类生物量变幅 0.072～0.495 mg/L，峰值出现在 1999 年 5 月，次峰出现在 1998 年 11 月；其中硅藻生物量 0.410 mg/L，占总量的 82.8%。通江水域藻类生物量变幅 0.186～0.629 mg/L，峰值出现在 1999 年 5 月，次峰出现在 1999 年 7 月，甲藻占总生物量的 68%。总之，蓝藻虽然密度较高，但生物量不占优势[3]。

2009～2013 年鄱阳湖浮游植物呈现逐年增加的趋势，2009～2013 年浮游植物的平均生物量分别为 0.66 mg/L、5.00 mg/L、5.13 mg/L、51.56 mg/L、57.92 mg/L。2012 年之后的浮游植物生物量显著增加，2012 年 10 月的浮游植物平均生物量达到 94.91mg/L。

2009～2013年各种门类的藻类生物量见图4.1。按照生物量计算，2012～2013年硅藻门生物量占比最高，达45%；其次为蓝藻(24%)；再次为隐藻(11%)；绿藻仅占8%[2]。

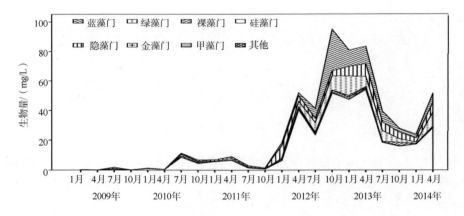

图4.1　2009～2013年鄱阳湖的浮游植物各门藻类生物量变化

　　从空间分布来看，鄱阳湖三个湖区浮游植物生物量从多到少顺序为：中部主湖区＞南部上游区＞入江水道区。每个湖区的优势种也略有不同，主湖区的优势种是隐藻，南部上游区和北部通江区的优势种是硅藻，主要分布在都昌、周溪及波阳等东部湖湾；蓝藻主要分布在相对静水水域，如周溪内湾及包括青岚湖在内的南部康山尾闾区；隐藻主要出现在鄱阳湖最南部湖汊及军山湖。与以上三种藻明显不同，绿藻主要分布在鄱阳湖主湖区。由此可见，营养盐富集的湖区有利于各藻类生长繁殖；水流相对较缓且营养盐浓度较高的湖区，蓝藻生物量较高[2](图4.2)。

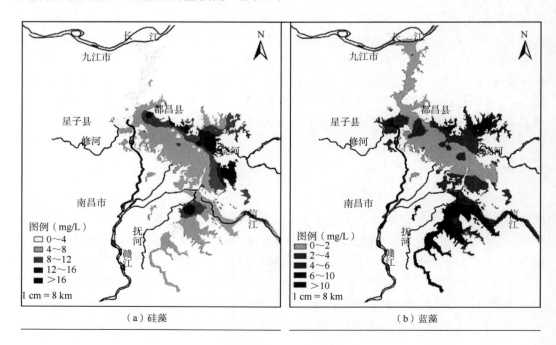

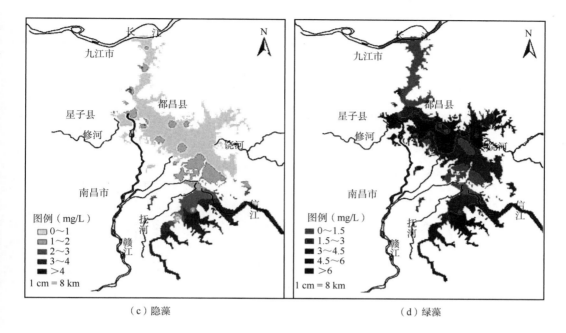

　　　　　　（c）隐藻　　　　　　　　　　　　　　　　（d）绿藻

图 4.2　2012 年 7 月鄱阳湖藻类分布图

4.1.3　水文和水环境条件对藻类变化的影响

　　浮游植物结构变化、生物量(以 Chl-a 表示)增大的主要原因是鄱阳湖水体中氮、磷等营养物质浓度增加，环境因素包括水位和水温(图 4.3)[2]。由图 4.3 可得知，鄱阳湖浮游植物生物量(以 Chl-a 浓度表示)与水位关系显著正相关。具体表现为鄱阳湖水位上升，浮游植物 Chl-a 浓度增加；水位回落，Chl-a 浓度减少。鄱阳湖水位变化具有季节性特征，水位上升和高水位期，正值春末与夏季，微生物对环境的适应性极强，水温的增加有利于浮游植物，特别是喜温耐高光强的种类生长，Chl-a 浓度增加；水位回落和低水位期，对应秋冬季，此时水温较低，只有少数喜低温的藻类生长，Chl-a 浓度减少。其次是由于高水位期时，氮、磷营养盐浓度被稀释，特别是氮浓度的减少，促进了固氮藻类生长，Chl-a 浓度增加；高水位期间，鄱阳湖水体透明度增加，有利于浮游植物的光合作用，Chl-a 浓度增加。

4.2　鄱阳湖蓝藻种类、生物量及其时空分布特征

4.2.1　蓝藻时空分布特征及影响因素

　　蓝藻对水环境质量、沉水植被发育生长影响较大。2012 年以后鄱阳湖蓝藻生物量增长较快(图 4.4)，这一趋势一直在持续发展。

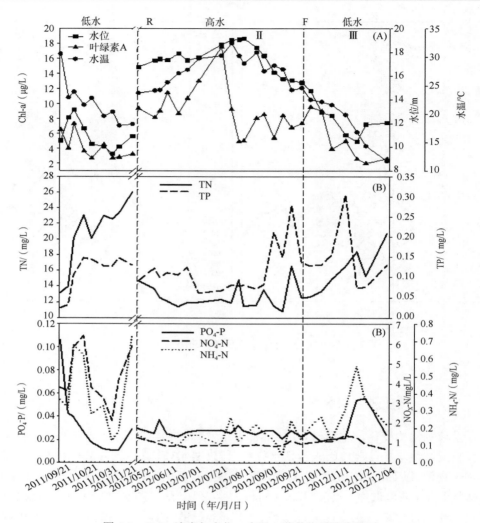

图 4.3　Chl-a 浓度与水位、水温、营养物质浓度关系

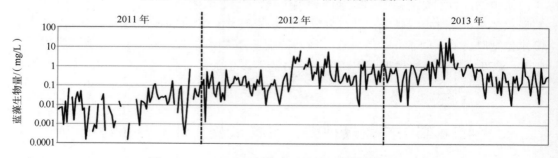

图 4.4　2011～2013 年鄱阳湖蓝藻生物量变化趋势

　　蓝藻的优势种主要是微囊藻和鱼腥藻，主要分布在南部青岚湖等抚河、信江尾闾水域（图 4.5B 区），东北部撮箕湖内湾及康山南部尾闾湖区（图 4.5A 区），杨柳津河入湖口（图 4.5C 区）及都昌水域也有零星分布。蓝藻生物量较大的分布区域具有营养物质浓度高、

水流相对静止容易两个特点。

（1）氮磷浓度高。根据流场-水质同步监测资料可知(彩图 7～彩图 12)，在大多情况下，鄱阳湖总氮与总磷浓度分布较高区域为：东北撮箕湖湖汊水域、南部青岚湖等抚河、信江尾闾水域、西北部杨柳津河入湖口水域，与图 4.5 蓝藻生物量较大水域有较好的对应关系。

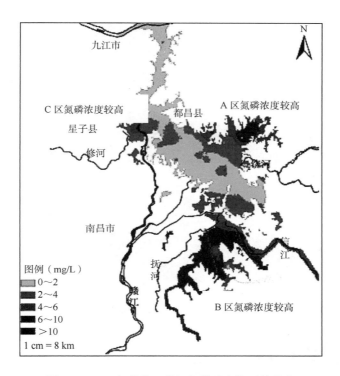

图 4.5　2012 年蓝藻、总氮与总磷在湖区的分布

（2）水流流速较小。第 2 章 2.8.4 已介绍，图 4.6 和图 4.7 是根据 2012 年 5 月 17 日、18 日进行的流场-水质同步监测资料,经二维湖泊流场分析模型计算得到的东北撮箕湖湖汊水域及南部康山尾闾湖区的流场分布。从图 4.6 可知，湖相、涨水时，受鄱阳湖东水道水流顶托撮箕湖出流，甚至从汊湖池倒灌，平均流速仅 0.122 m/s；同样，受抚河、信江来水影响，赣江南支与中支出流也受到顶托，康山以南尾闾湖区平均流速 0.105 m/s。在松门山四周，受东、西水道流量不平衡影响，形成环绕松门山形成顺时针和逆时针方向环流互相交替，流速在 0.088～0.120 m/s。这三片水域蓝藻生物量大都与水流流速较小有关。

4.2.2　鄱阳湖局部水域蓝藻聚集现象

2000 年以前，鄱阳湖未发现蓝藻集聚事件；2000 年以后，鄱阳湖局部水域蓝藻聚集事件增加(表 4.2)，且蓝藻生物量呈明显增加趋势。

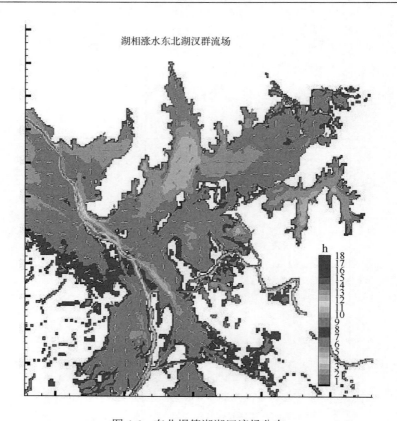

图 4.6　东北撮箕湖湖汊流场分布

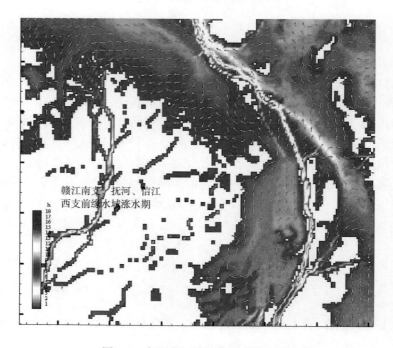

图 4.7　康山南部尾闾水域流场分布

表 4.2　鄱阳湖蓝藻集聚事件

时间	地点	范围	监测单位	数据来源
2000 年	蚌湖、大湖池、永修河邹县段	各采样点藻类总个数计数均超过 200 万个/升的警告量标准	江西省疾病预防控制中心	卫生研究，2003，32(3)：192-194
2007 年 10 月	湖口到都昌主航道	发现大群体蓝藻，群体直径 0.2~0.5 mm	"全国湖泊水质、水量和生物资源调查"长江片区调查	科学时报，2007 年 10 月 22 日
2009 年 8 月	星子水域	藻细胞密度超过 10^8 万/升，初具水华发生条件	江西省水文局	江西新闻网
2010 年 9 月	都昌县多宝沙山岸边	岸边水域大量藻藻聚集，长约 1 km、宽 2 m，松散状漂浮状	作者野外调查发现	现场调查（图 4.8）
2011 年 8 月和 10 月	大湖面、周溪内湾、赣江南支，抚河、信江西支	发现大量肉眼可见的大群体，直径 2 mm，判定为水华蓝藻中的旋折平裂藻	鄱阳湖站鄱阳湖常规采样调查	湖泊科学，2012，24(4)：643-646
2012 年 10 月	战备湖、常湖岸边	距离岸边 1~2 m 水域发现大量蓝藻聚集，长约 10 km，多呈松散状漂浮，厚约 0.5 cm	鄱阳湖南矶山湿地保护区日常巡护工作	南昌晚报，2012 年 10 月 18 日
2018 年 8 月	青岚湖	距离岸边 10~20 m 水域发现大量蓝藻聚集，湖汊、湖湾尤甚。聚集水域随风向改变	作者野外调查发现	现场调查（图 4.9）

表 4.2 中的蓝藻聚集事件包括以下两种不同情况。

（1）堤坝围堵湖汊的内湖或枯水期与主湖区脱离联系的碟形湖，水流基本上处于静水状态，当地群众在湖汊里养殖水产品，不断向水域添加肥料或饲料，"肥水养鱼"，总磷、总氮常年超标，容易出现蓝藻水华，如军山湖(内湖)、康山湖(内湖)等。碟形湖与主湖区脱离水流联系后，成为季节性静水湖泊，渔民投放肥料饲料，诱发蓝藻水华暴发，如 2012 年 10 月战备湖就是投放油菜籽枯饼诱发的蓝藻水华。

（2）鄱阳湖秋季水位较低时，各种来源的蓝藻集中到东、西水道和通江水域，湖区刮起不大的风，将蓝藻吹到岸边，聚集在一起，形成蓝藻带。2007 年 10 月现场调查结果显示，在鄱阳湖湖口县至都昌县的主湖区，发现大群体的水华蓝藻群体，肉眼清晰可见，群体直径 0.2~0.5 mm，主要是鱼腥藻，分布范围几乎涉及鄱阳湖近半湖面，持续时间也超过二个月（每年 9~11 月）。2010 年 9 月 18 日都昌县多宝沙山脚下通江水域岸边蓝藻聚集带(图 4.8)，当时风向东偏北，风力三级左右(图 4.8)。

4.2.3　预防蓝藻水华暴发的对策

根据有关湖泊蓝藻水华发生的研究成果和鄱阳湖蓝藻分布的时空特征分析，鄱阳湖蓝藻暴发的基本条件如下。

（1）水温：蓝藻生长的基本水温为 22~35 ℃，九江 6~10 月平均气温分别为 25.6 ℃、29.3 ℃、28.8 ℃、23.9 ℃、18.6 ℃，南昌、上饶气温略高于九江。因此，鄱阳湖蓝藻生物量较大的时间一般出现在 7~10 月。

图 4.8　2010 年 9 月 18 日都昌多宝沙山蓝藻岸边带

图 4.9　2018 年 8 月青岚湖蓝藻岸边带

　　(2) 水流流速。目前有关滋生蓝藻适宜流速的研究成果不多。每年的 7~9 月鄱阳湖处于湖相状态，水流滞留时间分别为 28 天、28 天、29 天，湖区水流流速较慢。流速在鄱阳湖湖盆分布不均衡，根据 2010~2017 年 7 次鄱阳湖流场和水质同步监测结果可知，在图 4.5 左 2012 年蓝藻生物量分布图中，蓝藻生物量最高的三个区域，湖相状态下水流流速分别为：周溪内湾 0.122~0.128 m/s；康山南部尾闾水域 0.091~0.105 m/s；蚌湖口 0.088~0.120 m/s。由此看来，可能水流流速低于 0.13 m/s 时有利于蓝藻生长。

　　(3) 氮磷等营养物质浓度。氮、磷是浮游植物主要营养元素。研究结果表明[4]，在中部和高纬度流域中，磷是浮游植物生长最常见的限制性营养元素，一般认为，水体 N∶P 原子比大于 16∶1，相当于重量比 (浓度比) 大于 8∶1，磷起到制约作用；浅水湖泊总磷浓度在 0.05 mg/L 以下，一般表现为草型湖泊；总磷浓度高于 0.16 mg/L，很容易成为藻型湖泊。

　　上述 3 个因素中气温是自然存在的，不建设大型水利工程湖盆水流流速一般不易改变。2007 年以来，鄱阳湖水体总磷平均浓度超过Ⅲ类湖泊水质标准 0.05 mg/L (图 3.4)，总氮与总磷浓度比为 20 以上,具有蓝藻充分生长发育的基本条件。要防止蓝藻暴发,主要措施是控制总磷入湖污染负荷,使湖泊水体总磷浓度不超过 0.05 mg/L。即使总磷入湖污染负荷降下来,湖泊水体总磷浓度下降还有一个滞后期。从 3.4 节可知,2014~2017 年鄱阳湖底沉积物总氮、总磷和有机质浓度如图 3.10~图 3.12 所示,湖底沉淀物中总磷平均浓度为 0.412~0.720 g/kg,4 年平均为 0.623 g/kg。在风浪和人类活动作用下(航运、捕鱼、采沙和捞螺扒蚌等),湖盆底质沉淀物中的磷还会向水体释放出来,控制鄱阳湖水体总磷浓度是一项长期的任务。

4.3　浮游动物的时空分布及演变

4.3.1　2000 年以前鄱阳湖浮游动物分布及变化

　　浮游动物在湖泊湿地生态系统中占有重要地位,是鱼类和底栖动物的食物,许多鱼类的幼鱼完全依靠浮游动物为食,在水体物质循环和能量转换中具有不可低估的作用。鄱阳湖浮游动物包括原生动物、轮虫类、枝角类和桡足类。

　　鄱阳湖第一次科学考察,鉴定轮虫 12 科 59 种,枝角类 7 科 40 种,桡足类 5 科 13 种。1984 年 5 月下旬在鄱阳湖部分水域调查了浮游动物密度,轮虫 4.8 ind/L,枝角类 4.33 ind/L,桡足类 5.93 ind/L[1]。

　　1998 年中国科学院武汉水生生物研究所在鄱阳湖设定 18 个采样点调查。鄱阳湖水体浮游动物的门类、种数、平均数量和生物量及分布特征如表 4.3 所示[3]。调查结果认为,原生动物密度随水体富营养化程度提高而增加,一般富营养化水体纤毛类数量高达 10^3~10^5 ind/L。和国内富营养化湖泊相比,鄱阳湖属于贫营养型湖泊。与长江中下游其他湖泊比较,轮虫的生物量在浮游动物总生物量中的比例较低;枝角类和桡足类等大型浮游动物数量比较贫乏。

　　(1)轮虫类:湖区浮游动物轮虫的种类丰富,生物量大。1997~1999 年鄱阳湖主湖区年均密度为 688.3 ind/L,轮虫分布差异极大,密度最大为饶河入湖口附近水域,最少为湖口水域。1999 年整个湖区春、秋两季共记录 32 属 96 种,占总种数的 64.0%[3]。轮虫密度全湖全年平均值为 67.08 ind/L,最大的为饶河入湖水域,908.65 ind/L;其次为都昌县和周溪镇附近水域,密度分别为 296.25 ind/L,1998 年调查,夏季种类最多,达 60种;春、秋季次之,分别为 42 和 41 种;冬季种类数最少,仅 26 种。密度季节变动的趋势是:夏、秋季高,冬、春季低。从 1997~1999 年鄱阳湖轮虫平均密度逐月变动表明,轮虫的夏季高峰通常出现在 6~7 月,而秋季高峰通常出现在 10~11 月。轮虫生物量的季节波动趋势基本上与密度季节变动的趋势一致。同一属不同种的轮虫种群的密度高峰在时间上是相互错开的,如三肢轮虫的密度高峰出现在夏初的 6 月,而长三肢轮虫的密度高峰则出现在秋末的 11 月,裂足臂尾轮虫的密度高峰出现在 6 月,角突臂尾轮虫的高峰期在 7 月,壶状臂尾轮虫在 10 月,萼花臂尾轮虫的密度高峰出现在春末的 5 月,剪形臂尾轮虫则在初秋的 9 月出现密度高峰。轮虫群落中主要优势种群密度高峰出现的时间各不相同,尤其是同一属内种类间个体密度高峰时期相互错开。这是种群间竞争作用的结果，同一属的种类由于取食方式、食物来源等相同，种类要存活增殖，就必须占有一独特的生态位。由竞争排斥原理可知，同一属内各种类可以在时间上相互错开，充分利用水体中生存空间及饵料来源。

表 4.3　1998 年鄱阳湖浮游动物种类、数量及分布特征

类别	种数	密度/(ind/L)	生物量/(mg/L)	个体数量与生物量分布特征
原生动物	34	525	0.0262	空间分布差异不显著，季节性差异明显，夏季最多
轮虫	27	22	0.0261	空间分布差异不显著，季节性差异明显，夏季最多
枝角类	17	6.4	0.121	空间分布差异不显著，夏季最多
桡足类	8	23.3	0.095	空间分布差异不显著，夏季最多

　　(2)枝角类和桡足类：枝角类的种类相对较少，1999 年记录 10 属 14 种[3]。枝角类密度最大和较大的区域与轮虫密度较大相同，但密度值相差较大，饶河入湖口水域生物量最高，达 154.70 mg/L；桡足类生物量较大分布区也和轮虫及枝角类相似，但各样点的生物量分布较均匀，饶河入湖口水域最多，达 34.85 mg/L。鄱阳湖桡足类密度变动有 3 次高峰，每次高峰中群落成分各不相同，这可能与桡足类各种类的适温范围以及饵料有密切关系。春季 3~4 月高峰由喜低温的华哲水蚤属的两个种、许水蚤属的两个种和近邻剑水蚤组成。夏季 7 月高峰由喜温性的广布中剑水蚤、跨立小剑水蚤、温剑水蚤属、新镖水蚤属、中华原镖水蚤和大型中镖水蚤等组成。秋季 9~11 月高峰，为桡足类群落组分最多时期，起主要作用的有白色大剑水蚤、广布中剑水蚤、华哲水蚤属、许水蚤属和剑水蚤属。生物量季节变动也有相应的 3 次高峰。第 1 次高峰为春季 3 月，密度与第 1 次高峰相一致，这次高峰中有 90%以上为无节幼体和桡足幼体。第 2 次生物量高峰为夏初的 6 月，第 3 次高峰在秋季，其持续时间最长，其值也最高，这与秋季的适宜温度、丰盛的食物及群落组分最多是分不开的。

4.3.2　鄱阳湖浮游动物数量与分布现状[2]

　　2013 年和 2014 年，在鄱阳湖区设 8 个断面、24 个采样点，共观察到各类浮游动物共 150 种，其中轮虫动物物种最为丰富，为 96 种，占总种数的 64%；其次为原生动物[2]。24 个采样点中轮虫动物、原生动物、枝角类、桡足类四类浮游动物个体数量分布的差异极大，并具有明显的季节变动，尤属轮虫的变动最大。

　　鄱阳湖大型浮游动物主要包括枝角类和桡足类。枝角类包括溞属、基合溞属、象鼻溞属、裸腹溞属、秀体溞属，桡足类包括剑水蚤目、哲水蚤目、无节幼体，具体见表 4.4。

　　鄱阳湖浮游甲壳动物总丰度呈现出夏季＞秋季＞春季＞冬季的趋势，两季节之间变化的差异性均达到极显著水平($P<0.001$)。鄱阳湖枝角类浮游甲壳动物的年均丰度约占浮游甲壳动物总丰度的 81%；而枝角类浮游动物的数量，仅夏季高于桡足类，其余季节

均以桡足类的数量占优势。冬季，桡足类密度是枝角类密度的 6.3 倍，夏季恰恰相反，枝角类的密度是桡足类密度的 6.3 倍。春季和秋季，桡足类密度分别是枝角类的 1.7 倍和 1.6 倍。

表 4.4　鄱阳湖浮游甲壳动物的种类分布情况（年均）

类	属或目	拉丁名	密度/(ind/L)	生物量/(mg/L)
枝角类	溞属	*Daphnia* spp.	0.02	0.16
	象鼻溞属	*Bosmina* spp.	3.43	6.51
	秀体溞属	*Diaphanosoma* spp.	0.47	2.70
	裸腹溞属	*Moina* spp.	1.48	2.85
	基合溞属	*Bosminopsis* spp.	4.94	3.37
桡足类	剑水蚤目	*Cyclops* spp.	1.42	14.03
	哲水蚤目	*Calanoida* spp.	0.39	2.50
	无节幼体	*Nauplius*	0.69	0.27
其他			0.02	0.2

鄱阳湖浮游甲壳动物的生物量的季度变化与密度的季度变化趋势基本一致。四季的平均生物量分别为：冬季 0.005 mg/L、春季 0.007 mg/L、夏季 0.082 mg/L 和秋季 0.010 mg/L。由于个体之间的大小差异，生物量的构成与密度的构成有很大不同。枝角类年均生物量约占总生物量的 54%，其余 46% 为桡足类。

鄱阳湖浮游甲壳动物年均丰度最高的位置在抚河河口，达到 85.2 ind/L。除此之外，湖口、龙口、康山三个点的年均密度也很高分别为 31.93 ind/L、23.53 ind/L、16.93 ind/L。年均丰度最低的位置依次为杨柳津河口 0.58 ind/L，修水河河口 0.7 ind/L，赣江北支河口 1.1 ind/L。年均密度最高与最低的点均出现在河口或湖口地区，且差别巨大。与此类似，鄱阳湖南北湖区浮游甲壳动物的丰度差异十分显著，年均丰度北部湖区是南部湖区的 2.12 倍。浮游甲壳动物在湖区的分布与 20 世纪 80 年代变化较大。

鄱阳湖的气象条件变化与我国长江流域中、下游的大多数湖泊相似，因此鄱阳湖的桡足类群落组成也与其他类似湖泊基本相同。但由于鄱阳湖独特的水文、水动力和水质环境条件，其桡足类的种类组成远较其他湖泊丰富，且优势种群的成分也与其他湖泊不同，剑水蚤科的 17 个淡水世界种，鄱阳湖就有 6 种，它们是白色大剑水蚤、锯缘真剑水蚤、毛饰拟剑水蚤、草绿刺剑水蚤、跨立小剑水蚤和广布中剑水蚤。这些都表明，鄱阳湖的桡足类资源丰富，水质状况良好，是发展渔业的有利条件。

2016 年监测结果显示，主湖区各监测断面浮游动物密度和生物量差异不大。主湖区浮游动物平均密度为 18.39 ind/L；平均生物量为 0.877 mg/L。其中密度最大的达 104.40 ind/L，生物量达 4.8703 mg/L；最小的平均密度为 1.40 ind/L，平均生物量为 0.1142 mg/L；主湖区属于静水环境，生态环境比较好，浮游动物密度和生物量比通江水道和长江干流都高。入江水道浮游动物平均密度分别为 0.06～0.43 ind/L，平均生物量分别为

0.005～0.038 mg/L。

　　总而言之，无论是密度还是生物量，1997～2016 年鄱阳湖浮游动物呈现下降趋势，枯水期轮虫和桡足密度下降明显，而枝角类略有增长。

4.4　小　　结

　　30 年来鄱阳湖浮游植物属种数量有所增加，结构比较稳定，绿藻、硅藻和蓝藻是最主要的浮游植物。浮游植物的结构与鄱阳湖水动力状态有关，既不同于静水湖泊，也不同于河流。各门藻类随着生存环境及季节变化，硅藻门生物量占比最高；其次为蓝藻，每年 5～10 月生物量较大。2012 年以来蓝藻生物量显著增加，蓝藻的优势种主要是微囊藻和鱼腥藻，生物量较大的时间一般出现在每年的 7～10 月；从空间分布看，全湖分布不均匀，水流流速缓慢（流速≤0.13 m/s）、氮磷等营养物浓度大（按重量计 N∶P≥8，TP≥0.05 mg/L）的水域蓝藻密度与生物量较大。

　　鄱阳湖的浮游动物包括原生动物、轮虫动物、枝角类、桡足类等，以枝角类和桡足类为主，个体数量空间分布的差异极大，并具有明显的季节变动，尤属轮虫的变动最大。1997～2016 年鄱阳湖浮游动物呈现明显下降趋势，枯水期枝角类略有增长。

参 考 文 献

[1]《鄱阳湖研究》编委会. 鄱阳湖研究[M]. 上海：上海科学技术出版社，1988.

[2] 戴星照，胡振鹏. 鄱阳湖资源与环境研究[M]. 北京：科学出版社，2019.

[3] 崔奕波，李钟杰. 长江流域湖泊的渔业资源与环境保护[M]. 北京：科学出版社，2005.

[4] Jacob Kaiff. 湖沼学——内陆水生态系统[M]（古滨河等译）. 北京：高等教育出版社，2011.

第5章 鄱阳湖湿地植被的演变

5.1 鄱阳湖湿地植被考察

植物是自然生态系统的初级生产力,沉水植物起到吸收湖泊氮、磷等营养物质、富集重金属、增加溶解氧、维护水体清澈等作用,是湖泊生态系统是否健康的一个标志。社会各界一直十分重视鄱阳湖湿地植被结构、分布和演变,从20世纪80年代开始不断进行监测、调查和研究,其中进行了三次比较全面、系统的监测,为分析湿地植被演变奠定了坚实基础。

5.1.1 第一次鄱阳湖科学考察

1983年,为掌握鄱阳湖自然环境、水质变化和生态系统状况及相互关系,开展了第一次鄱阳湖综合科学考察。这是首次对鄱阳湖植被进行全面、系统的科学考察,考察在湖区设定了22个断面,用于监测水生植被分布、结构和生物量等(图5.1)。考察结果表

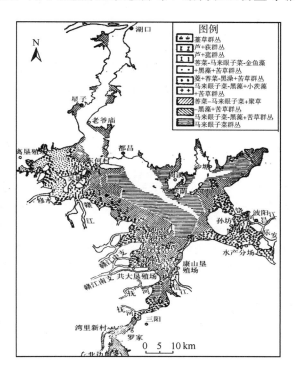

图 5.1 鄱阳湖第一次科学考察时水生植被分布

明，湖盆区共有水生维管束植物 38 科 102 种，植被面积 2 262 km²。按生活类型可划分为 4 个植物带，在不同的植物带中，有着不同的植物种类和群丛[1, 2]。

(1)湿生植物带：主要分布在 13～15 m 高程的洲滩上，汛期水深一般在 0.5～2.5 m。面积约 428 km²，约占全湖总植被面积的 18.9%。主要种类为薹草(*Carex* sp.)、稗草(*Echinochloa crusgalli*)、牛毛毡(*Eleocharis yokoscensis*)、芦苇(*Phragmites*)、荻(*Miscanthus sacchariflorus*)，植物群丛以薹草群丛为主，少量的芦苇+荻群丛。

(2)挺水植物带：主要分布在 12～15 m 高程的浅滩上，汛期水深一般在 0.5～3.5 m。面积约 185 km²，约占全湖总植被面积的 8.2%。主要种类为芦苇、荻、菰(*Zizania latifolia*)、水蓼(*Polygonum hydropiper*)、旱苗蓼(Polygonaceae)、莲(*Nelumbo nucifera*)和菖蒲(*Acorus calamus*)等，植物群丛包括芦苇+荻群丛和芦苇+菰群丛。

(3)浮叶植物带：主要分布在湖底高程 11～13 m，汛期水深一般在 2.5～4.5 m。面积约 52 km²，约占全湖总植被面积的 2.32%。主要种类为菱(*Trapa bispinosa*)、荇菜(*Nymphoides peltatum*)、金银莲花(*Nymphoides indica*)、芡实(*Euryale ferox Salisb. ex Konig* et Sims)等。在浮叶植物底部分布着大量的沉水植物，如竹叶眼子菜(*Potamogeton wrightii*)、苦草(*Vallisneria* sp.)、黑藻(*Hydrilla rich*)、小茨藻(*Najas minor*)、穗花狐尾藻(*Myriophyllum spicatum*)、金鱼藻(*Ceratophyllum demersum*)等。植物群丛包括荇菜(*Nymphoides peltatum*)–竹叶眼子菜+聚草–黑藻+苦草等 3 种群丛。

(4)沉水植物带：主要分布在湖底高程 9～12 m，汛期水深一般 3.5～6.5 m。面积约 1 124 km²，属于分布最广的植物带。主要种类为竹叶眼子菜、黑藻、苦草、小茨藻、大茨藻(*Najas marina*)、穗花狐尾藻、金鱼藻等。植物群丛包括竹叶眼子菜–黑藻+小茨藻+苦草等 5 种沉水植物群落。

(5)漂浮植物：在鄱阳湖不是一个独立的植物带，稀疏分布在 12～14 m 高程的挺水植物带之中，主要种类为槐叶苹(*Salvinia natans*)、满江红(*Azolla imbricate*)、紫萍(*Spirodela polyrhiza*)、大藻(*Pistia stratiotes*)、凤眼莲(*Eichhornia crassipes*)等。

5.1.2　1998 年特大洪灾前后的考察

为掌握鄱阳湖渔业及环境情况，1997 年 8 月中国科学院武汉水生生物研究所对湖口至都昌和吴城水域的水生植被情况进行了考察；这次考察恰逢 1998 年特大洪水灾害，1998 年与 1999 年洪水期间一度中断；洪水之后，从 1999 年 6 月至 2001 年冬，接着对鄱阳湖国家级自然保护区几个碟形湖的水生植被进行了后续调查[3, 4]。这次考察，对于了解洪水灾害对水生植被影响及其灾后恢复情况留下了宝贵的资料，考察内容非常丰富。

1. 主湖区植被群落分布

鄱阳湖主湖区植被生物量分布(图 5.2)具有下述特点。

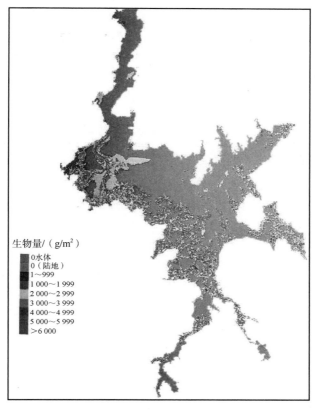

生物量/（g/m²）
- 0 水体
- 0（陆地）
- 1~999
- 1 000~1 999
- 2 000~2 999
- 3 000~3 999
- 4 000~4 999
- 5 000~5 999
- >6 000

图 5.2　2000 年水生植被生物量分布

（1）湿生植被主要分布在鄱阳湖高水位与低水位之间的消落带及邻近浅水区，薹草是湿生植被的主要类型。以芦苇、南荻为优势种的挺水植物仅分布在小部分湖区。湿生植被和挺水植被在群落结构上表现出较大的稳定性，分布高程大致在 10~16 m。

（2）沉水植被零星分布在主湖区边缘，不同层片在不同地段具有不同组合，形成了各种可能的组合群落，但这些组合群落在不同水情条件下容易产生变化，没有形成连续、完整、稳定的群落。水深较大、流速较快的水道中植物不易生长；碟形湖是水生植被的主要分布区域[3]。水生植被群落种类组成简单，生物量较低。按不同种类，苦草平均生物量是碟形湖中最高的，黑藻平均生物量较苦草低，1998 年洪水前的优势物种竹叶眼子菜平均优势度到 1999 年洪水后改变为 1.65%[4]。

（3）浮叶植物漂浮植物被未能形成大面积群落，仅在相对封闭的碟形湖形成小面积斑块。水生植被和湿生植被季节性变换明显、层片组合不稳定[3]。

2. 碟形湖水生植被演变

1998 年、1999 年洪水对水生植被调查带来了一定困难，但提供了研究水位剧烈变化对水生植被影响的良好机会。1999 年洪水以后，中国科学院武汉水生生物研究所在鄱阳湖国家级自然保护区的蚌湖、中湖池、常湖和梅西湖进行定位观测[4]。其中蚌湖和中湖池最具代表性。

(1)蚌湖:在鄱阳湖区所有碟形湖中,蚌湖位置最低,面积最大,湖底最低高程10.06 m,挡水堤坝最低处12.15 m。也就是说,主湖区水位超过12.20 m,蚌湖与主湖区融为一体,水面面积43.66 km²。水生植被考察工作进行了6次,考察时间、沉水植被群落及其组成和优势度见表5.1。优势度以单位面积某种植物湿重占群落总湿重比例表示。

表 5.1　1998~1999 年蚌湖水生植物优势度变化　　　　　　　(单位:%)

种类	1998/04/2	1998/06/21	1998/10/24	1998/12/21	1999/04/26	1999/06/12
竹叶眼子菜	51.31	37.14	—	—	—	—
苦草	14.35	26.18	—	—	—	23.66
黑藻	17.30	26.24	—	—	—	62.38
穗花狐尾藻	17.04	10.44	—	—	—	
篦齿眼子菜						13.97

从表5.1可知,1998年洪水以前竹叶眼子菜、苦草、黑藻和穗花狐尾藻组成蚌湖沉水植被群落,不同采样点这些物质优势度有所不同;1998年洪水过程中,不存在沉水植物活体;1999年6月洪水来临前,沉水植被群落有所恢复,群落结构改变为苦草、黑藻和篦齿眼子菜组成,竹叶眼子菜和穗花狐尾藻不复存在。

(2)中湖池:中湖池位置比蚌湖高,湖底最低高程12.45 m,土堤最低处14.05 m,相应水面面积2.91 km²。1999年水生植被考察工作进行了4次,考察时间、沉水植被群落及其组成、优势度和生物量见表5.2。1999年洪水来临前,6月份(星子站平均水位16.69 m)中湖池沉水植被生物量恢复到750 g/m²,经历夏季洪水后,9月(星子站水位平均19.36 m)仅有612 g/m²。其中湿生植物水田碎米荠在水体中生长,8月生物量17.50 g/m²,9月生物量100.00 g/m²;湿生植物薹草9月也在水体中生长,叶片伸出在水面,但10月仅有沉水植物苦草,其他植物没有地上活体。

表 5.2　1999 年中湖池水生植物群落变化

项目	优势度/%				生物量(湿重,g/m²)			
时间	6 月	8 月	9 月	10 月	6 月	8 月	9 月	10 月
水深/m	1.6	4.8	4.1	1.1	1.6	4.8	4.1	1.1
苦草	35.44	75.99	62.29	100	223.75	145.00	405.00	95.00
黑藻	50.82	12.00	21.00	—	443.75	17.50	70.00	—
轮藻	3.39	—	—	—	3.75			
荇菜	8.01	—	—	—	40.00			
水蓼	1.22	—	4.87	—	2.50		12.50	
竹叶眼子菜	1.13	—	—	—	1.25			
水田碎米荠	—	12.00	15.86	—		17.50	100.00	
薹草	—	—	5.89	—			25.00	

3. 鄱阳湖水生植被面积与生物量

2000 年 4 月进行了整个鄱阳湖水生植被群落生物量野外遥感调查，调查样点 77 个，每个样方 0.5 m²，取样并记录植物生物量(湿重)。结合遥感影像分析，结果表明，2000 年 4 月水生植物面积 924.67 km²，占全湖面积 30.5%；平均生物量 2009 g/m²(图 5.2)，其中挺水植物生物量大于 4 000 g/m²，沉水植被群落生物量约 1 491 g/m²。

5.1.3　第二次鄱阳湖综合科学考察

2013~2015 年，为了解 30 年后鄱阳湖湿地生态系统及其环境的变化情况，开展了第二次鄱阳湖综合科学考察[5]，此次考察对鄱阳湖湿地植被分布情况进行了细致的普查。根据湿地的定义和鄱阳湖湿地的特点，植被调查范围为：鄱阳湖多年平均最高水位覆盖的区域，及受湖泊水生态影响较大的周边地段，即黄海 20 m 高程以下的湖盆区，不包括湖中的岛屿与圩堤。这次普查将湖区分成 15 个片区，每个片区调查组包括生物调查人员和地形测绘人员，测绘人员配合生物调查人员对植物群落边界进行 GPS 定位和记录。根据考察结果绘制了 1∶50 000 的秋冬季湿生植被分布图(图 5.3 和彩图 5)和 1∶100 000 的春夏季植被分布图(5.4 和彩图 6)。考察结果表明，枯水季节，鄱阳湖处于湖泊—洲滩—河流景观时，湖盆共有种子植物 81 科 271 属 502 种，湿地植被总面积 1 661 km²。丰水季节，鄱阳湖处于湖泊景观时，苦草、轮叶黑藻、芦苇、菰等是优势度最高的物种。湿地植物群落沿高程梯度可划分为 5 个植被带[5]。

(1)湿中生植被带(黄海基面 14~16 m)：分布于枯水期陆滩，无积水，但土壤潮湿，丰水期水深小于 0.5 m，水淹时间短，如河岸、湖滨、堤脚、江心洲等小面积地段。由于生境多变，植物种类组成复杂，既适于水环境也适于陆地环境，或生活周期中某阶段适于水环境、而另一阶段则适于陆生环境。优势种包括薹草、虉草(*Phalaris arundinacea*)和蓼子草(*Polygonum hydropiper*)等。

(2)湿沼生植被带(12.4~14 m 高程)：分布于枯水期仍有斑块状积水的滩地，丰水期水深在 0.5~1 m。有的湿沼生植物可在浅水环境中生长发育，其花、果枝挺出水面。主要群落为薹草群丛。

(3)挺水植被带(11.0~12.4 m 高程)：分布于汛期水深 1~1.5 m、淤泥深厚肥沃的湖缘、河边以及入湖三角洲前缘延伸的倾斜面及河流漫水坡岸。主要群落为菰群丛、芦苇群丛、南荻群丛。

(4)浮叶植被带(12.2~13.8 m 高程)：分布于汛期水深 1.5~2 m 的浅水水域(如湖泊边缘等)和碟形湖中。常见植物组成为荇菜、芡实、菱、水鳖(*Hydrocharis dubia*)和莲等。群落上层为挺水植物，如莲；下层为沉水植物，如苦草、穗状狐尾藻(*Myriophyllum spicatum*)、黑藻等。

(5)沉水植被带(12 m 以下高程)：分布于汛期水深 1~6 m 的水域，主要位于松门山以南、棠荫岛以北的浅水湖区和水体清澈的碟形湖内，群落总盖度达 80%以上。主要植物组成为苦草、黑藻、聚草、大茨藻、小茨藻、眼子菜类(Potamogetonaceae)和金鱼藻等。

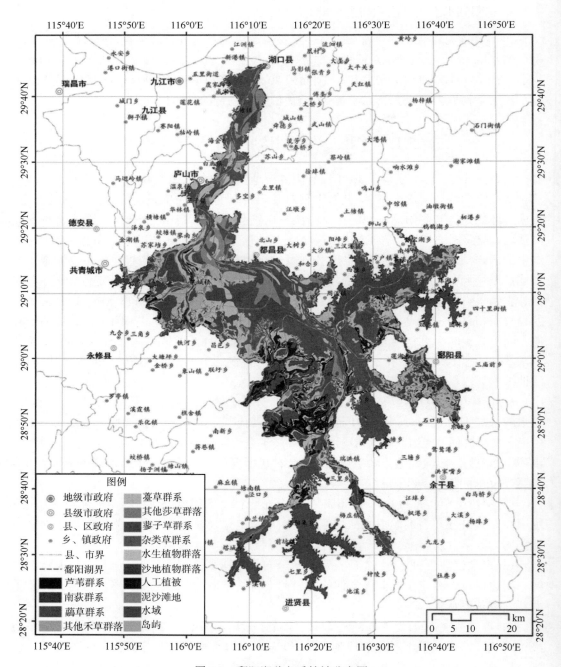

图 5.3　鄱阳湖秋冬季植被分布图

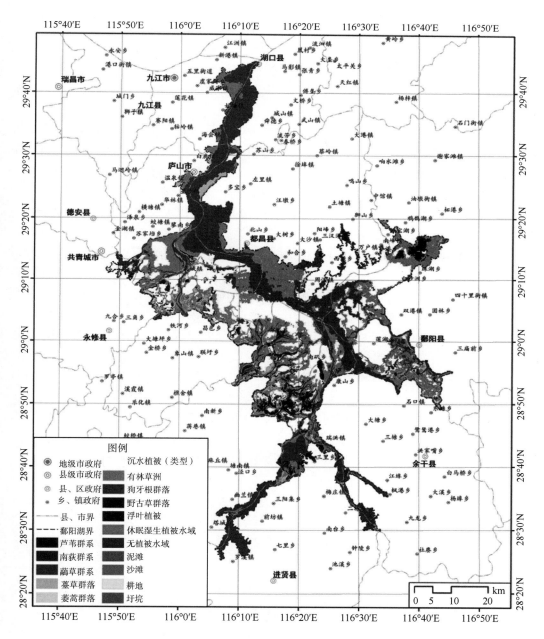

图 5.4 鄱阳湖春夏季植被分布图

5.2 鄱阳湖湿地植被群落结构及面积

5.2.1 湿地植物群落分类

1. 按水生态特性分类

鄱阳湖的湿地植物按水生态类型可分为沉水植物、浮叶植物、漂浮植物、挺水植物、沼生植物、湿生植物和湿中生性植物七大类。

(1)沉水植物:根系着生于水体基质,细弱植株沉入水体,花序或花朵各部简化,花期露出水面或于水中,水媒或自花传粉;具有根系发达、茎叶形体分散、叶片柔然不分裂、生长迅速和对水下弱光适应性较强等特点,如苦草、竹叶眼子菜等。

(2)浮叶植物:植株喜水,根系着生于底体基质,茎较短缩,叶常为背腹异面叶,呈莲座状,以长叶柄从各方伸展于水面接受光照,叶柄长度依水深有较大变化,或因变态茎上的叶生长时间不同而使叶片浮于水面,如莲、芡实、菱属植物等。

(3)漂浮植物:根系悬生于水体,植株较小,易随水体流动而漂动,如水葫芦、槐叶苹等。

(4)沼生植物:根系着生于潮湿或水环境基质,植株在浅水或沼泽环境中完成生活周期,花序挺出水面,风媒或虫媒传播种子,如薹草属植物。

(5)挺水植物:根系着生于水底基质,植株大部分挺出水面接受光照,缺水时可在潮湿土壤上生长,如芦苇、南荻、菰等。

(6)湿生植物:近水体生长的中生性植物,生活周期中需要阶段性水湿与干旱,往往花果期处于干旱生境,为湿地生态系统中的重要组分,如薹草、藨草等。

(7)湿中生性植物:形态结构和适应性均介于湿生植物和旱生植物之间的陆生植物,不能忍受严重干旱或长期水涝,只能在水分条件适中的环境中生活。鄱阳湖的湿中生植物一般为陆生植物侵入湿地的草本植物,如狗牙根、牛鞭草等。

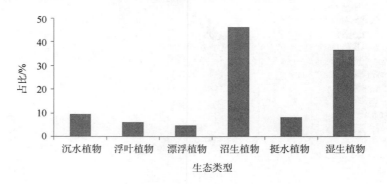

图 5.5 鄱阳湖湿地植物水生态类型及其占比

分析分布于鄱阳湖湖盆区的 475 种植物,其中典型的湿地植物有 221 种,全部为草本植物。按上述分类系统对其进行划分，结果见图 5.5，数量较多的是沼生和湿生植物，占到总数的 41.63%，主要分布在湖滨滩地、积水洼地中，有季节性水淹地；其次是湿中生性植物，该类植物主要分布在湖泊周边的高滩地上和防洪堤上，占总数的 33.03%，种类最少的是漂浮植物仅有 9 种。此外，湖区还有 254 种植物不属典型的湿地植物，主要分布于湖盆区的高地(岛屿)和堤坝边坡上，在部分种类在湖滨滩地偶见，没有在图 5.5 中列示。

2. 植被群落类型

按《中国植被》的划分方法进行群落类型划分，主要依据植物群落的植物种属成分、水生态因子等生境特点、群落外貌特征、群落动态特征等，群落的分类等级系统为：植被型组(vegetation type group)—植被型(vegetation type)—植被亚型(vegetation subtype)—群系组(formation group)—群系(formation)—群丛组(association group)—群丛(association)。植被型(组)是湿地植被分类中的高级单元，通常把建群种生活型相近或近似、同时对水热条件生态关系一致的植物群落联合为植被型，如沉水植被型、浮叶植被型等。群系(组)是湿地植被分类的主要中级单元，凡是建群种或共建种相同的植物群落联合为一个群系，如洲滩上由多种薹草构成的群落联合称为薹草群系组，群系组以群落建群种的"属"来命名。群丛(组)是湿地植被分类的基本单元，联合成为一个群丛的各种植物群落具有共同的植物种类组成，包括基本相同的生态形态和动态特征。

根据上述划分原则，鄱阳湖湿地植被可划分为草本湿生植被型、水生植被型、沙生植被型和人工或半人工植被等 4 个植被型，包含 60 个群系、85 个群丛。下面简要介绍鄱阳湖主要的植被群落，更详细的内容可参阅文献[6]。

5.2.2　湿生植物群落特征

1. 芦苇群落(Form. *Phragmites australis*)

芦苇群落广泛分布于温带和亚热带的湖边和河流岸边，对水分的适应幅度较大，最适积水深度为 30 cm，最适 pH 范围在 6.0～7.0，耐碱不耐酸。该群落在鄱阳湖面积较大，主要分布于湖区南部洲滩，以赣江和信江三角洲最为集中，其分布高程较高，一般在 14 m 以上，土壤 pH 在 5.0～7.5。丰水期植株部分露出水面，呈现典型挺水群落特征。本群系可分为 4 个群丛。

(1)芦苇群丛(Ass. *Phragmites australis*)：鄱阳湖分布有 265 个群落斑块，总面积 10 419 hm²，群落盖度 85%～95%，生物量高，以芦苇为优势种，群落高度 1.5～2.5 m，植株生长受湿地水文条件影响，枯水年较丰水年生长得更好，长势较好的洲滩有磨盘洲、大沙荒、鲤鱼洲、皇帝帽等地，枯水年群落高可达 4 m，河道两侧洲滩地长势要好于碟形湖洲滩。群落伴生种各处略有差异，主要有薹草(*Carex* spp.)、南荻(*Triarrhena lutarioriparia*)、小飞蓬(*Conyza canadensis*)等。

(2)芦苇-南荻群丛(Ass. *P. australis- T. lutarioriparia*)：该群丛在鄱阳湖分布有 63 个

群落斑块，总面积 2 880 hm², 群落盖度 90%～95%, 主要分布于高滩地上，常出现于碟形湖四周，呈较窄的条带状分布。以芦苇为优势种，南荻为共建种，常见群落高 1.5～2.0 m, 生物量较高，伴生种主要有：薹草、下江委陵菜（*Potentilla limprichtii*）、蒌蒿、水田碎米荠（*Cardamine lyrata*）等。

（3）芦苇-薹草群丛（Ass. *P. australis- Carex* spp.）：鄱阳湖分布有 118 个群落斑块，总面积 3 129 hm², 群落明显分为二层：上层优势种为芦苇，盖度为 40%左右，高 1.5～2 m; 下层优势种为薹草，盖度可达 80%, 高 40～60 cm, 常出现在碟形湖四周的芦苇群落与薹草群落的过渡地段，呈条形分布，群落内常见的伴生种有丛枝蓼、下江委陵菜等。

（4）芦苇-蒌蒿群丛（Ass. *P. australis-Artemisia selengensis*）：在鄱阳湖分布有 6 个群落斑块，总面积 58 hm², 主要分布于松门山南部河道两侧，在康山河东侧面积较大。群落分两层：上层仅见芦苇，盖度 30%～40%；下层优势种为蒌蒿，盖度 85%～90%, 局部达到 100%, 高 60～70 cm, 群落内常见有薹草、水蓼伴生，偶见狼杷草（*Bidens tripartita* L.）入侵。

2. 南荻群落（Form. *Triarrhena lutarioriparia*）

南荻群落在鄱阳湖主要分布在入湖五河三角洲滩地上，面积较大，总面积达到 7 500 hm² 以上，占湖区总面积的 2.13%, 分布高程略高于薹草，在碟形湖中呈环带状分布，受微地形变化的影响，常与薹草群落相间交错，群落一般由 6～10 种湿生植物组成。在湖区主要有四个群丛。

（1）南荻群丛（Ass. *T. lutarioriparia*）：群丛面积较大，湖区共有 116 个斑块，总面积 2 868.4 hm², 群落外貌整齐，南荻为优势种，占居群落上层，群落高度为 140～160 cm, 盖度 90%～98%, 生物量高。群丛中常可见有丛枝蓼（*Polygonum posumbu*）、旱苗蓼、蒌蒿、下江委陵菜、灰化薹草（*Carex cinerascens*）、红穗薹草（*C. argyi*）等伴生。

（2）南荻-薹草群丛（Ass. *T. lutarioriparia-Carex* spp.）：为南荻群落与薹草群落的过渡类型，丛面积较大，湖区调查到 98 个斑块，总面积达到 4 435 hm², 群落分为二层：上层以南荻为优势种；下层以薹草为优势种，群落盖度为 80%～90%, 生物量较高。伴生种为水田碎米荠、下江委陵菜、水蓼等。

（3）南荻-蒌蒿群丛（Ass. *T. lutarioriparia- A. selengensis*）：该群丛在湖区面积较小，仅有 3 个斑块 5.48 hm², 主要分布于河道两侧的滩地上，群落盖度达 90%, 南荻居上层，生长稀疏，蒌蒿生长茂密，高达 70 cm, 生物量较高。伴生种有薹草、蚕茧蓼（*Polygonum japonicum*）、泥花草（*Lindernia antipoda*）等。

（4）南荻-芦苇群丛（Ass. *T. lutarioriparia-P. australis*）：该群丛分布广泛，一般在河道两边较常见。群落盖度为 85%～98%, 垂直结构较复杂：芦苇高 2.0 m 左右，处在最上层，较为稀疏，种群密度 4～5 株/m², 其下是南荻平均高 1.5 m, 成片聚生，斑块状分布；下层以薹草为主，高度 40 cm 左右，较为密集，生物量高。该群丛也是物种最丰富的类型之一，一般有 9～12 种植物组成，常见的有：红穗薹草、灰化薹草、丛枝蓼、水蓼、蒌蒿、水田碎米荠、下江委陵菜、矮牵牛（*Petuniax hybrida*）、球果蔊菜（*Rorippa globosa*）、虉草（*Phalaris arundinacea*）、牛毛毡（*Heleocharis yokoscensis*）等。

3. 虉草群落(Form. *Phalaris arundinacea*)

虉草群落主要分布于高程 13.0～14.0 m 的滩地上，以河相沉积和河湖相沉积为主，土壤含沙量一般较高，在星子蓼花、吴城、南矶山的东湖、白沙湖、三泥湾、泥湖、康山河两边滩地、中支三角洲前缘等各处邻近通江水体的滩地上有大面积分布。4～5 月群落发育完整，草绿色，群落生物量大，可达 6 000 g/m^2 以上。在湖区常见有三个群丛类型。

(1) 虉草群丛(Ass. *P. arundinacea*)：该群丛在湖区分布广，面积大，有 354 个群落斑块，总面积达到 22 256 hm^2，群落盖度不一，盖度从 15%到 70%不等，主要由洲滩出露时间决定，出露越晚盖度越小，虉草丛退水开始生长，至第二年 4～5 月生长最盛，高可达 80 cm，群落内伴生种有：蓼子草(*Polygonum criopolitanum*)、薹草、沼生水马齿(*Callitriche palustris*)、看麦娘(*Alopecurus aequalis*)、齿果酸模(*Rumex dentatus*)、肉根毛茛(*Ranunculus polii*)等。

(2) 虉草–薹草群丛(Ass. *P. arundinacea-Carex* spp.)：该群丛出现于虉草群落与薹草群落之间，为过渡性类型，分布高程要高于虉草群丛，湖区总面积达到 8 130 hm^2，群丛分为二层：第一层是虉草，高约 80 cm，盖度达 80%；群落第二层，主要由多种薹草、萎蒿和下江委陵菜、肉根毛茛、稻槎菜(*Lapsana apogonoides*)、紫云英(*Astragalus sinicus*)、看麦娘组成。高度仅 10～20 cm。

(3) 虉草–蓼子草群丛(Ass. *P. arundinacea-P. criopolitanum*)：该群丛分布于以河相沉积为主的河道两侧，居于蓼子草群落与虉草群落之间呈条带状，分布高程要低于虉草群落，过渡类型，星子蓼花洲、北部湖心洲滩地、都昌附近都有大面积分布，总面积达 3 062 hm^2，群落下层主要是蓼子草占优势，红穗薹草也有一定的优势度，其他还见有水田碎米荠、泽珍珠菜(*Lysimachia candida*)、水蓼、菊叶委陵菜等伴生。

4. 狗牙根群落(Form. *Cynodon dactylon*)

狗牙根群落遍布湖区四周，主要在河道两侧的高滩地上，及水淹时间一般不超过 30 天的三角洲高滩地上，呈条带状，带宽 10～50 m，湿地退化常形成此类型群落，分布高程 14.5～17 m。共 391 种斑块，总面积 4 987 hm^2，组成群落的植株矮小，群落高 10～15 cm，盖度为 90%～100%，伴生种有雀舌草(*Stellaria uliginosa*)、积雪草(*Centella asiatica*)、泥湖菜(*Hemistepta lyrata*)等。

5. 薹草群落(Form. *Carex* spp.)

薹草群落是鄱阳湖分布最广、面积最大的群落类型。薹草属植物在湖区分布有十余种，皆以克隆繁殖为主，密丛性生长，群落盖度大，结构简单，由 5～7 种湿生植物组成。薹草有两个生长时期，即春草和秋草，可渡过短期的水下休眠期，若水淹时长超过 4 个月，薹草可以水下完成分解过程。湖区主要群丛类型有：

(1) 灰化薹草群丛(Ass. *C. cinerascens*)：该群丛在南矶山保护区内集中连片大面积分布，几乎遍布整个湿地洲滩。该类型群落高度一般在 60～80 cm，盖度为 95%～100%。群落外貌整齐，组成物种较少。主要伴生种有：下江委陵菜、水田碎米荠、水蓼以及多种薹草，如红穗薹草、卵穗薹草、单性薹草(*Carex unisexualis*)等。而在余干大塘和永修、都昌矶山、官司洲、王家洲等地，只见呈斑块状分布的纯植丛，盖度几乎达 100%。在梅西湖还发现灰化薹草+水蓼群丛和灰化薹草+野艾-刚毛荸荠群丛。在令公洲也发现了灰化薹草+水田碎米荠-下江委陵菜+肉根毛茛群丛。

(2)红穗薹草群丛(Ass. *C. argi*)：该群丛主要分布在河湖相沉积的前缘地段，呈条带状，植株稍低矮，群落高 30～40 cm，星子蓼花洲有大面积成片分布。

(3)糙叶薹草群丛(Ass. *C. scabrifolia*)：群丛外貌与灰化薹草相似，主要分布于大汊湖北面和都昌矶山湖、中湖池、沙湖池、蚌湖等各湖洲草地。下限接近蓼子草群丛，上限可分布到堤脚低平地带。植株密集丛生，高 10～30 cm，5 月开花结果，整个外貌为深绿色，生长茂密，投影盖度为 85%，表土生根层达 5 cm 以上，根系发达。群落中还杂生有菊叶委陵菜、水田碎米荠、稻槎菜及天胡荽等。此环境是鸟类的栖息场地，嫩草、薹草种子可为鸟类提供食物。

(4)芒尖薹草群丛(Ass. *C. doniana*)：该群丛主要出现于洲滩上小面积的积水低洼地中，南北均可见，呈斑块状分布，水深 10～30 cm。群落中芒尖苔稍高而硬直，小片聚生，盖度约占 20%。

(5)卵穗薹草群丛(Ass. *C. duriuscula*)：分布于碟形湖的低滩地上，在蚌湖等处见有分布，土壤含水量饱和，地下水埋深不超过 10 cm，卵穗薹草植株高 30～35 cm，密集生长，群落盖度为 90%，外貌深绿色。群落内混生有肉根毛茛、四叶葎(*Galium bungei*)、稻槎菜等。地表生根层富有弹性，厚达 5 cm 以上。此环境是鸟类的栖息、觅食的场地。

5.2.3　水生植被群落特征

鄱阳湖水生植被发育，尤其是沉水植被和浮叶植被类型多样，在湖泊生态系统中具有极其重要的生态效益，它们在净化水体、为鱼类和鸟类提供食物、为鱼类提供产卵场所和隐蔽环境等方面发挥着巨大的作用。

1. 菱群落(Form. *Trapa* spp.)

菱群落是鄱阳湖区分布广泛，常在水流扰动不强、水面开阔的水域形成单优群落，或与马来眼子菜、穗花狐尾藻等沉水植物形成共优群落，植株长度可达 3m，在 8 月底盖度和生物量达到最大，9 月逐渐枯萎死亡。分布于沙湖、南湖及象湖、康山大湖、军山湖、珠湖等众多碟形湖泊中，水深一般为 1～3 m，透明度 50～80 cm。菱的种类一般有细果野菱、四角刻叶菱(*Trapa incisa*)、四瘤菱(*T. mammillifera*)、八瘤菱(*T. octotuberculata*)、四角菱(*T. quadrispinosa*)、短四角菱(*T. quadrispinosa* var. *yongxiuensis*)等组成上层。下层一般由狐尾藻、金鱼藻(*Ceratophyllum demersum*)、菹草、黑藻(*Hydrilla verticillata*)及苦草所组成。此群落经济价值较高，除菱角外，鲜嫩的茎叶可以食用。

2. 荇菜群落(Form. *Nymphoides peltatum*)

荇菜群落是湖区分布广、面积大的浮叶植物群落，在碟形湖、三角洲洼地、人控湖汊内都可见到大面积的分布，群落内物种多样性较高。9～11 月开花，水面一片金黄，具有较大的观赏价值。

（1）莕菜–马来眼子菜–金鱼藻+黑藻+密齿苦草群丛（Ass. *N. peltatum–Potamogeton malaianus–C. demersum+H. verticillata+ V. denseserrulata*）：主要分布于常湖、三泥湾、白沙湖等的水体中。该群落盖度在 6～7 月间达到 70%～90%。群落中伴生种有：小茨藻（*Najas minor*）、穗花狐尾藻、大茨藻（*N. marina*）、黄花狸藻（*Utricularia aurea*）、细果野菱等。该类型群落中的植物大多为草食性鱼类的饵料。

（2）莕菜+野菱群丛（Ass. *N. peltatum+T.incisa*）：主要分布在常湖、三泥湾、凤尾湖等水体中。该类型群落在 8～9 月份盖度最大，达到 90%～100%。群落下层常见伴生种有苦草、轮叶黑藻、狐尾藻、菹草等，还可见有浮萍、满江红（*Azolla pinnata* subsp. *asiatica*）漂浮于水面。

3. 芡实群落（Form. *Euryale ferox*）

芡实群落偶见分布于湖区周边丰水季节水深不超过 1.5 m 的小水体中，芡实占居水面，盖度 30%～50%，此外还常见有细果野菱、田字萍等，下层主要有穗花狐尾藻、菹草等，盖度 50%。

4. 莲群落（Form. *Nelumbo nucifera*）

分布于湖区各岛屿附近的一些常年有水的池塘中以及人控湖汊和水位相对稳定的湖泊浅水区域，在鲤鱼洲、康山大湖、军山湖等处均有大面积分布。多为半人工半天然群落，群落外貌变化较大。伴生种水面有细果野菱（*Trapa incisa* var. *quadricaudata*）、槐叶苹（*Salvinia natans*）、满江红等，水下有轮叶黑藻、菹草、金鱼藻等。

5. 苦草群落（Form. *Vallisneria* spp.）

苦草群落是鄱阳湖沉水植被中分布最广、面积最大的群落类型，主要有以下三个群丛。

（1）苦草群丛（Ass. *V. spiralis*）：分布范围较广，群落的覆盖度在 8～9 月间最大，一般为 10%～30%，部分地区可达 50%以上，个别的达 80%以上，是鄱阳湖水体中分布面积最大的沉水植物群落类型。群落中其他常见的种类还有黑藻、狐尾藻等。苦草的地下冬芽是越冬候鸟白鹤、白枕鹤和小天鹅等水禽的主要饵料。

（2）亚洲苦草群丛（Ass. *V.asiatica*）：分布于南山附近的水沟中，面积小，群落内几无其他种伴生。优势种的形态特征与苦草十分相似，但植株明显大于苦草，叶片更宽，且匍匐茎为光滑圆形。

（3）刺苦草（又名密齿苦草）群丛（Ass. *V. spinulosa*）：分布于湖泊、湖滩洼地，水深 1.5～3 m 的水域，有大面积分布。群落内建群种单一，偶有马来眼子菜、狐尾藻、轮叶黑藻等伴生。5～8 月密齿苦草为营养生长期，群落盖度达 30%～70%，8～10 月为花果期。在湖滩碟形洼地中，密齿苦草遍布水体各处。其根茎为珍禽水鸟越冬期重要食料，幼嫩叶为鱼类所喜食。

6. 菹草群落(Form. *Potamogeton crispus*)

分布于常年积水的洼地和湖湾中，秋冬季生长。群落盖度大，最高可达 90%。以菹草+穗花狐尾藻群丛(Ass. *P. crispus* + *M. spicatum*)最为常见，菹草、穗花狐尾藻为群落优势种，伴生种有少量水马齿(*Callitriche stagnalis*)、大茨藻、微齿眼子菜(*P. maackianus*)等。

7. 轮叶黑藻群落(Form. *Hydrilla verticillata*)

分布于湖泊、河流水深 1～2 m 水域。水底表层土壤为浅灰色淤泥或沙质壤土。群落内伴生菰，外缘有旱苗蓼；群落中的漂浮、沉水植物有槐叶苹、满江红、狸藻以及少量菹草、马来眼子菜、聚草等。5 月始为营养生长茂盛期，草绿间绿褐色。群落盖度达 85%以上，6～9 月黑藻、小茨藻依次进入花期，12 月以后植株枯萎渐腐烂，水体透明度下降。该类型群落为主要水下景观之一；植物根茎为鱼类饵料。常见群丛类型为：轮叶黑藻+穗花狐尾藻+大茨藻群丛(Ass. *H. verticillata* + *Myriophyllum spicatum* +*N. marina*)，常在底质和水文条件较均一的湖区带状分布，群落内常见马来眼子菜、金鱼藻等，分布高程约 10～13 m。

8. 菰群落(Form. *Zizania latifolia*)

菰(俗称野茭白)属于典型的挺水植物。菰群落主要分布于常年积水的入湖三角洲前缘浅水滩地和洲滩洼地中，总面积较大，达 11 400 hm²。枯水季节水深一般在 30～50 cm左右，丰水季节菰只有部分茎叶露在出面，冬季植株死亡呈灰白色。在赣江南支、中支入湖三角洲前缘大片分布，南矶山的神塘湖、下深湖、三泥湾和泥湖也有大面积分布。群落优势种单一，植丛密集，生物量大，高度 180 cm 左右，盖度达到 95%以上。群落边缘有丛枝蓼、水蓼、旱苗蓼分布。群落中还可见少量的漂浮植物，如：紫萍(*Spirodela polyrrhiza*)、浮萍(*Lemna minor*)，沉水植物有穗花狐尾藻(*Myriophyllum spicatum*)等。

湖区曾经发现过沉水植物群落有：竹叶眼子菜群落(Form. *P. malaianus*)、穗花狐尾藻群落(Form. *M. spicatum*)、金鱼藻群落(Form. *C. demersum*)、茨藻群落(Form. *Najas* spp.)、水车前群落(Form. *Ottelia alismoides*)；在第二次科学考察中没有发现。

除了前面介绍的草本湿生植被、水生植被群落以外，鄱阳湖区还有沙生植被型和人工或半人工植被群落，枯水季节泥滩、沙滩等稀疏植丛也是一类重要的生境类型，泥滩面积占到 6.12%。

5.2.4　湿地植物群落分布面积

在全湖尺度上，薹草是面积最大的植被类型，以薹草属植物为建群种的群落面积占到总面积的 20.9%；其次是藨草群系，占 9.6%；蓼子草群落也占居重要地位，面积占到5.79%。各类天然植物群落(含沙生植被)1 439 km²，人工或半人工植被、稻田等 346 km²，河道、碟形湖等水体及泥沙滩 1 678 km²。各种群落类型、斑块数量、面积等见表 5.3。

表 5.3　鄱阳湖湿地植物群落面积统计

群落类型	斑块数量/个	面积/hm²	面积比/%	最大斑块面积/hm²	平均斑块面积/hm²
芦苇群落	265	10 417	3.013	661.46	39.31
芦苇-南荻群落	63	2 879	0.833	356.99	45.70
芦苇-薹草群落	118	3 129	0.905	369.81	26.52
芦苇-蒌蒿群落	6	58	0.017	46.53	9.60
宽叶假鼠妇草群落	1	2.30	0.001	2.32	2.30
南荻群落	116	2 865	0.829	327.28	24.70
南荻-薹草群落	98	4 434	1.282	900.46	45.24
南荻-蒌蒿群落	3	5.47	0.002	3.66	1.82
南荻-芦苇群落	19	238	0.069	37.01	12.51
菰群落	18	11 400	0.059	718.8	11.42
藕草群落	354	22 240	6.432	6 299.24	62.83
藕草-薹草群落	145	8 066	2.333	1 404.77	55.63
藕草-蓼子草群落	61	3 047	0.881	435.32	49.95
野古草-狗牙根群落	36	246	0.071	72.74	6.82
野古草-薹草群落	31	3 734	0.108	59.66	12.05
白茅群落	5	4.54	0.001	2.45	0.91
糠稷群落	3	6.32	0.002	2.48	2.11
狗尾草群落	1	1.48	0.000	1.47	1.48
稗草群落	2	6.11	0.002	4.01	3.06
狗牙根群落	391	4 979	1.440	149.11	12.73
假俭草群落	18	307	0.089	127.26	17.07
牛鞭草群落	14	168	0.049	78.36	12.01
薹草-藕草群落	200	10 994	3.179	1 042.74	54.97
薹草-蓼子草群落	139	9 778	2.828	709.49	70.35
薹草-下江委陵菜群落	51	1 742	0.504	374.14	34.16
薹草-蒌蒿群落	51	700	0.202	295.49	13.72
薹草-南荻群落	95	6 324	1.829	800.48	66.57
薹草-南荻群落	95	6 324	1.829	800.48	66.57
针蔺群落	1	19	0.006	19.19	19.19
野荸荠群落	7	119	0.034	62.22	16.98
牛毛毡群落	2	19	0.005	15.96	9.38
香附莎草群落	9	91	0.026	21.84	10.11
聚穗莎草+碎米莎草群	3	59	0.017	56.00	19.74
二岐飘拂草群落	2	14	0.004	11.95	7.00
香蒲群落	3	5.73	0.002	2.95	1.91
水烛群落	1	0.18	0.000	0.17	0.18
下江委陵菜群落	4	69	0.020	61.71	17.19
水田碎米荠群落	18	481	0.139	274.36	26.72
蓼子草群落	182	20 034	5.794	4 240.50	110.08

群落类型	斑块数量/个	面积/hm²	面积比/%	最大斑块面积/hm²	平均斑块面积/hm²
蚕茵蓼群落	18	686	0.198	233.94	38.12
酸模叶蓼群落	44	2 735	0.791	687.46	62.15
竹叶小蓼群落	1	0.71	0.000	0.71	0.71
丛枝蓼群落	3	30	0.009	23.26	10.11
水蓼群落	13	174	0.050	88.72	13.42
齿果酸模群落	3	7.57	0.002	6.88	2.52
蒌蒿群落	55	415	0.120	194.30	7.54
细叶艾群落	3	4.65	0.001	2.52	1.55
芫荽菊群落	1	0.60	0.000	0.59	0.60
菖蒲群落	2	2.15	0.001	2.09	1.07
裸柱菊群落	1	1.21	0.000	1.22	1.21
菱群落	43	360	0.104	89.74	8.38
莲群落	87	443	0.128	93.44	5.09
荇菜群落	3	0.41	0.000	0.31	0.14
芡实群落	1	10	0.003	10.31	10.32
水龙群落	2	65	0.019	56.47	32.27
稗草群落	2	6.11	0.002	4.01	3.06
空心莲子草群落	3	2.75	0.001	1.27	0.92
苦草群落	1	0.22	0.000	0.22	0.22
菹草群落	1	0.44	0.000	0.44	0.44
柳叶白前群落	3	35	0.010	33.50	11.63
芫花叶白前群落	6	31	0.009	11.63	5.23
加拿大杨林	67	3 078	0.890	249.96	45.95
乌桕林	3	29	0.008	18.90	9.54
旱柳林	2	15	0.004	8.21	7.61
水稻	40	796	0.230	134.59	19.90
园地	20	845	0.244	141.36	42.26
南荻，薹草复合体	17	1282	0.371	368.95	75.44
狗牙根，牛鞭草，假俭草复合体	18	594	0.172	186.97	32.98
野古草，薹草复合体	2	31	0.009	27.36	15.70
藕草，薹草复合体	12	699	0.202	430.75	58.25
芦苇，薹草复合体	21	1 300	0.376	396.01	61.88
泥滩	565	22 862	6.612	2 781.75	40.46
沙滩	238	3 380	0.978	486.62	14.20
水塘	1 119	9 290	2.687	505.21	8.30
河道	42	66 722	19.296	64 99.47	1 588.62
碟形湖(洼地)水体	233	65 575	18.964	15 301.85	281.44
总面积	6 410	346 383		(含岛屿、公路面积)	

5.2.5　水位变化与湿地植被景观的空间构成

上述植被群落与水、土、气候等环境要素结合在一起，形成相互依存的有机整体——湿地生态系统的景观。水是湿地的命脉，水分分布对湿地植被群落分布起到十分重要的作用，水位高低直接影响土壤含水量，气候也是影响土壤含水量和水位的因素之一。水位、土壤成分与含水量以及气候等因素构成植物群落的生境，不同生境决定有无植被、以及植被群落的组成、空间分布和时程演变；这些因素交织在一起，构成了鄱阳湖湿地各具特色、色彩丰富、季节性变化的生态景观。按水位高低与湿地土壤含水量区分，湿地生态景观可以分为：深水水域、浅水水域、洼地水域、小水域、沙滩、泥滩地、沼泽地、稀疏草洲、低草草洲、高草草洲和中生性草甸等 11 类，地表高程及地貌形态成为景观分类的重要因素。收集了 40 余幅鄱阳湖不同水位的遥感影像，进行判读、校正、解析和分类，将星子站不同水位下（黄海基面）鄱阳湖各类湿地景观的高程、空间位置、生境意义和生物群落组成列在表 5.4 中，不同水位和各类生态景观的面积关系如图 5.6 所示。

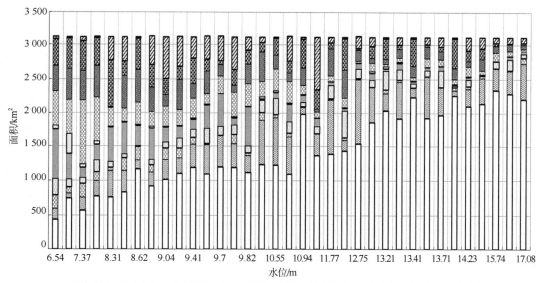

图 5.6　星子站不同水位与鄱阳湖各类湿地景观面积

图 5.6 显示，星子站水位 10 m 时，深水水域 1 176 km²，没有植被；浅水水域、洼地水域、小水域和沼泽共 712 km²，是水生植被分布的主要水域；稀疏草洲、低草草洲、高草草洲共 811 km²，湿生植被茂盛；中生性草甸分布在堤防内外边坡、湖滨丘陵与湖岸界面，共 137 km²，此外还有沙洲和泥滩 322 km²。湖水位高于 10 m 后，水域不断增大，草洲急剧减少，水位达 17.08 m，水域达 2 823 km²，各类草洲仅 198 km²。湖水位低于 10 m，随着水位下降，草洲、泥洲和沙洲面积增大；水位为 6.54 m 时，分别达 1 310 km²、726 km² 和 57 km²，水域和沼泽仅有 587 km²。

表 5.4　鄱阳湖各生境条件下分布的主要植物群落

景观类型	主要高程/m	空间分布	生境意义	常见植被群落
深水水域	-2~7.5	河道	鱼类活动场所，一些深水港湾是鱼类的越冬场，鸥类水鸟的活动场所，江豚的觅食活动场所	无植被
浅水水域	7~11	主湖区及莲湖、撮箕湖等较大的湖湾	沉水植被发育，局部水域丝状藻类发达，是湖区鱼类的主要索饵场、育肥场，也是部分候鸟的觅食场所	苦草群落、眼子菜群落、菹草群落
洼地水域	11.5~13	碟形湖和小洼地，数量众多，大小不一	枯水季节与大鄱阳湖分离，水深在 1 m 以下，水生植被发育，是冬候鸟的主要栖息地，约有 60%以上的候鸟在此生境中活动。也是鱼类的主要索饵场	苦草群落、眼子菜群落、细果野菱群落、轮叶黑藻群落、杏菜群落
小水域	不定	洲滩上小面积的积水洼地，一般面积在 2 hm² 以下	水生植被发育，挺水植物较多，为多种小型水鸟栖息场所	菰群落、水蓼群落、聚草群落、轮叶黑藻群落、茨藻群落、芒尖薹草群落、蘑草群落、灯芯草群落
沙滩	8.5~10，局部地段达 18	松门山以北，河道两侧，赣江中支三角洲前沿也有小面积分布	土壤含沙量较高，表层常可见厚度为 3~5cm 的沉积，枯水季节表层沉积失水出现裂纹，植被稀疏，偶见小型鸟类活动	球柱草群落、狗牙根群落、牛鞭草群落、柳叶白前群落、单叶蔓荆群落
泥滩地	8.5~13.5	枯水季节主要出现于三角洲前沿，河道两侧平缓地段，碟形湖边狭长地段	出露时间较短，北部泥滩无植被，南部见有大量沉水植物和丝状藻类的残体覆盖，可见有许多底栖动物残体，汛期大量沉水植物在此生长。常见雁类在此栖息	蓼子草群落、细籽焊菜群落、皱叶酸模群落、眼子菜群落、苦草群落、稻槎菜群落
沼泽地	11.5~14	主要出现于三角洲碟形湖及小洼地边缘	常年积水，土壤水分饱和，水生植物和沼生植物混生，鱼类、底栖动物丰富，年内经多次反复干湿交替，丰水期为沉水植物主要分布地，是多种鸟类的主要觅食场所	刚毛荸荠群落、水田碎米荠群落、杏菜群落、水蓼群落、牛毛毡群落、看麦娘群落
稀疏草洲	9.5~14	三角洲前缘和北部湖湾湖汊低滩地，环带状出现于碟形湖中	出露时间界于泥滩与茂密草洲之间，枯水季节地下水埋深 0.1~0.25 m，群落盖度在 30%~60%，高度 30~40 cm，为鸟类的觅食场所，也是钉螺的栖息场所。汛期为沉水植物主要分布地，是多种鸟类的主要觅食场所	单性薹草群落、藨草群落、弯喙薹草群落、刚毛荸荠群落、芫荽菊群落、蓼子草群落、水田碎米荠群落
低草草洲	11.5~14.5	分布面积较大，南部三角洲最为集中	地势平缓，面积大，年均出露时间 271~165 天，地下水埋深 0.3~0.5 m 植被盖度大，是多种鸟类的夜栖地。汛期是鲤、鲫鱼的重要产卵场。是钉螺分布的高密度区	灰化薹草群落、糙叶薹草群落、红穗薹草群落、芒尖薹草群落、蚕茧蓼群落
高草草洲	12.5~16	分布于南部天然堤周围，碟形湖四周高滩地上，也常见与薹草镶嵌分布	地势较低草草洲高一些，平均出露天数 305~271 天，地下水埋深 1.5~1.7 m，植被盖度大，高度在 120~250 cm。为鸟类活动提供隐蔽性场所，也是部分性隐蔽的鸟类的栖息地	芦苇群落、南荻群落、蒌蒿-红足蒿群落
中生性草甸	14.5~18	主要分布于防洪堤下，河道两侧的高滩地上	植被盖度大，高度一般在 25 cm 以下，见有一些留鸟活动	狗牙根群落、牛鞭草群落、假俭草群落、紫云英群落、野古草群落、益母草群落、茵陈蒿群落等

随着湖水位变化,鄱阳湖各种类型湿地动态变化。枯水季节(星子站水位 10 m 以下),水位消落,呈现河流-小湖泊-沼泽-洲滩景观,湿地植被生境类型多样,结构复杂,空间分异明显;除水体、泥滩和沙滩外,湿地植被呈现稀疏草洲、低草草洲、高草草洲和湖滨草甸等景观;水位不同,各类景观面积各不相同。湖水位 6～9 m 时稀疏草洲500～932 km²,低草草洲 362～482 km²,高草草洲 202～693 km²,高滩中生性草甸 191～611 km²。秋冬季浅水水域、浅水滩地和沼泽生长有水生植物,平均面积 507 km²;稀疏草洲、低草草洲、高草草洲和湖滨草甸面积 1281 km²;湖滨中生性草甸约 266 km²。丰水季节以湖泊形态为主,星子站水位从 10.12 m 升高到 17.08 m,水面面积从 2 004.22 km² 增加到 2 822.58 km²,湖底沉水植被茂盛,湖汊、湖湾和位置较高碟形湖边缘可见芦苇、南荻等挺水植物,岸边洲滩生长有湿中生植物。

湖相与河相每年交替轮转、气象因素与湖水位每年随机变化,湿地生态景观也动态变化,孕育了具丰富的物种多样性。

5.3　鄱阳湖植物群落的时空分布

5.3.1　湿地植物应对水位变化的响应机制

在长期的环境适应、种群竞争过程中,湿地植物对鄱阳湖水位频繁变化形成了多个层次的响应机制,各种植物占据了各自的生态位,增强了鄱阳湖湿地生态系统的生物多样性、完整性和可持续性。

在宏观层面上,鄱阳湖湿地植物基本上都是草本植物,大多数物种的生长期不长。为了适应"高水是湖、低水似河"的水文态势,鄱阳湖湿地植被在高水位的丰水期(春夏季)以水生植被物为主,沉水植物面积最大;水位低的枯水期(秋冬季)以湿生植被为主;并根据水文态势变化轮替更新。

在中观层面上,绝大多数鄱阳湖湿地植物同时具有有性繁殖和无性繁殖两种功能。有性繁殖通过开花结籽,保持遗传和变异功能。在完成开花结籽的过程中,将多余的营养以淀粉、蛋白质等形式存储在根块、茎块或鳞茎中,自然条件不适宜植物生长时,种子和根茎存活在湖底土壤中;一旦自然条件适宜生长,种子与根茎立即萌芽生长。由于根茎提供丰富的营养,植株快速生长,在较短时期内开花结籽,赶在水淹之前完成一个生命周期,这是湿地植物的无性繁殖。种子萌发的幼苗也一并生长,但成长速率没有根茎萌芽的植株生长快,有可能受洪水或干旱的袭击不能完成一个生命周期。例如蓼子草适宜湿度较高的沙质土壤,在气温 10～15 ℃时萌芽,茎叶快速成长后,立即开花结籽,充实地下茎的养分,在 100 多天的时间内就可以完成一个生命周期。这些存储在土壤中的根块、茎块或鳞茎,冬季成为白鹤、小天鹅等候鸟的食物,过去蓼子草的根茎还成为贫苦民众度过春荒的食物,故有"半年粮"之称。

湿地植物的种子成熟后,随着水流和风力飘散在湖区各处,沉积在湖底土壤中,形成"土壤种子库"。土壤种子库是自然条件变化多端环境下的植物为逃避不利环境、缓解灾难性破坏、减少种群灭绝概率,保留于土壤中的存活种子。种子库在湿地植被的建立、动态变化、恢复中起着重要作用：一方面，地表植被是土壤种子库中植物种类的直接来源，地表植被生长节律和季节变化影响土壤种子库的动态变化；另一方面，种子库中的种子直接参与地表植被的更新和演替，携带了更多的种群演替潜在趋势的遗传信息。鄱阳湖植被考察结果表明：第一，土壤种子库中物种数量远高于地表物种的数量，说明种子库中只有部分物种参与到地表群落构建中，其余种子或因条件不适宜处于休眠状态，或萌发后在当时条件下不能正常生长或成熟；第二，鄱阳湖主要湿地植物（南荻例外）的种子在空间上几乎遍布全湖区，在时间上可以在土壤中存活许多年，每年都有新的种子补充进来；只要水文气象条件适宜，这些种子就会萌芽成长，使物种延绵不绝。例如，蓼子草只要气温、土壤湿度与底质的土壤构成等条件得到满足，就立即萌芽，成片成长，因此不同年份出现在位置、高程完全不同洲滩上，在万象萧条的冬季形成绚丽多彩的自然景观。

从微观上分析，应对频繁变动的水位，某些湿地植物具有独特的生存策略。例如，沉水植物竹叶眼子菜遇到水位猛涨，植株的茎快速生长，使叶子尽可能接近水面，接受阳光，最长的茎可达 8～9 m；水田碎米荠是典型的湿生植物，通常在低洼湿地中大量发展，以匍匐茎的形式产生新的子株；出现高水位时，水田碎米荠母株的根系仍然固定在土壤基质中，生长出来的匍匐茎则脱离水底基质，漂浮在水中，与沉水植物几乎没有差异，湖水消退后，匍匐茎落到地面，扎根在土壤中继续繁衍新的子株，通过改变生活型渡过长达数月的淹没期[3]。又如，大多数湿地植物通过根茎、块茎、鳞茎等完成无性繁殖，但具有匍匐茎的沉水植物微齿眼子菜（*Potamogeton maackianus*）能够利用被外力作用折断的枝条在新的生境中再生、繁殖。

鄱阳湖湿地植物生理特性和应对水位频繁变化的响应机制决定植物种群的空间分布。水深或水体透明度，还有水质是决定水生植物空间分布的主要因素；土壤含水量成为决定湿生植物空间分布的重要因素。

5.3.2　春夏季水生植被群落分布

水生植物指生理上依附于水环境、至少部分生育周期发生在水中或水表面的植物类群。作为湖泊生态系统结构和功能的重要组成部分，水生高等植物是维护湿地生态系统健康运行的关键类群。鄱阳湖是浅水湖泊，松门山以南湖区底部平坦。鄱阳湖丰水期多年平均水位（星子站）为 11.57 m（黄海基面），其中高程在 10～11 m 之间的面积达 813 km²。在这样的地形条件和水文条件组合下，水生植被群落成为鄱阳湖丰水期的主要植物群落，沉水植物群落在分布面积上占绝对优势。

东、西水道和入江水道的河槽深、底质为砂石沉积，船只来往频繁，没有沉水植被。沉水植物生长受到水深和水体透明度影响，主要分布在松门山以南 10～12 m 高程的滩地、三条水道两侧的滩地、湖湾港汊以及碟形湖中。碟形湖与主湖区水位脱离联系后，保持一定浅水水面，形成独立水域，成为水生植物群落生长发育的良好生境。洪水灾害对沉水植物正常生长影响很大，长期监测结果表明，星子站水位超过 17 m 且持续时间超过半个月，主湖区基本上没有沉水植物的茎叶活体，仅地势较高的碟形湖中沉水植物能够存活。

表 5.5　鄱阳湖丰水期植被组成与分布

生活型	植物群落	面积/km²	特征及分布
挺水植被	芦苇群落	160	片状或条带状分布在洲滩上，群落高达 2.5 m，盖度 80%，群落内可见南荻、薹草伴生
	菰群落	114	成片分布在湖区西南部，南矶山保护区边缘最为集中，植株高可达 4 m，分布高程 11～13 m
	南荻群落	46	呈带状分布在 14 m 以上的滩地，与芦苇群落相邻
	酸模叶蓼群落	1	小面积斑块状出现，植株长可达 3 m，群落盖度小
浮叶植被	菱群落	30	成片分布在湖汊、碟形湖内，群落内常见狐尾藻、荇菜伴生
	荇菜群落	18	以宽带状分布在碟形湖内，高程 12.5～13 m 最多
	芡实群落	1.5	小面积分布在湖汊内
沉水植被	轮叶黑藻群落	260	大面积分布于主湖区，群落内常有苦草、大茨藻和眼子菜伴生
	苦草	550	大面积分布于碟形湖水体中，西南部湖区和莲子湖较为集中
	聚草群落	30	大伍湖与主湖区最集中
	水田碎米荠	5	分布于河道两侧的滩地上，都昌附近水域最为集中
	茨藻群落	3	小片分布。赣江北支 11.5 左右滩地最常见
	水车前群落	0.45	常见于南矶山的战备湖、南深湖、常湖和北甲湖

挺水植物适宜在水深较浅的水域生长，汛期水位上涨，挺水植物加快成长，始终保持部分枝叶在水面之上，以便进行光合作用；遭遇特大洪水，全部枝叶淹没后，挺水植物土壤以上部分死亡，成为影响挺水植物空间分布的关键要素。挺水植物单位面积生物很大，过去是湖区民众的主要燃料。主要分布在赣江、信江入湖三角洲前缘浅水滩地和洲滩洼地中，湖湾港汊岸边、碟形湖四周以及水道两侧呈现较窄的条带状分布。

浮叶植物适宜在水位变化相对平稳、水流流速较小的静水水域生存，大多分布在小型碟形湖、洼地、池塘或受圩堤保护的湖汊中。漂浮植物没有形成大面积群落，仅在相对封闭的碟形湖和洲滩洼地中形成小面积斑块。

丰水期鄱阳湖呈大型湖泊形态，星子站水位 14 m 时，水域面积占湖盆面积 80% 以上，湿地植被以水生植物为主。2014 年 8 月（星子站水位为 14～15 m）对全湖水生植被群落进行了调查采样，主要植物群落类型、特征、面积及分布如表 5.5 所示。

5.3.3　秋冬季湿生植被群落分布[7]

鄱阳湖枯水出现在秋冬季，枯水期星子站水位多年平均水位为 8.94 m（1956～2015年）。丰水期之后水位消落，洲滩出露，气温高、光照充足、土壤潮湿，湿生植被群落蓬勃发育。鄱阳湖湿生植物在长期适应频繁变动的湖水位以及与其他物种竞争中，形成了各自有不同的水分生态位。主湖区水位下降，洲滩开始出露，湿生植物相继发育生长。湖水位直接影响到洲滩地下水位高低，进而影响土壤含水量，由此形成特定的水位-高程-植被分布模式，即湿生植被群落沿水分梯度有序分布。在某一高程的洲滩上，如果由于自然或人类活动影响产生微地形变化，土层上部的土壤含水量与周围不相同，这一或高或低的小块区域就会生长与周边不同的植被群落,在植被景观上形成"镶嵌结构",如在薹草群落中出现的丛枝蓼、蚕茧蓼、南荻等斑块等。影响湿生植被分布的因素及其相互关系如图 5.7 所示。

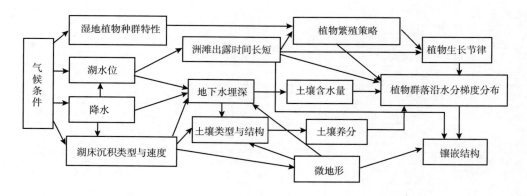

图 5.7　影响湿生植被分布的自然因素

鄱阳湖湿地植物群落的空间格局,在全湖尺度受到地形高程和水位、露滩时长的影响;在景观尺度受到土壤含水量、地下水埋深、土壤结构及出露时间的影响;在小尺度主要受微地形、土壤养分的影响。在水位涨落及土壤水分-空气因子的交互作用下,随着滩地出露的时间的不同,使得湿地植物群落呈现复杂的空间格局,在不同高程与地形的滩地上形成不同的群落类型。最典型的是以河相沉积为主和以湖相沉积为主的三角洲前缘湿地植被分布结构。

1. 以河相沉积为主的植物群落结构[7]

在东、西水道和入江水道两侧或一侧形成了以河相沉积为主的洲滩,如果水道旁边有湖湾或港汊,洲滩还比较宽阔,形成"湖滨高地针叶林-中生性草甸-湿生植物群落"结构。庐山市蓼华洲生态断面如图 5.8 所示,各类植物群落、地表高程、地下水埋深、土壤含水量及群落特征指标见表 5.6。

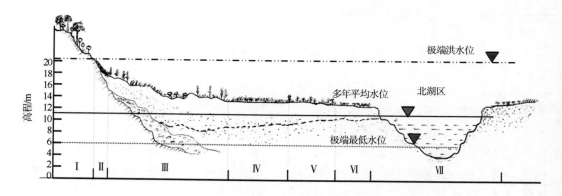

图 5.8　河相沉积(庐山市蓼华洲)生态断面

表 5.6　河相沉积(庐山市蓼华洲)断面植物群落结构

编号	植被带特点	代表植被类型	高程/m	土壤类型	地下水埋深/m	土壤含水量/%	物种数量	多样性指数(H')
I	湖滨高地针叶林	马尾松疏林灌丛	>19	红壤	—	8.32±0.61	23	2.36
II	中生草甸	狗牙根群落	15~17	草甸土	>2	22.79±2.62	13	1.93
III	高滩地挺水植被	南荻+单性薹草群丛	13~15	草甸土	>2	29.79±8.15	8	1.81
IV	滩地，湿生植被	红穗薹草群落	12~13	草甸土	1.6~2.0	37.6±5.43	6	1.49
V	湿生植被	藕草群落	10~12	草甸土	1.2~1.5	32.6±7.76	5	1.17
VI	湿生植被	蓼子草群落	10	草甸土	<1.2	27.6±2.29	4	1.24
VII	入江水道	无植被	1	—	—	—	—	—

2. 以湖相沉积为主的三角洲植物群落结构[7]

　　湖相沉积往往出现在入湖河流形成的三角洲，三角洲比河相沉积洲滩更辽阔，土层深厚，水分梯度变化缓慢，湿地植物群落更加丰富，南矶山东湖生态断面如图 5.9 所示，有关指标列在表 5.7 中。

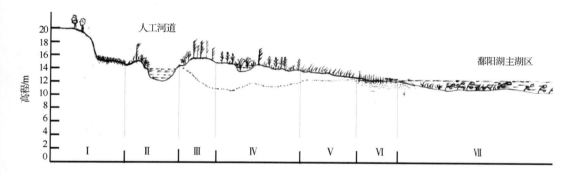

图 5.9　湖相沉积为主(南矶山东湖)生态断面

表 5.7　湖相沉积为主的三角洲前缘(南矶山东湖)断面的植被分布结构

编号	植被带特点	代表植被类型	高程/m	土壤类型	地下水埋深/m	土壤含水量/%	群落物种数量	多样性指数(H')	均匀度指数(E)
I	岛或高滩地	假俭草、狗牙根群落	>15.5	草甸土	>2	11.96±2.18	14	1.97	0.76
II	人工河道	轮叶黑藻群落	12	沉积物	—	饱和	3	0.82	0.56
III	堤坝挺水植被	芦苇-蒌蒿群落	14~15.5	草甸土	1.8~2.2	21.36±1.54	12	1.84	0.91
IV	挺水植被	南荻群落、菰群落	14~14.5	草甸土	1.2~1.5	27.79±8.55	6	1.32	0.82
V	湿生植被	灰化薹草群落	12.5~14	草甸土	0.6~1.0	28.46±12.6	5	1.12	0.64
VI	沼生植被	刚毛荸荠+水田碎米荠+蓼子草群落	12.5	沼泽土	0.1	45.28±2.20	8	1.5	0.72
VII	沉水植被	竹叶眼子菜+苦草+菹草群落	11.5~12	沉积物	—	饱和	5	1.4	0.82

5.3.4 鄱阳湖湿地植物群落的时程变化

1. 主要湿地植物群落的生长时间节律[7]

植被的时间结构主要是由构成植物群落物种的生长节律和物候有规律变化所决定，在生态学上常以植物层片来表述。鄱阳湖湿地植被在时间序列上也表现出一定的层片结构，如春草层片、秋草层片、春花层片、秋花层片等，反映了湿地植物对水位变化的响应。为了说明这一响应过程，结合层片结构，先就鄱阳湖几种重要的湿生植被的建群植物的生长时间节律加以阐述。

(1)芦苇：多年生草本，3月中、下旬从地下根茎长出芽，4～5月快速生长，9～10月开花，11月结果，12月下旬开始枯叶。

(2)南荻：多年生草本，3月开始出芽，4～6月生长迅速，7～8月生长停滞，9～10月开花，11月结果，12月枯叶，当年植秆不倒伏，第二年涨水时植秆分解。20世纪70年代以前，芦苇和南荻是湖区周边民众的主要燃料之一，11月、12月驶船到洲滩收割，称为"打秋草"。

(3)蒌蒿：多年生草本，2月萌发，3～5月为生长期，此时为最佳采收时期，"蒌蒿炒腊肉"已称为湖区传统的农家菜。7～8月水淹后枯萎，9月为花期，11月地上部分大量枯死。

(4)薹草：多年生草本，在鄱阳湖分春草和秋草。春草：2月冬芽萌发，3～5月为生长期，4～5为花期，一般在丰水季节被水淹，薹草大量死亡或休眠；秋草：9～12月为萌发生长期，花期在11月，开花数量较少，冬季出现枯萎，第二年涨水被淹时倒伏腐烂。在化肥没有大量使用以前，每年4～5月湖区周边农民驶船到洲滩收割薹草，称为"打春草"，运回来铺盖在棉花植株下面，用于施肥与保墒；或者沤烂后作水稻的肥料。

(5)蓼子草：越年生草本，10月萌发，11月为生长期，12～1月为花期，2月果期，4月开始枯萎。旧社会，2～4月贫苦民众挖其根茎食用充饥，以渡"春荒"，称为"半年粮"，地面上茎叶可做生猪饲料。

(6)刚毛荸荠：多年生草本，花期9～11月。

(7)竹叶眼子菜：多年生沉水草本，3～4月萌发出芽，6～8月为花期，8～10月为果期，11月开始死亡。一般植株长达3 m左右。

(8)苦草：多年生沉水草本，3～4月萌发出芽，花期8月，9月为果期，11月开始死亡，有的也能越冬，来年3月死亡。植株高20～30 cm。竹叶眼子菜和苦草的根茎称为"冬芽"，含有丰富的淀粉等营养，是鹤类和天鹅类越冬候鸟的主要食物。

2. 湿地植被景观的季相变化

《中国大百科全书》对"生物节律"解释为："生命现象中的节律性变化。在生命过程中，从分子、细胞到机体、群体各个层次上都有明显的时间周期现象，其周期从几秒、几天到几月、几年，广泛存在的节律使生物更好地适应外界环境"[8]。在一定的气候条因素、水分和土壤条件组合下，各种植物根据自己的性能，找到各自的生态位，形成植物群落。植物群落在生长发育过程中，随自然因素变化而改变组成及其形态，时程上表现出不断变化的生理特征、群层结构及其外部形态，称为"生态节律"。例如，碟形湖特殊的地形地貌，具有与主湖区明显不同的水文和生态特征，碟形湖一年多数时间保持静水状态，最适宜漂浮植物、浮叶植物、沉水植物、浮游生物生长发育；周边滩地宽阔，高差变化不大，植被多样，变化最频繁、生物多样性最丰富，生境意义最大，同一地点不同季节出现不同植物群丛，呈现典型的生态节律。根据南矶山湿地定位观测，植物群丛变换如表 5.8 所示。

表 5.8　碟形湖及周边植被四季变化

生境	春季(3～5 月)	夏季(6～8 月)	秋季(9～11 月)	冬季(12～2 月)
深水	苦草	苦草+马来眼子菜	苦草+马来眼子菜	苦草+马来眼子菜
浅水	马来眼子菜	马来眼子菜+苦草	苻菜+苦草+马来眼子菜	菹草
沼泽	藕草	马来眼子菜+苦草	针蔺	水田碎米荠+廖子草
低滩地	薹草-水田碎米荠	聚草+黑藻+薹草+茨藻	薹草+丛枝蓼	蒌蒿+薹草
高滩地	南荻+芦苇，芦苇+蒌蒿	南荻+芦苇，南荻	南荻+芦苇+灰化薹草	南荻+蒌蒿

受到优势种或建群种生长发育节律与水位变化影响，鄱阳湖湿地植被在构成上具有多变性。一些短生长期的湿地植物在植物群落中交替出现，植被景观在时间上出现明显的群层现象。不同植物茎叶具有不同形态和色彩，在不同季节相继绽放各种不同形态、不同颜色的花序，整个洲滩呈现出气势宏伟、色彩缤纷的自然景观。

春季，鄱阳湖滩地一片葱绿，大面积的薹草和南荻群落成为洲滩植被的主角。3～4 月水田碎米荠花序在薹草中挺出，在绿色斑块中点缀片片白花，毛茛(*Ranunculus* spp.)、稻槎菜(*Lapsanastrum apogonoides*)、委陵菜(*Potentilla* spp.)和鼠曲草(*Gnaphalium* spp.)的黄花，紫云英(*Astragalus sinicus*)的红花更为春天的草洲添加了几分艳丽。春末夏初湖水位上涨前，薹草逐渐由绿色转为灰白色，在草洲滩地的碟形湖浅水区，大片的苻菜(*Nymphoides peltatum*)开出黄色的花朵，水面呈现一片金黄。

夏季，水位上升，整个草洲被水覆盖，辽阔的水面仅仅在岸边露出芦苇和菰(*Zizania latifolia*)的枝叶以及漂浮在水面的竹叶眼子菜等，水下则是一派繁荣的景象，苦草、黑藻、金鱼藻、茨藻等沉水植物茂密地展布在洲滩和碟形湖底部。

秋天，芦苇和南荻的绿叶层上又添增了一层紫色的花序，待到 10 月下旬，茎叶逐渐变黄，花序也完全开放，随即迎来"芦花飘飞"的景象；出露的洲滩上，薹草舒展开嫩叶，开始了一年中第二个生长季节，又将洲滩染成一片嫩绿；秋末冬初水蓼(*P. hydropiper*)、蚕茧蓼(*Polygonum japonicum*)和蓼子草相继盛开着谈红色的花朵，大片大片地镶嵌在绿色的薹草中，色彩斑斓，壮丽美观。

入冬以后，芦苇和南荻的地上部分逐渐枯萎，菹草(*P. crispus*)在碟形湖、湖汊和草洲洼地的水中蓬勃生长，叶片漂浮到水体表层，接受阳光；和绿色的薹草一起，显示鄱阳湖湿地冬季依然充满着生机活力。

5.4　湿地植被群落的波动与演替

5.4.1　波动与演替的概念

生物群落年际波动的含义为：在不同年度之间，生物群落有明显变动；但这种变动只限于群落内部的变化，不产生群落的更替现象，通常将这种变动称为"波动"（fluctuation）。群落波动主要是由于群落所在地水文、气象条件的不规则变动引起的，其特点是群落区系成分的相对稳定性、群落数量特征变化的不确定性以及变化的可逆性，在波动中，群落在生物量、各成分的数量比例、优势种的重要性以及物质和能量平衡方面，也会发生相应变化[9]。在湖滨水陆交界面，随着年际间水位的涨落幅度不同，植被带空间分布的位置或宽度发生改变，植被群落的种类和物种组成、分布、面积也随之发生变化，这样的变化也具有可逆性。

植物群落的演替（succession）是指：在生物群落发展变化过程中，由低级到高级，由简单到复杂，一个阶段接着一个阶段，一个群落代替另一个群落的自然演变现象。按照演替方向区分，生物群落可分为进展演替（progressive succession）和逆行演替（regressive succession）两类[9]。

（1）进展演替：随着演替进行，生物群落的结构和种类由简单到复杂，群落对环境的利用由不充分到充分，群落生产力由低逐步增高，群落逐渐发展为中生化，生物群落对外部环境的改造能力逐步强大。

（2）逆行演替：其进出程与进展演替相反，导致生物群落结构简单化，不能充分利用环境，生产力逐渐下降，群落旱生化，对外界环境改造作用轻微。

5.4.2　鄱阳湖湿地植物群落的波动

草本植物占优势的生态系统比木本植物占优势的系统更容易产生波动。在气象、水文等生态因子等的驱动下，鄱阳湖湿地植被发生着有动态变化。气象因素和水文过程是一个随机过程，在年际间产生波动，引起局部地段的植物群落变化。引起植物群落波动的因素很多，从根本上说，主要来自三个方面：一是短期的或周期性的环境变化，如气候、水文等的变化；二是因湖泊水环境质量变化引起，包括细菌、浮游生物、底栖动物在内的水生态系统变化；三是构成群落的植物自身的遗传因素。波动主要是植物发育节律作用与所处环境变化过程的耦合结果。鄱阳湖湿地植物群落的年内波动主要表现在：生物量波动、优势种波动、群落组成数量结构的波动、草洲季相的波动等几个方面。

（1）生物量波动：受气象、水文、水环境变化的影响，湿地植物群落生物量在年际间处在变化之中，不同植物群落的变化规律存在差异。下面以 2011～2013 年在湖区北部洲滩若干样方湿生植被监测结果为例，说明几种典型植物群落年际间生物量变化情况。

2011 年鄱阳湖遭遇少有的春夏连旱、旱涝急转灾害，虽然流域年均降水量达 1 582 mm，但 1～5 月流域降水量仅 421 mm，属于有记录以来同期最小；5 月 31 日星子站水位仅 10.44 m。2012 年鄱阳湖流域属于丰水年，年平均降水量达 2 175 mm，8 月星子站最高水位 17.69 m，超过防汛警戒水位。2013 年属于平水偏枯年份，年均降水量 1 470 mm。在气象、水文条件变化的情况下，湿地植物群落生物量产生波动，具体数据见表 5.9。

表 5.9　2011～2013 年鄱阳湖北部湖滩湿地植物群落生物量波动

年份	2011		2012		2013	
季节	春季	夏季	春季	夏季	春季	夏季
蒌蒿	2 024.9	1 764.6	2 563.5	4 532.2	2 317.8	2 973.2
灰化薹草	1 264.4	1 689.8	1 687.3	725.3	1 883.2	2 137.5
藨草带	1 315.4	261.1	2 057.2	653.2	1 257.9	1 835.8
泥滩带	365.3	240.8	865.4	225.4	383.5	753.2

在表 5.9 中，蒌蒿、灰化薹草、藨草带和泥滩带按高程从上往下排列。2011 年由于春夏连旱，生长在洲滩高处的蒌蒿群落春夏季地上生物量三年中最少，2012 年降水充沛，春夏季地上生物量最多；2013 年恢复到一般状态。生长在洲滩较低处的灰化薹草和藨草群落 2011 年因干旱生物量少；2012 年由于夏季湖水位较高；生物量最少，2013 年恢复正常。泥滩带处于洲滩最低处，2011 年春夏干旱时春季生物量较少、夏季生物量更少；2012 年春季生物量最高，夏季受洪水影响生物量最少；2013 年恢复一般状态。可以看到不同水文条件下，同一物种生存环境与条件不同，生物量变化幅度有所不同。

(2)优势种波动：主要发生在水陆交汇带，受到年际间干湿交替生境的影响。波动地段的植物群落会出现结构组成的变化，优势种存在更替。丰水年这一地带为水体，生长沉水植物为主，轮叶黑藻、苦草等沉水植物占优势，平水年为沼泽或滩地，代之以沼生植物占优势，如刚毛荸荠、水蓼、水田碎米荠、弯喙薹草、藨草等，少量沉水植物；干旱年份可能成为泥滩地仅有少数湿地植物。针对某一种群而言，可能一年在某一地方生长发育、成熟；另一年又在其他地方出现；蓼子草群丛每年冬季出现在不同的洲滩上，也是优势种波动的一种表现。

表 5.10　2011～2013 年鄱阳湖北部湖滩湿地植物群落多样性指数的波动

年份	2011		2012		2013	
季节	春季	夏季	春季	夏季	春季	夏季
蒌蒿	0.461	0.274	0.321	0.457	0.375	0.337
灰化薹草	0.206	0.275	0.321	0.571	0.227	0.154
藨草带	0.297	0.326	1.265	1.237	1.083	0.537

(3)群落结构的波动：湿地植物群落种类组成不复杂，一般为 5～8 个种，最多也不超过 12 个种，种类组成一般相对稳定，但由于植物生长期的差异，在不同年份同一季节

群落组成的数量结构,群落内各物种的优势度组成有一定的波动性。这种波动在不同群落内存在差异,以面积最大的薹草群落为例:薹草群落一般由薹草(*Carex* spp.)、下江蒌陵菜、水田碎米荠等组成,薹草占绝对优势,为群落建群种,而其他物种的优势度在年际间会发生变化,有的年份水田碎米荠优势度有所提高(或降低),有些年份各种蓼科植物优势度增高(或降低)。2011~2013 年在湖区北部洲滩不同植物群落生物多样性指数波动情况如表 5.10 所示。

比较表 5.9 可知,一般情况下,生物量减小时,生物多样性指数增大。这是由于水文条件变化对现有生物群落不利时,土壤种子库中适合这种条件生长的其他物种立即萌发成长,丰富了生物多样性。

5.4.3 鄱阳湖湿地植被群落的演替

植被群落波动年际间具有差异,在若干年内可以观察出来;植被群落演替则需要较长的时间才能表现出来。

从世纪尺度的宏观视野来看,内外地质作用、构造沉降和气候变化在鄱阳湖湿地生态系统形成过程中起决定性作用。第 1 章已述及,鄱阳湖是个年轻的湖泊,其形成历史并不长,是典型的河成湖,现在丰富多彩的湿地生态系统是草甸和农田沼泽化、陆地湖泊化演替的产物,植被群落经过了长期的演替。

从百年为尺度的中观视野看,第 1 章 1.6 节提到的碟形湖的形成及其植被变化就是一种进展演替。现在的碟形湖湿地生态景观形成由水流、泥沙和湿地植物的相互作用所逐步演替而来,这一过程大约从明代开始,经历了数百年。与此相反,目前个别碟形湖开始出现逆向演替。2003 年以后湖水位长期低枯,菰群落迅速扩张,面积达 114 km²,覆盖了赣江中支、南支入湖三角洲前缘滩地,南矶湿地自然保护区的神塘湖几乎完全被菰群落占据,菰群落对水流阻力大,促使泥沙沉淀;沉积的泥沙覆盖死亡的菰残体,使湖泊淤积,水体缩小;养鱼承包人每年进行刈割,也无法遏制菰蔓延势头;现在神塘湖基本上失去了经济利用价值,正在朝着沼泽化方向发展,湿地植被也随之变化。

以十年为尺度的微观视野开看,湿地生态水文过程的变化是导致鄱阳湖湿地植物演替的主要原因,近年来突出表现为:水位下降,持续低水位时间不断延长,相应洲滩出露时长加长,湿地生态性缺水以及水质变差等,使湿地植被发生相应演替,下面详细研究近 30 年来鄱阳湖沉水植被演替的情况及其原因。

5.5 鄱阳湖 30 年沉水植被演替及其驱动因素

5.5.1 湿地植被 30 年的演变[10]

比较第一次鄱阳湖科学考察[1]、中国科学院武汉水生生物研究所 1997~1999 年调查[3]和第二次鄱阳湖科学考察[5]有关植被调查资料,30 年来,鄱阳湖湿地植被群落正在出现退行性演替趋势。大致情况如下。

(1)湿地植被面积大幅缩减。1983 年第一次科考显示，鄱阳湖湿地植被总面积达 2 262 km²；2013 年第二次科考显示，湿地植被总面积为 1661 km²；减幅约为 26.6%。

(2)中生性草甸入侵洲滩高程较高地带，侵占面积增大。由于湖水位长期低枯，较高的洲滩土壤含水量减少，鸡眼草(*Kummerowia striata*)、野古草(*Arundinella anomala*)、白茅(*Imperata cylindrica*)等中生性植物侵入湿地，侵占了湖盆内高程 15 m 以上的洲滩，面积达 198 km²，成为物种数量增加的主要原因；狗牙根(*Cynodon dactylon*)群丛的分布高程已下降至 13.5 m。第一次鄱阳湖科学考察报告中没有提及这些中生性植物。

(3)湿生植物薹草群落面积增加。薹草群落面积由 1983 年的 428 km² 增加至 723 km²，增幅约为 68.9%，分布高程上限提升了 1 m，下限降低了 1 m。芦苇、荻等挺水植被群落面积由 185 km² 增至 240 km²，增幅约为 29.73%，分布高程上限提升了 3 m，下限降低了 2 m。

(4)薹草、南荻等湿生植物出现"矮化"现象。例如，第一次科学考察记载，南荻高达 3 m 左右，现在常见高度不足 1 m，生物量大减。

5.5.2　沉水植被的退行性演替[10]

沉水植物是指植株全部位于水层下面、扎根在湖底泥土上生存的大型水生植物，植物体的各部分都可吸收水分和养料，通气组织特别发达，有利于在水中缺乏空气的情况下进行气体交换。这类植物的叶子大多为带状或丝状，鄱阳湖常见种类有苦草苦、金鱼藻、狐尾藻、黑藻等。鄱阳湖是浅水湖泊，沉水植被群落面积大，在水生植被中沉水植被群落中占绝大多数。沉水植物在水体中担当着"制氧机"的角色，为水体中的其他生物提供溶解氧；同时吸收水体中的营养物质，包括氮、磷等，通过鱼类鸟类食用或人类采割，将氮磷转移出去，控制水藻生长而保持水体的清澈，对缓解水体富营养化起到积极作用。沉水植被群落茂盛是湖泊水质较好的标志。

30 年来，鄱阳湖沉水植被退行性演替趋势比较明显。"退行性"原本是一个医学名词，在此反映了鄱阳湖沉水植被处于一种正在退化的状态，主要体现在沉水植被面积的缩减、单位面积生物量减少、群落结构简单化、优势物种改变、生物多样性弱化等方面。

(1)沉水植被面积由 1 124 km² 减至 849 km²，减少 275 km²，减幅为 24.5%。

(2)沉水植物群落结构发生变化。1983 年，竹叶眼子菜为优势物种，几乎遍布全湖；2013 年竹叶眼子菜散布在其他沉水植物群落中，仅在少数碟形湖和浅水区域小面积分布，单位面积生物量大幅度减少；苦草成为了优势物种。

(3)沉水植物群落结构多样性降低，群落物种由 6～9 种降至 4～6 种(图 5.10)，以单位面积某物种生物量(湿重)与群落生物量之比作为群落优势度，三次监测结果见表 5.11。水生植被群落的优势物种由 1984 年的竹叶眼子菜与苦草，改变为 2001 年、2014 年的苦草与黑藻，竹叶眼子菜的优势度从 0.399 降至 0.011。

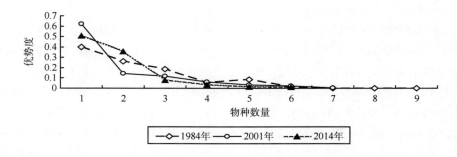

图 5.10　1984～2014 年三个阶段水生植物群落优势度的变化

　　(4) 作为耐污染物种的挺水植物菰(俗称野茭白，*Zizania latifolia*)，过去以小面积斑块状分布于洲滩终年积水的洼地中，30 年间急剧蔓延，在赣江南支、中支入湖三角洲前缘及碟形湖中均有大片分布，面积达 114 km²，已演变为鄱阳湖面积较大的一个挺水植物群类。菰群落扩展，恶化水质，屏蔽其他水生植物生长，影响水生动物生境，危害较大。

表 5.11　鄱阳湖不同时期水生植被种群结构的优势度　　　　　　(单位：%)

物种	竹叶眼子菜	苦草	黑藻	荇菜	聚草	小茨藻	大茨藻	金鱼藻	水蓼	轮藻	牛毛毡	其他
1984 年	0.399	0.260	0.186	0.055	0.084	0.014	0.001	0.001	0.001	—	—	—
2001 年	0.021	0.620	0.143	0.002	—	—	—	—	—	0.117	0.062	0.117
2014 年	0.011	0.508	0.355	0.080	—	—	—	—	—	0.034	—	0.012

　　(5) 对环境敏感物种面积呈减小趋势。如水车前(*Ottelia alismoides*)、微齿眼子菜等物种面积呈现减小趋势。

　　(6) 生物量减少。根据 1984 年、2001 年、2014 年三次沉水植被群落监测结果，全湖平均生物量自 1983 年的 1 921 g/m² 减少到 2001 的 1 591 g/m²、2014 年的 1 328 g/m²，30 年减幅达 31.0%；其中碟形湖平均生物量由 2 902 g/m² 分别减少到 2 340 g/m²、1 844 g/m²，30 年的减幅为 36.5%[10]。

5.5.3　沉水植被演替的驱动因素[9]

　　湖泊水生植被演变受到水文、水环境和人类活动等诸多因素影响，这些因素既从不同方面影响植物群落的生境，又相互作用，传递扩散，产生协调效应。在此对近 30 年其演变的驱动因素浅析如下。

1. 湖水位长期低枯压缩了水生植被生存空间

　　水是湿地的命脉，水淹是水生植物生存的制约条件[9]。鄱阳湖沉植被退行性演替首先是受到长期低枯水位的影响。2000～2015 年，长江流域进入一个来水较枯的水文周期[11]，虽然在此期间鄱阳湖既有枯水年(如 2004 年、2006 年、2010 年)，也有丰水年(如 2012 年)，但总体上属于平水年。通过对比星子站 1956～2002 年、2003～2015 年平均水位过程可知，自 2003 年以来，年平均水位 2003～2015 年较 1956～2002 年低 0.75 m；丰水期低 0.61 m，枯水期低 0.90 m(图 5.11)，年平均水面面积减少 310 km²。

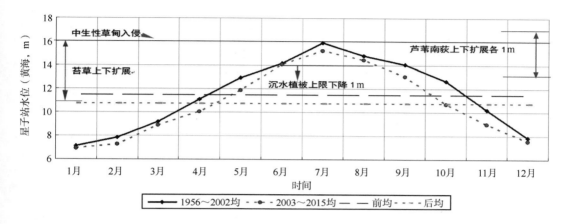

图 5.11　星子站 1956～2002 年、2003～2015 年月平均水位与植被分布格局改变

　　一至两年的干旱引起湿地植物生长产生波动，多年长期持续干旱就会胁迫湿地植被发生逆向演替。湖泊水位下降，水生植物生存空间压缩：沉水植物分布上限降低 1 m，分布面积减少 275 km²，与水面面积减少数量相近，湿生植物薹草群落分布范上限提高 1 m、下限降低 1 m，分布面积扩大近近 400 km²；南荻、芦苇分布上下限平均扩展 1 m；上限最多提高 3 m，下限最多降低 2 m，分布面积有所增加。由于土壤含水量减少，狗牙根、牛鞭草、假俭草等中生性植物群落侵占了 16 m 以上的洲滩(图 5.11)。

2. 洪水灾害诱发沉水植被演替

　　洪水作为一种自然现象，对沉水植物生长产生干扰[10-11]。水体光通量是影响沉水植物生长的关键因子之一，与水深和水体透明度密切相关。洪水期间湖水位急剧上涨，水体浑浊度增加，水环境恶化，对沉水植物生长产生胁迫，致使土层上面的活体死亡。鄱阳湖沉水植物适宜生长在水深 0.5～2 m 范围内，若水体透明度高，亦可生长在 2～3 m 的水中。多年监测结果表明，鄱阳湖星子站水位超过黄海高程 17 m，且持续半个月，主湖区基本没有沉水植被活体。如果其他因素影响没有较大变化，洪灾后的第二年沉水植被可以恢复；如果水环境因素发生较大变化，受其他物种竞争影响，某些敏感物种无法完全恢复，成为沉水植被演替的转折点。

　　鄱阳湖水生植被监测证实了上述论断。1983 年第一次鄱阳湖科学考察启动，当年发生了仅次于 1954 年的洪水，1984 年植物资源考察工作没有受到影响，1985 年考察圆满结束，得到的植被种类、分布和数量等结果，一直作为后面各类科研调查进行比较的基准。1998 年是鄱阳湖有记录以来洪水位最高的一年，星子站最高水位为 20.63 m

（黄海高程）、1999 年最高水位为 20.12 m（表 5.12）。崔奕波研究结果显示，1998 年洪水前，竹叶眼子菜的分布面积和生物量在鄱阳湖沉水植物群落中占首位，其次是黑藻；1998 年、1999 年洪水后，鄱阳湖湖盆（包括碟形湖）几乎没有发现任何沉水植物的地上部分活体[3]。2001 年，李伟在鄱阳湖国家级自然保护区的碟形湖调查结果显示，2001 年苦草与黑藻基本恢复到灾前水平，成为生物量最大的优势物种，竹叶眼子菜没有恢复到洪水前的状况，组成沉水植被群落的物种数量由洪水灾害前的 9 种减少到 7 种[4]，苦草成为鄱阳湖沉水植被群落的优势种。1998 年、1999 年的洪水使鄱阳湖沉水植被群落发生结构性变化。2012 年是 21 世纪以来第一个丰水年，星子站最高水位为 17.69 m（表 5.12）；汛后调查结果显示，鄱阳湖主湖区没有发现沉水植物地上部分的活体，但部分地势较高的碟形湖有沉水植物生存[12]。2014 年，竹叶眼子菜仅在部分碟形湖和浅水区域小面积分布，沉水植被群落的物种数量减少至 3～5 个物种。2016 年遭遇了 2000 年以来最大洪水（表 5.12），最高水位为 19.54 m，2017 年最高洪水位 18.92 m，主湖区未发现沉水植物活体；2018 年，沉水植物尚未完全恢复，是否发生结构性变化尚有待于进一步观察。

表 5.12　1983 年以来洪水灾害对鄱阳湖沉水植被影响

时间（年.月）	高于 17m 天数	平均水位/m	最高水位/m	当年沉水植被情况	恢复情况
1983.7	51	18.38	19.82	全湖没有沉水植被	1984 年恢复，群落含 9 种物种，竹叶眼子菜优势物种，生物量 1 921 g/m²
1998.7	64	19.07	20.63	全湖没有沉水植被	2001 年基本恢复，群落含 7 种物种，苦草为优势物种
1999.6	74	18.44	20.12		
2012.8	16	17.1	17.69	主湖区无沉水植被	2013 年恢复，群落含 5 种物种，生物量 1 328 g/m²
2016.7	34	18.65	19.54	主湖区无沉水植被	尚在恢复过程中
2017.6	20	18.17	18.92		

总之，洪水灾害直接损害沉水植被生长，洪水之后沉水植被可以恢复，但恢复什么状态，取决于湖区自然条件与湖泊水体中的营养物质浓度。

3. 湖泊富营养化恶化沉水植被生境

湖泊富营养化是水体中氮磷等植物营养物质含量过多所引起的水污染现象。基于大量研究结果显示，在中低纬度，影响浅水湖水体富营养化的制约因子是总磷[13-16]。当湖泊处于贫营养状态时，受磷的限制，藻类等初级生产者的物种和数量较少，水体透明度较大，有利于沉水植物生长；当湖泊水体磷浓度增加、达到富营养状态时，浮游植物大量增加，水体的光照强度减少，沉水植物数量将减少；当湖泊水体处于超富营养状态时，浮游植物占主导地位，透明度急剧下降，大型沉水植物难以生存（图 5.11）。波兰密可拉斯齐湖 30 年湖泊富营养化与沉水植被演变过程的研究结果表明，当贫营养状态时，沉水植被结构由轮藻等小型植物组成；随着富营养化程度增加，沉水植被结构演变为以眼子菜、伊乐藻为优势的大型多样化群落；当达到富营养状态时，沉水植被结构演变为穗状狐尾藻的单优群落；1963～1980 年，密可拉斯齐湖的透明度从 3 m 下降至 1 m，富营养化使植物生物量损失约 90%[13]。

邱东茹等对长江中下游湖泊沉水植物的研究结果表明，当水体处于"贫营养→中度营养→富营养→超富营养"的状态演变时，浅水湖泊中沉水植物呈现两种演替过程：一种是"轮藻→眼子菜→眼子菜+聚草→聚草+苦草+金鱼藻→沉水植被消失"；另一种是"轮藻→眼子菜→眼子菜+聚草→大茨藻+聚草+苦草→沉水植物的消失"[17]（图 5.12）。简敏菲等在鄱阳湖不同区域同步监测水质和沉水植物生长状况并分析的研究结果表明，水深、总磷和溶解氧是影响沉水植被分布与生物量的主要因素[18]。

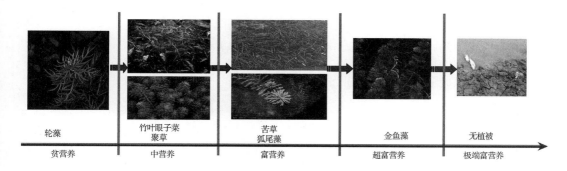

轮藻　　竹叶眼子菜 聚草　　苦草 狐尾藻　　金鱼藻　　无植被

贫营养　　中营养　　富营养　　超富营养　　极端富营养

图 5.12　水体营养程度增加促使沉水植物演替

Jacob Kalff 认为，当总磷浓度高于 0.15 mg/L、水体透明度小于 1 m 时，沉水植物很难生存[13]。Christer Brönmark 和 Laes-Anders Hansson 认为，当总磷浓度低于 0.046 mg/L 时，适宜于大型沉水植物生长；当总磷浓度高于 0.1 mg/L 时，大型沉水植物几乎不能生长[14]；Sven Erik Jørgensen 对丹麦湖泊调查后认为，适宜沉水植物生长的总磷阈值范围为 0.06～0.12 mg/L[15]。

鄱阳湖水质于 20 世纪 80 年代基本保持在 II 类，90 年代演变至III类，2003 年以后整个湖区全年各时期很难维持III类水标准（图 5.12），主要污染物为总磷和总氮。虽然鄱阳湖水体流动性强、氮磷等营养物分布不均匀[19]，但总磷平均浓度不断增高，对沉水植物产生较大影响。

基于鄱阳湖水环境监测资料，通过对 1985～2015 年总磷平均浓度与该时期鄱阳湖水生植被的优势物种及代表水污染程度的指示性物种进行聚类对比分析（图 5.13），可以得到：1985～2003 年，年平均总磷浓度为 0.029 mg/L，沉水植被以竹叶眼子菜为优势物种，沉水植被群落组成物种为 7～9 种；1998 年与 1999 年鄱阳湖几乎没有沉水植被，2000～2001 年为沉水植被恢复期；2004～2015 年，总磷平均浓度为 0.074 mg/L，水体轻度污染，苦草取代竹叶眼子菜为优势物种，沉水植被群落组成物种为 5～7 种；在污染较严重的水域分布有耐污染的水生植物菰（面积为 114 km²）和莕草（面积大于 30 km²）。

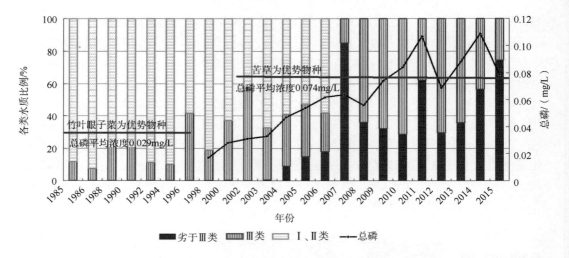

图 5.13　鄱阳湖水质变化与沉水植被群落演替

4. 过度的人类活动直接损害水生植被

鄱阳湖区人类活动频繁，水土开发资源利用超过了湖泊可以承受的范围。主湖区主要表现在无序采沙、酷渔滥捕、机械化扒捞螺蚌等方面[19]。凡是有采砂和经常性扒捞螺蚌活动的水域，水生植物已难觅踪影，并彻底破坏了湿地植物种子库。第二次鄱阳湖综合科学考察对 20 多个碟形湖和圩堤拦堵湖汊的开发利用方式及沉水植被覆盖情况进行了调查，结果列在表 5.13 中。

表 5.13　碟形湖和人控湖汊开发利用方式对水生植被的影响

利用方式	湖名	沉水植被群落类型	平均盖度/%
天然状态	蚌湖	苦草群落、轮叶黑藻−苦草群落	60
天然状态	大汊湖	苦草−轮叶黑藻群落	40
天然堑湖	小滩湖	轮叶黑藻群落	50
天然堑湖	泥湖	菰群落、菱群落	60
天然堑湖	白沙湖	轮叶黑藻−苦草群落、荇菜群落、苦草群落	50
天然堑湖	大湖池	蚕茧蓼/轮叶黑藻/菱群落/南荻群落/马来眼子菜群落/苦草	50
天然堑湖	沙湖	苦草群落、轮叶黑藻−苦草群落	50
承包养鱼	蚕豆湖	马来眼子菜−轮叶黑藻+苦草群落	60
承包养鱼	常湖	苦草群落	50
承包养鱼	三泥湾	轮叶黑藻−苦草群落、荇菜群落	40
承包养鱼	池洲湖	菰群落/南荻群落/轮叶黑藻群落/金鱼藻	30
承包养鱼	朱湖	菰群落、南荻群落	5

续表

利用方式	湖名	沉水植被群落类型	平均盖度/%
承包养鱼	中湖池	菰群落/南荻群落/轮叶黑藻/菱群落	10
承包养鱼	常湖池	菰群落/南荻群落/轮叶黑藻群落	10
承包养鱼	朱市湖	刺苦草群落	5
养螃蟹	上段湖	苦草群落、菱群落	5
养螃蟹	军山湖	菱群落/莲群落	1
捕捞螺丝	东湖	轮叶黑藻+苦草群落	15

结果显示，开发利用方式不同，水生植被的盖度和结构完全不同。当碟形湖在天然状态下或采取传统的"堑湖"取鱼方式(即在退水时拦截鱼类、自然育肥)时，水生植被盖度较高，平均盖度达40%～60%，如蚌湖、大汊湖等10个碟形湖。当碟形湖人为添加"四大家鱼"种苗，鱼类天然种群结构破坏时，水生植被平均盖度约30%～40%，如三泥湾、池州湖等。当在碟形湖中扒捞螺蚌时，水生植被平均盖度为15%以下，如程家池、汉池湖等。养鱼投放肥料、藻类疯狂增长，沉水植被平均盖度为10%以下，如常湖、中湖池等；当若连续三年养殖河蟹时，沉水植被几乎全部消失，水生植被平均盖度为5%以下，如上段湖、军山湖等。2012年10月，战备湖投放油菜籽枯饼，致使蓝藻水华暴发。

5. 多因素叠加效应

湖水位长期低枯、水环境质量恶化和人类活动超过生态系统的承载能力等因素相互叠加、共同作用、互为因果、反馈循环，三者交织在一起，推波助澜，发挥了负面协同效应，加速湿地生态系统逆向演替。2000年以后湖水位长期低枯，菰群落迅速扩张，面积达 114 km²，覆盖了赣江中支、南支入湖三角洲前缘滩地和南矶自然保护区部分碟形湖。分析其原因，主要是鄱阳湖长期低枯水位、适宜菰生长的浅水水域大幅度增加，加上鄱阳湖水体营养元素浓度增高，为菰生长提供了丰富的营养，洪水和人类活动(采砂、扒捞螺蛳)将菰植株连根拔起，随水流漂移，加快了群落蔓延和扩张；反过来，菰群落扩张促使泥沙进一步沉积，湖水变浅，菰的茎叶腐烂，进一步增加水体中的营养物质，使得菰群落扩张速度加快。菰群落植株密集，生物量大，群落组成结构简单，遏制其他水生生物生长，在菰群落覆盖的地方仅有少量漂浮植物，其他沉水、挺水、浮叶等水生植物不易生存，导致鱼类、鸟类稀少，对湖泊健康危害甚大。

5.6 鄱阳湖沉水植被群落的恢复力

5.6.1 生态系统状态转移的球-盆模型

前面已经介绍，鄱阳湖沉水植被群落处在退化之中，退化不仅表现在生物量减少，而且反映在水生植被群落优势物种改变、群落结构简单化。这种演替往往表现为突变性，洪水灾害是诱因。1998 年、1999 年发生洪水，鄱阳湖沉水植物几乎没有活体；洪水之后逐步恢复，至 2001 年沉水植被群落基本恢复，但优势物种由竹叶眼子菜改变为苦草，水生植被群落组成物种由 7~9 种减少到 5~7 种，水生植被群落分布面积减少，单位面积生物量减低。

对于生态系统这一现象，Brian Walker 和 David Salt[16] 称为"状态转移"，他们建立了一个球盆体模型形象地说明系统状态转移及其弹性的概念。假设某系统的状态受 N 个变量影响，如沉水植物群落受到水、土、光和氮、磷、碳等营养物质及其他生物竞争、促进或制约作用的影响，沉水植物群落的状态是群落的物质构成、密度、生物量及功能和反馈作用等，如图 5.14 所示。状态表面存在许多"盆体"，"球"代表所有变量联合作用下系统的某一状态。在同一盆体中，系统具有基本相同的结构、功能与反馈作用；球趋向于向盆底运动的趋势，从系统角度讲，趋向于某种平衡状态。由于影响系统状态的变量在不断变化，球在盆中的位置也在不断变化。如果球移到某一盆体的边缘，推进系统变化的某一反馈机制发生变化，系统就出现新的平衡状态，即系统跨越某一阈值进入一个新的引力域。换言之，球就会进入另一个盆体，新的盆体具有不同的结构、功能与反馈机制。

图 5.14　系统的球–盆模型

影响沉水植被群落生长发育的因素有很多，包括湖泊水深、水质状况、水体浑浊度和浮游植物密度及其鱼类、底栖动物、鸟类取食等。沉水植被群落在长期进化过程中不断适应变化的环境，并与其他生物竞争，占据了一定的生态位，形成一定的生态节率，生态节率与水文和水环境的时间节率是相互协调，并与其他生物群落形成一种竞争与协同共生的关系。如果水文、水环境条件改变，对生物群落的生存和发育就会产生胁迫与干扰。生态系统是具有一定适应能力的复杂系统，胁迫因素超过生物群落的适应能力，生物群落的生长发育受到阻碍。生态系统的弹性表现在具有一定的恢复力，恢复力是一个系统经历干扰、胁迫力消失后，不会发生态势转变而恢复到原来稳定平衡状态的能力，是系统可持续发展的关键。

5.6.2　沉水植被群落恢复力模型

Brian Walker 和 David Salt 提出的弹性概念[16]得到许多专家学者的认同，也有一定的应用[20-21]。我国学者在评价生态系统健康时，将生态系统弹性作为一个重要指标，并用若干统计指标进行衡量[22-24]。目前尚未看见根据生态水文原理描述弹性定量分析的报道[23]。在此，从恢复力的定义出发，根据沉水植被演替的主要影响因素及其水文生态机理，尝试建立了一个恢复力模型，利用这个模型，以鄱阳湖 30 年演变过程中几个关键环节的实测资料为依据，定量分析鄱阳湖沉水植被群落恢复力变化过程。

在影响沉水植物生存发展的诸多因素中，能够接受足够的光通量是决定性因素。洪水影响光通量，反映在沉水植被生存环境的水深和水体浑浊度。洪水期间水位高，泥沙多，水体浑浊。长期监测结果表明，鄱阳湖水位超过黄海基面 17 m 且持续时间半月以上，主湖区沉水植被无法生存。另一个影响光通量的因素是藻类(特别是蓝藻)，藻类密度高、生物量大时，严重影响水体透明度，当湖泊水体氮磷重量比超过 8∶1(由蓝藻分子结构决定的)，总磷是藻类发育的制因素；总磷小于 0.05 mg/L，蓝藻难以形成集聚态势，有利于沉水植物生长；总磷大于 0.10 mg/L 时，藻类发育很快，静水湖泊中的沉水植物生存受胁迫，大于 0.20 mg/L 则藻类水华暴发，沉水植物不能生长，成为藻型湖泊[13, 15]。总磷浓度对沉水植物产生制约作用的上下限，在不同气候条件、不同湖泊水深或不同水流流速有所差异，Jacob Kalff 认为是 0.05～0.10 mg/L[13]；Sven Erik Jørgensen 认为，在丹麦是 0.06～0.12 mg/L[15]。

洪水可以破坏沉水植物群落生长，藻类也产生制约作用，综合两者的关系，可用图 5.15 表示。洪水造成沉水植被群落死亡，洪水之后沉水植被群落能否恢复到以前的状态，取决于湖泊水体总磷的浓度。如果总磷浓度较低，沉水植被群落可以恢复到以前的状态，如鄱阳湖 1983 年洪水灾害后的情况。如果总磷浓度较高，则产生状态转移，不会完全恢复到洪水灾害以前的状况，如鄱阳湖 1998 年、1999 年洪水灾害以后那样。

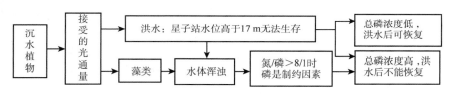

图 5.15　影响沉水植物生长发育的主要因素

沉水植物群落随水体富营养化程度严重发生状态演变,可以用 Brian Walker 和 David Salt 提出的球-盆模型来描述。生态系统状态受多种因素影响，但系统状态往往有少数起到关键作用的慢变量所决定。如果所有变量对系统状态起到同样作用，系统永远处于持续变化之中，这样的系统是不稳定的。就沉水植被群落生长而言，它们的生长发育受到水、土、光和氮、磷、碳等营养物质和其他生物等多种因素影响，对于中纬度浅水湖泊而言，氮、碳等营养物质是充足的，影响藻类密度和生物量的制约因素是总磷。这样，影响沉水植被群落状态演变的慢变量是总磷浓度。那么，邱东茹等对长江中下游湖泊沉水植物演替的研究结果(图 5.12)[17]，可以用一个一维球-盆模型表示，如图 5.16 所示。图中纵坐标表示沉水植被生长状态，包括种群结构、优势物种、密度和生物量等；横坐标表示总磷浓度，一个又一个的凹地(盆)，表示沉水植被群落状态顺着"轮藻→眼子菜→眼子菜+聚草→聚草+苦草+金鱼藻→沉水植被消失"的顺序演替。

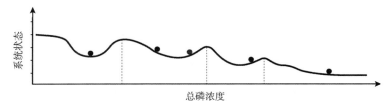

图 5.16　浅水湖泊沉水植被群落演变的球-盆模型

5.6.3　鄱阳湖沉水植被群落恢复力的演变

物理学中的恢复力通常指物体变形后恢复到原来大小和形状的能力。生态系统恢复力是一个系统经历干扰、胁迫力消失后，不会发生态势转变而恢复到原来稳定平衡状态的能力[15]。沉水植被群落在外来胁迫力作用下，生长受到阻碍，胁迫力消除后，依靠群落的恢复力，植被群落能够在一定程度上恢复。恢复程度取决于胁迫力和恢复力的大小，可以用群落生存状态 P_t=恢复力 R_t/胁迫力 C_t 表示，因此就有：

$$水生植被群落恢复力 R_t=恢复后群落生存状态 P_t \times 胁迫力 C_t \tag{5.1}$$

应用式(5.1)计算恢复力，需要明确两个概念：首先是"原来的结构与功能"的确切含义。严格地讲，生态系统受到损害后很难完全恢复到原来的结构与功能，但可以适当放宽到恢复"核心结构与基本功能"保持不变。1983 年以来，鄱阳湖发生了四次较大洪水。20 世纪 80 年代，鄱阳湖流域以农业经济为主，生态环境质量较好，鄱阳湖水质处于 Ⅰ～Ⅱ，水生植被茂盛。按照最高洪水位统计，1983 年洪水处于 1949 年以来第 3 位，1984 年沉水植被群落已经恢复到洪水以前，可以认为，这次洪水之后沉水植被群落已经恢复，相当于图 5.16 中左边第一个盆。1998 年、1999 年洪水以后，沉水植物群落的优势物种由竹叶眼子菜改变为苦草，与竹叶眼子菜的根块相同，苦草的冬芽富含淀粉，是白鹤、小天鹅的食物，沉水植物群落的基本功能没有发生根本性逆转；但是，群落物种组成由 7～9 种减少到 5～7 种，优势物种已经改变，"核心结构"已经变化，可以认为，沉水植被群落状态发生了转移。在图 5.16 中系统状态转移到左边第二个盆。2012 年洪水，当年虽然主湖区没有沉水植被，第二年沉水植被群落恢复了，虽然群落结构有所简化，生物量减少，优势物种未变，核心结构未改变；并没有影响到鹤类和天鹅类候鸟的食物，也没有破坏净化水质的功能，基本功能也未改变，可以认为系统状态并未发生转移，和 1998 年、1999 年洪水以后的沉水植物状态相同，仍在一个"盆"中(图 5.16 中第二个盆)。

其次是怎样度量"胁迫力"，这里以影响沉水植物群落生长发育的洪水水位及其持续时间，和危及沉水植物群落生长水体的总磷浓度来描述胁迫力大小。其中，洪水是状态转变诱因，总磷浓度是制约性条件。

具体计算过程如下。以 1983 年洪水后水生植被群落恢复作为比较基点，根据水文、水环境资料和洪水之后沉水植被群落恢复情况监测资料，计算以后几次洪水鄱阳湖水生植被群落的恢复力及其变化。

设洪水后水生植被群落恢复后的相对状态

$$P_t = \frac{A_t \sqrt{N_t B_t}}{A_0 \sqrt{N_0 B_0}} \tag{5.2}$$

式中，N_t、N_0 表示第 t 年和 1984 年沉水植被群落物种数量；B_t、B_0 分别表示第 t 年和 1984 年水生植被群落单位面积生物量；A_t、A_0 分别表示第 t 年和 1983 年全湖水生植被群落面积。根号这一项表示沉水植被群落物种数量与总生物量的几何平均。

式(5.2)的生物学意义为第 t 年水生植被群落生物量和物种数的几何平均值乘以全湖水生植物面积与 1983 年洪水后相应状态之比。

又设为相对环境的胁迫力

$$C_t = \frac{D_t H_t P_t}{D_0 H_0 P_0} \qquad (5.3)$$

式中，D_t、D_0 表示第 t 年和 1983 年洪水位超过 17 m 的天数；H_t、H_0 分别代表第 t 年和 1983 年洪水位超过 17 m 后的平均水位；P_t、P_0 分布代表第 t 年和 1983 年湖泊水体总磷平均浓度的权重。若年平均浓度小于等于 0.05 mg/L，不会成为沉水植物群落生长的胁迫力：P_t、P_0=1；若大于 0.05 mg/L，权重为当年总磷平均浓度与 0.05 mg/L 的倍数，$P_t = \overline{TP_t} / 0.05$。

式(5.3)的水文学意义表示第 t 年相对于 1983 年洪水期间超过 17 m 水位水柱高持续时间加权，权重系数为总磷浓度超过 0.05 mg/L 的倍数(图 5.17)。

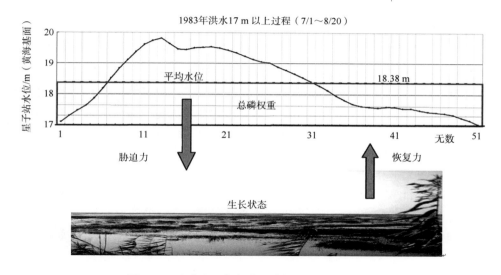

图 5.17　胁迫力、恢复力和生长状态计算示意图

根据式(5.1)，水生植被群落恢复力为

$$R_t = \frac{A_t \sqrt{N_t B_t}}{A_0 \sqrt{N_0 B_0}} \frac{D_t H_t P_t}{D_0 H_0 P_0} \qquad (5.4)$$

式(5.4)的水文生态学意义可以用图 5.17 表示。胁迫力是用总磷浓度加权的覆盖在沉水植被群落上面使植物无法生长的水柱高，恢复后沉水植被群落的状态包括群落结构和单位面积生物量的几何平均乘以沉水植被总面积。

1983 年、1998 年和 1999 年、2012 年相关洪水、总磷浓度和洪水后水生植被群落恢复的资料列在表 5.14 中。根据式(5.2)、式(5.3)计算的相对生长状态、相对胁迫压力也列在表 5.14 中。其中，1998 年、1999 年连续两年发生洪水，监测记录表明，至 1999 年洪水来临前，沉水植被仅恢复 10%，至 2001 年水生植被群落完全恢复，1999 年胁迫力

表 5.14　1983～2012 年洪水灾害后水生植被群落恢复的恢复力计算

项目	1983 年	1998 年	1999 年	2012 年
最高水位/m	19.82	20.63	20.12	17.69
17 m 以上平均水位/m	18.38	19.07	18.44	17.26
17 m 以上天数/天	51	64	74	16
年均总磷浓度/(mg/L)	0.015	0.017	0.025	0.069
磷加权	1	1	1	1.38
生物量/(g/m²)	1 921		1 597	1 328
沉水植被面积/km²	1124		925	849
群落物种数量/种	9		7	5
生长状态	147 792		97 800	69 182
胁迫力	638		1370	381
相对生长状态	1		0.662	0.468
相对胁迫力	1		1.074	0.405
相对恢复力	1		0.711	0.190

仅用 10%与 1998 年胁迫力相加；沉水植被群落经过 2 年时间恢复，生态系统可以通过调整资源消耗的速率来满足长期生长发育的需要，因此，相对生长状态以 0.662 除以 2。恢复力按照式(5.1)计算，这里隐含了一个假设，相对于胁迫力而言，恢复力与植被群落恢复后的状态成线性关系，在资料不充足情况下，只有进行这样的简化。是否符合线性关系需要实测资料增加后再进行详细论证。

从表 5.14 最后一行可知，1998～1999 年洪水的恢复力达到 1983 年的 71.1%，2012年为 1983 年的 19.0%。2012 年洪水并不大，但 2003 年以后，鄱阳湖水体中总磷浓度逐年增高，成为影响水生植被群落弹性的重要因素，恢复力大为削弱。2016～2017 年发生了与 1983 年相当的洪水，鄱阳湖主湖区沉水植被没有完全恢复。恢复情况如何，只能拭目以待。

沉水植被群落恢复力计算，不仅量化了沉水植被群落退化的程度，而且揭示了导致群落退化最主要的原因，凸现了湿地生态系统保护和修复的关键因素。

5.7　小　　结

这一章根据第二次鄱阳湖科学考察中湿地与植被考察结果，首先详细介绍了鄱阳湖湿地生态系统植被群落的种类、结构、分布、面积及功能。鄱阳湖湿地植被包括湿生植被群落和水生植被群落两大类，湿生植被群落主要有芦苇、南荻、藜草、狗牙根和薹草群落，共有 14 种群丛，其中薹草群落面积最大，生态功能多样，社会经济效益显著。水生植被群落包括菱、荇菜、芡实、莲、菹草、苦草群落，共有 11 种群丛，其中苦草群落面积最大，生态服务功能显著。湿地植被分布格局是鄱阳湖湿地植物应对水位频繁变化响应的结果，水深和水体透明度成为决定水生植物的空间分布的主要因素，土壤含水量成为决定湿生植物空间分布的重要因素。

第二部分根据第一、二次鄱阳湖科学考察和武汉水生生物研究所 1996～2001 年湿地植物调查(包括后续调查)结果,分析了最近 30 年来鄱阳湖湿地植被群落动态演变过程,发现鄱阳湖湿地植被群落处于退化演替过程中,沉水植被退化尤其明显,沉水植被群落退化原因,主要包括 2003 年以来湖水位长期低枯、湖泊水环境逐渐变差、过度的人类活动超过了湿地生态系统的承载能力,洪水灾害在沉水植被群落演替中起到诱发作用,四方面因素叠加,相互影响,互为因果,产生负面的协调效应。

沉水植被健康是鄱阳湖流域生态环境状态的标志,也是各界关注的热点,不仅对鄱阳湖区社会经济发展和生态环境保护具有重要意义,而且对长江中下游的水资源、水环境和水生态具有重要作用,在长江大保护、建设长江中下游绿色生态廊道中地位显著。这一章最后以复杂系统理论为指导,从弹性的定义出发,根据沉水植被演替的主要影响因素及其水文生态机理,构建了沉水植被群落演替过程中的恢复力数学模型。利用这个模型,以鄱阳湖 30 年演变过程中几个关键转折点的实测资料为依据,定量分析 1983 年以来鄱阳湖沉水植被群落恢复力的变化情况。恢复力定量分析不仅了解了沉水植被群落退化的程度,而且揭示了导致群落退化的最重要原因是水环境变差、总磷浓度增加,凸现了湿地生态系统保护和修复的关键因素。

现有的沉水植被群落结构对保持鄱阳湖湿地生态系统健康和生态服务功能具有基础性作用,沉水植被群落为鹤类、天鹅类重点保护鸟类和水生动物提供食物和饵料,还能吸收湖底沉积物中的营养物质,净化水质。遏制沉水植被退化,维护沉水植被群落的现有结构、面积、生物量及其功能,是一项十分迫切、重要的任务,必须高度重视。目前鄱阳湖主湖区无序采砂、酷渔滥捕、捕螺扒蚌和围湖养殖等专项整治工作取得了突出成效,今后的任务是持之以恒,纳入法制化轨道,巩固已经取得的成果,一定要把人类活动控制在湿地生态系统可承受的范围内。要把减少入湖污染负荷作为重要任务,常抓不懈。进一步完善城镇生活污水收集管网,提高城镇生活污水处理效率;严格管理农业面源、水土流失和城乡垃圾流失,减少入湖面源污染。利用全湖禁渔的大好时机,投放"四大家鱼"鱼苗,进行生物调节,控制藻类浓度。多种措施并举,保持鄱阳湖一湖清水,维护湿地生态系统健康。

参 考 文 献

[1] 《鄱阳湖研究》编委会. 鄱阳湖研究[M]. 上海:上海科学技术出版社,1988.

[2] 官少飞,郎青,张本. 鄱阳湖水生植被[J]. 水生生物学报,1987,11(1):9-21.

[3] 崔奕波,李忠杰. 长江流域湖泊的渔业资源与环境保护[M]. 北京:科学出版社,2005.

[4] 李伟,刘桂华等. 1998 年特大洪水后鄱阳湖自然保护区主要湖泊水生植被的恢复[J]. 武汉植物学研究,2004,22(4):301-306.

[5] 戴星照,胡振鹏. 鄱阳湖资源与环境研究[M]. 北京:科学出版社,2019.

[6] 纪伟涛等. 鄱阳湖——地形、水文、植被[M]. 北京:科学出版社,2017.

[7] 胡振鹏等. 鄱阳湖湿地植物生态系统结构及湖水位对其影响研究. 长江流域资源与环境,2010,23(6).

[8] 中国大百科全书编辑部. 中国大百科全书(简明版)[M]. 北京:中国大百科全书出版社,1998.

[9] 牛翠娟等. 基础生态学(第 3 版)[M]. 北京:高等教育出版社,2002.

[10] 胡振鹏,林玉茹. 鄱阳湖水生植被 30 年演变及其驱动因素分析[J]. 长江流域资源与环境,2019,28(8):1947-1955.

[11] 陈进. 长江演变与水资源利用[M]. 武汉:长江出版社,2012.

[12] 孙宝腾,梁荣,彭丽等. 植被检测报告/江西鄱阳湖国家级自然保护区自然资源 2011~2012 年监测报告[M]. 上海:复旦大学出版社,2013.

[13] Jacob Kalff. Limnology—Inland Water Ecosystems [M]. Prentice-Hall.Inc,2002.(古滨河译,湖沼学——内陆水生态系统[M]. 北京:高等教育出版社,2011.)

[14] Christer Brönmark,Laes-Anders Hansson. The Biology of Lakes and Ponds[M]. London: Oxford University Press,2005.(韩博平译,湖泊与池塘生物学(第二版)[M]. 北京:高等教育出版社,2013.)

[15] Sven Erik Jørgensen. Introduction to Systems Ecology. CRC Press,2012.(陆健健译,系统生态学导论[M]. 北京:高等教育出版社,2013.)

[16] Brian Walker,David Salt. Resilience Thinking: Sustaining Ecosystems and People in a Changing World. Island Press,2006(彭少麟等译,弹性思维:不断变化世界中生态系统的可持续性[M]. 北京:高等教育出版社,2009.)

[17] 邱东茹,吴振斌. 富营养化浅水湖泊沉水水生植被的衰退与恢复[J]. 湖泊科学,1997,9(1):82-88.

[18] 简敏菲,简美锋,李玲玉,等. 鄱阳湖典型湿地沉水植物的分布格局及其水环境影响因子[J]. 长江流域资源与环境,2015,24(5):765-772.

[19] 唐国华,林玉茹,胡振鹏,等. 鄱阳湖区氮磷污染物分布转移和削减特征[J]. 长江流域资源与环境,2017,26(9):1436-1445.

[20] Ran Bhamra,Samir Dani & Kevin Burnard. Resilience:the concept,a literature review and future directions. International Journal of Production Research,2011,49(18):5375-5393.

[21] Fridolin Simon Brand and Kurt Jax. Focusing the Meaning(s)of Resilience: Resilience as a Descriptive Concept and A Boundary Object. Ecology and Society,2007,12(1):23.

[22] 崔保山,杨志峰. 湿地生态系统健康研究进展[J]. 生态学杂志,2001,20(3):31-36.

[23] 李湘梅,肖人彬,王慧丽,等. 社会–生态系统弹性概念分析及评价综述[J]. 生态与农村环境学报,2014,30(6):681-687.

[24] 龙邹霞,余兴光. 湖泊生态系统弹性系数理论及其应用[J]. 生态学杂志,2007,56(7):1119-1124.

第6章 大型底栖动物的种群、分布和数量的演变

6.1 大型底栖动物的三次考察情况

大型底栖无脊椎动物(benthic macroinvertebrate)是指生命周期的全部或至少一段时期聚居于水体底部、大于 0.5 mm 的无脊椎动物群落,简称底栖动物。淡水中的底栖动物主要包括水生昆虫、软体动物、螨形目、软甲亚纲、寡毛纲、蛭纲和涡虫纲等。底栖动物在生态系统中具有极其重要的生态学作用,是淡水生态系统一个重要组成部分。底栖动物对水环境质量变化反映迅速,群落结构的变化趋势可以反映所在水体环境变化的影响。

6.1.1 20世纪80年代鄱阳湖底栖动物分布概况[1]

鄱阳湖底栖动物所属的类群很多,有多孔动物门淡水海绵(Spongilidea)、腔肠动物门水螅(Hydroidea),扁形动物门涡虫(Turbellaria),线性动物门的线虫(Nemathelmitnthes)、腹毛虫(Gastrotricha),环节动物门寡毛类(Oligochaaeta)、蛭类(Hirudinea),软体动物门腹足类(Gastropoda)和瓣鳃类(Lamellibranchia),节肢动物门的甲壳类(Grustasea)、水螨(Hydracarina)、昆虫(Insecta),苔藓动物门羽苔虫(Plumatellirae)。

软体动物门腹足类(螺类)和瓣鳃类(蚌类)在鄱阳湖种类多,数量大,经济价值高。1984年第一次鄱阳湖科学考察调查到的种类数量、优势物种、密度和生物量如表 6.1 所示。

表 6.1 20世纪80年代鄱阳湖腹足类和瓣鳃类底栖动物数量、密度和生物量

类别	种数	优势种群	平均密度/(ind/m²)	平均生物量/(g/m²)
腹足类	18	长角涵螺、纹沼螺、铜锈环棱螺、梨形环棱螺、方形环棱螺、中华沼螺、大沼螺和方格短沟蜷	23 (13~549)	55 (9~321)
瓣鳃类	32	湖沼股蛤、三角帆蚌、短褶矛蚌、矛形楔蚌、扭蚌、背角无齿蚌,河蚬	1.3 (0.01~4.8)	7 (0.4~25.5)

6.1.2 20世纪90年代末鄱阳湖底栖动物的种类分布数量[2]

1997年10~11月和1998年4月~1999年7月,中国科学院武汉水生生物研究所对鄱阳湖及其附近长江干流的底栖动物进行了 5 次调查。结果显示,全湖底栖动物共 51种,隶属于5门24科47属;其中寡毛类 14 种,软体动物 8 种,水生昆虫 22 种,其他

动物 8 种。其中流水和喜硬底的种类占相当大比重，如河蚬、沟虾、毛翅目幼虫等。主湖区种类最多，是通江水道的 1.4 倍，约有 30%的种类仅见于主湖区，主要是寡毛类和节肢动物，如单向蚓、癞颤蚓和一些昆虫。

鄱阳湖全湖底栖动物密度为 596 ind/m²，其中软体动物为优势类，占 63.4%，昆虫类占 10.4%，寡毛类占 9.6%，多毛类占 3.4%，沟虾占 3.0%。生物量（湿重或带壳湿重）为 147 g/m²，软体动物占优势，高达 99.5%，昆虫占 0.3%，寡毛类占 0.1%，其他动物占 0.1%；在软体动物中，优势种类为河蚬、沼螺和湖沼股蛤，分别占 38.5%、16.7%和 4.1%。按照功能摄食类群划分，在主湖区收集者和刮食者占优势，密度分别为 355 ind/m² 和 154 ind/m²，分别占 57.0%和 24.7%；其中收集者以过滤群体为主，占 2/3 以上；撕食者虽然不是优势群类，但比其他湖泊多，其原因在于鄱阳湖兼具湖泊和河流性质，外源有机物较丰富。

通过对底栖动物密度、生物量和各环境要素回归分析，鄱阳湖大多数底栖动物密度 D(ind/m²)、生物量 B(g/m²)和水深 h(m)呈指数式负相关，回归方程为

$$\ln(D+1) = 5.39 - 0.154h \quad r=0.244，p=0.028 \tag{6.1}$$

$$\ln(B+0.01) = 3.50 - 0.334h \quad r=0.293，p=0.008 \tag{6.2}$$

密度 D(ind/m²)、生物量 B(g/m²)和透明度 s(m)的回归方程为

$$\ln(D+1) = 3.5 + 0.099s \quad r=0.348，p=0.001 \tag{6.3}$$

$$\ln(B+0.01) = -0.458 + 0.200s \quad r=0.391，p=0.000 \tag{6.4}$$

另外，分别对寡毛类、螺类、双壳类、昆虫幼虫、撕食者、过滤收集者、直接收集者、刮食者和捕食者分别得到类似式(6.1)～式(6.4)的经验公式，在此不一一列出[2]。从式(6.1)～式(6.4)可以看出，总密度和总生物量和水深负相关，边际增长率为水深每增加 1 m，密度下降 15%，生物量下降 29%；和透明度显著正相关(透明度在湖区主要与泥沙含量有关)，透明度每增加 1 cm，过滤收集者密度和生物量分别增加 1%和 2%；刮食者密度和生物量分别增加 0.9 ind/m² 和 0.3 g/m²。分析结果还表明，底栖动物与其他理化因子相关性不明显。总的来讲，由于鄱阳湖属于浅水湖泊，底栖动物的主要限制因子是底泥、流速和水体泥沙含量。

和国内其他湖泊相比，鄱阳湖底栖动物的种类最多，软体动物高于其他湖泊 7～16 倍，在资源量方面是其他湖泊的 3 倍以上，密度达 596 ind/m²，生物量 147 g/m²，其中双壳类等过滤收集者和螺类等刮食者是优势类群。鄱阳湖是长江流域水生无脊椎动物的宝库，一方面与湖泊与长江相通有关；另一方面是由于水体污染较轻。

6.1.3　鄱阳湖底栖动物种类与分布现状[3]

1. 底栖动物种类

第二次鄱阳湖科学考察 2012 年 12 月设定 28 个断面、86 个采样点；2013 年 5 月设置 20 个断面、61 个采样点(其中重复采样点 17 个)，进行定量采集(图 6.1)。采集到底

栖动物 83 种，分别隶属于环节动物门、软体动物门和节肢动物门。其中环节动物门鉴别出 2 纲 2 目 2 科 5 种，占底栖动物总种数的 14.3%；软体动物门鉴别出 2 纲 5 目 8 科 25 种，占底栖动物总种数的 71.4%；节肢动物门鉴别出 2 纲 3 目 5 科 5 种，占底栖动物总种数的 14.3%。

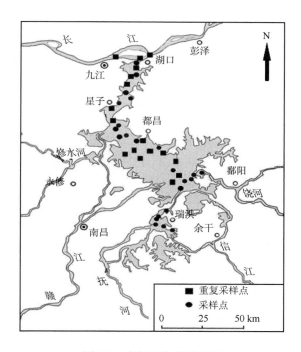

图 6.1　底栖动物采样点图

　　从水域分布看，鄱阳湖自然保护区水域，含修河和赣江尾闾段，物种数较多，达 83 种，这些水域生境复杂多样化，随着水位变化，河流与湖泊交替，是底栖动物重要栖息场所。鄱阳县水域物种数为 26 种，这里水草丰富，适宜中小型螺类栖息，沼螺、豆螺和椎实螺类很丰富。都昌县水域和余干县水域底栖动物分别为 21 种、20 种，两者种类组成较相似，这里生境相对稳定，相比鄱阳水域，水草少，一些喜欢附着于水草上的螺类很少。湖口县水域采集得到的底栖动物种类较少，仅 16 种，究其原因，可能是该水域为主航道，水较深，其生境破坏严重。就生境特点而言，自然保护区为典型的碟形浅水湖泊，无论是物种、生物量和密度，均高于入江水道和主湖区。

　　从定量采集的结果看，鄱阳湖大型底栖动物的优势种为河蚬(39.9%)、苏氏尾鳃蚓(11.7%)，常见种为梨形环棱螺(7.7%)、长角涵螺(7.3%)、铜锈环棱螺(6.7%)和方格短沟蜷(4.1%)等。枯水期大型底栖动物优势种为河蚬(47.9%)和苏氏尾鳃蚓(13.1%)；常见种为梨形环棱螺(8.3%)、铜锈环棱螺(8.0%)、纹沼螺(4.3%)等。丰水期大型底栖动物优势种为长角涵螺(23.4%)、河蚬(22.0%)，常见种为苏氏尾鳃蚓(8.4%)、摇蚊幼虫(7.2%)、梨形环棱螺(5.9%)、方格短沟蜷(5.6%)等。不同水域的优势种略有差异，具体情况见表 6.2。

表 6.2　丰、枯水期不同水域的优势物种

水域	丰水期	枯水期
都昌	河蚬(21.2%)、苏氏尾鳃蚓(18.3%)、铜锈环棱螺(11.5%)、大沼螺(10.6%)	河蚬(43.2%)、苏氏尾鳃蚓(20.3%)
湖口	河蚬(35.0%)、方格短沟蜷(21.3%)、苏氏尾鳃蚓(20.0%)	苏氏尾鳃蚓(31.4%)、河蚬(19.8%)、方格短沟蜷(14.0%)
鄱阳	河蚬(40.2%)、长角涵螺(19.6%)、	河蚬(55.8%)、梨形环棱螺(14.1%)、铜锈环棱螺(12.3%)
余干		河蚬(58.2%)、苏氏尾鳃蚓(12.8%)

2. 密度与生物量及群落时空变化

鄱阳湖底栖动物平均密度为 348.64 ind/m²，生物量为 65.24 g/m²。但不同季节、不同断面相差甚远。

1) 枯水期

位于长江河道中三个断面(长江口、新港、八里江)的平均密度(17.778 ind/m²)和生物量(0.251 g/m²)非常低，八里江断面甚至完全没有采到底栖动物(图 6.2)；在星子到都昌段靠近县城，往来船只多，生境遭人为破坏严重，因此底栖动物的平均密度(35.307 ind/m²)和平均生物量(25.069 g/m²)均较低。和合断面采得大量沼螺属种类，个体平均重 0.448 g/ind，和合断面平均密度和平均生物量均较高；汉池湖边断面发现大量河蚬，河蚬在所有采得的底栖动物中平均个体重量最大，约 1.821 g/ind，汉池湖边断面由于河蚬占底栖动物主要部分，平均生物量大于平均密度；穆家垄、龙口、金溪湖口等断面皆是个体重量较大的河蚬和螺类较多的断面。

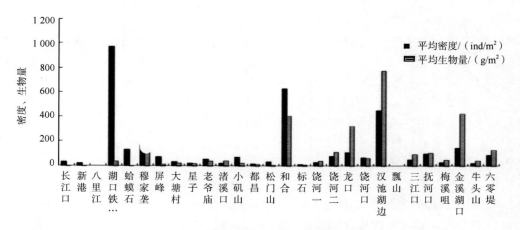

图 6.2　2012 年 12 月鄱阳湖底栖动物平均密度与生物量分布

底栖动物平均密度较高的断面有湖口铁路桥、和合和汉池湖边三个断面，分别达到972.000 ind/m²、629.333 ind/m²、448.000 ind/m²。从这三个断面物种构成看，表现为某一类底栖动物特别多，但平均生物量不高，原因是因为寡毛类重量非常小，平均仅重约

0.0017 g/ind(图 6.2)。

2)丰水期

位于长江河道的三个断面(长江口、新港、八里江)平均密度和生物量与枯水期相同,密度很低。在湖口附近水域再次发现大量钩虾。底栖动物平均密度大于平均生物量的几个断面中,鄱阳湖大桥、周溪、棠荫、康山断面中发现大量钩虾;都昌、和合断面均是以水生昆虫和环节动物为主。这几类底栖动物单体重量都较小,因此虽然平均密度大,但平均生物量却很小。湖口铁路桥、蛤蟆石断面河蚬较多,因此平均密度虽不大,但平均生物量很大。在各类群底栖动物中,环节动物和水生昆虫分布最广,15 个断面均有分布;水生昆虫在冬季的采样中仅有 36%的断面有分布,到了春季大量繁殖,在 75%的断面中均有分布(图 6.3)。

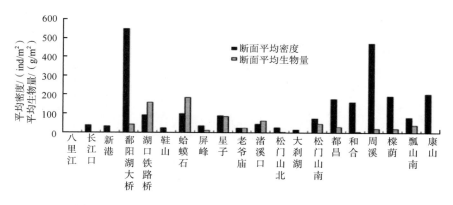

图 6.3 2013 年 6 月鄱阳湖底栖动物平均密度与生物量分布

3. 蚌类资源状况[3]

淡水蚌类是鄱阳湖重要的大型底栖动物,生物量和密度在底栖动物中占优势,也是容易受到威胁的水生生物群落之一。蚌类强大的滤食功能及其生理分泌物,可以去除水体中的藻类、污染物和悬浮颗粒,促使水体自然净化。蚌类行动缓慢,生活区域相对固定,对环境变化敏感,是环境质量的重要生物指标。蚌类的经济价值客观,容易受到人类活动的干扰、破坏。

综合历史监测资料,鄱阳湖已记录蚌类 53 种,隶属 12 属。2011~2013 年调查记录到 12 属 45 种。从种类组成看,优势种为圆顶珠蚌和洞穴丽蚌。全湖密度和生物量分别为 0.28 ± 0.22 ind/m^2 和 4.08 ± 3.96 g/m^2。鄱阳湖不同采样区域淡水蚌类的生物量和密度相差较大。

从 30 个断面定量采样结果看,信江尾闾断面生物量最大,为 116.15 g/m^2;这与其底质为淤泥有关,淤泥底质水体有机物丰富多样,有利于淡水蚌类的滤食,同时淤泥底质有利于蚌类的躲避;该断面采到的蚌类种类以丽蚌属为优势种群。矾山湖断面(0.12 g/m^2)、都昌断面(0.15 g/m^2)、都昌-瓢山断面(0.03 g/m^2)等几个采样点生物量极小,可能与靠近生活区、水体污染严重、当地频繁的人为活动造成的生境破碎有关。就密度而言,星子断面密度最高，为 17.54 ind/m²，这与其物种相对单一，但数量巨大有关。梁山村断面次之，为 15.42 ind/m²。龙口、西河尾闾和饶河码头断面未采到样本，可能与这些采集点有的为细沙底质、水流湍急、生境破坏严重或水体污染严重等因素相关。按照密度统计，各水域分布如图 6.4 所示。青岚湖区、余干信江区、南矶山湖区、鄱阳饶河口的淡水蚌类属数和种数较多，均超过 9 属 23 种，其中青岚湖区最多，达到 11 属 35 种，分别占全湖淡水蚌类属数和种数的 91.67% 和 87.5%；都昌-瓢山湖区最少，只有 6 属 10 种（图 6.4）。

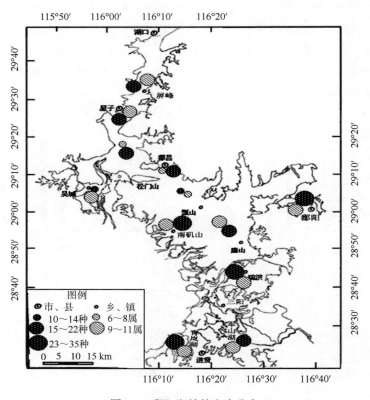

图 6.4　鄱阳湖蚌的密度分布

　　鄱阳湖常见蚌类中，舟形无齿蚌、褶纹冠蚌、背瘤丽蚌、鱼尾楔蚌、猪耳丽蚌、扭蚌、中国尖嵴蚌、真柱矛蚌、洞穴丽蚌、背角无齿蚌、圆背角无齿蚌、刻裂丽蚌、绢丝丽蚌和圆头楔蚌的标本规格偏小，多为幼体，种群结构是属于增长型。短褶矛蚌、射线裂脊蚌、蚶形无齿蚌和圆顶珠蚌的标本规格适中，多为成熟个体，种群结构是属于稳定型。多瘤丽蚌、椭圆背角无齿蚌、球形无齿蚌和棘裂脊蚌的标本规格较大，多为老年个体，种群结构是属于衰退型。

6.2　水文要素变化和人类活动对大型底栖动物的影响

　　最近 30 年来，鄱阳湖洪旱灾害频发，水文过程跌宕起伏，既经历了 1998 年、1999 年的特大洪水，又经历了 2003 年以来的连续干旱；另外，和 20 世纪 80 年代相比，湖区人类活动形式更加多样，干扰更加频繁，力度更加强大。底栖动物的种类、数量和分布发生了很大变化。

6.2.1 近 30 年来鄱阳湖底栖动物种类、数量和分布的变化

1984 年第一次科学考察时，对螺、蚌进行了调查，其中螺的密度为 23 ind/m²，生物量为 55 g/m²；蚌的密度为 1.3 ind/m²，生物量为 7.0 g/m²；和 1997～1999 年及 2012 年、2013 年的考察差别较大，可能与当时考察不全面有关。现将三次考察的结果列在表 6.3 中。

表 6.3　1984～2013 年鄱阳湖底栖动物的种类、密度与生物量

时　间	种数/种	密度/(ind/m²)	生物量/(g/m²)
1984～1985 年	32(螺)	23(13～549)螺 1.3(0.01～4.8)蚌	55(9～321)螺 7.0(0.4～25)蚌
1997～1999 年	51	596.00	146.7
2012～2013 年	83 其中螺蚌 68	348.64 其中螺 5.25 蚌 0.28±0.22	65.24，其中螺 33.74， 蚌 4.08±3.96

从表 6.3 可知，2013 年与 1999 年相比，新发现底栖动物 32 种，软体动物门占优势的格局没有变化。两次考察底栖动物种类差别较大的包括：节肢动物门 1999 年发现 17 种，2013 年发现 24 种；腹足纲 1999 年 4 种、2013 年 15 种；寡毛纲 1999 年 5 种、2013 年 7 种；这些变化尚不能说明鄱阳湖底栖动物栖息环境发生了趋势性变化。分布格局仍然是：碟形湖＞主湖区＞入江水道＞长江八里江水域。2013 年监测结果与这一分布格局不同之处是：在人类活动较少的水域，如入江水道湖口铁路大桥水域底栖动物密度很高，和合、汉池湖、穆家垄、龙口、金溪湖口等断面河蚬和螺类较多，个体重量较大。两次考察最显著的差别是：20 年间鄱阳湖底栖动物密度减少了 41.44%，生物量减少 55.53%(表 6.3)。

6.2.2 环境因子对底栖动物分布、密度和生物量的影响

影响鄱阳湖底栖动物种类、分布、密度、生物量的自然因素很多，包括湖泊的水深、水流流速、水环境质量、透明度、底质以及水生态系统状况等。1997～1999 年的考察认为，由于鄱阳湖属于浅水湖泊，大多数底栖动物密度和生物量和水深呈指数式负相关，与水体透明度呈指数式正相关[式(6.1)～式(6.4)]，底栖动物的主要限制因子是底泥、流速和水体泥沙含量，与其他理化因子相关性不明显。

二次科考采样共 147 个采样点，测得相对应的环境因子数据 147 组。流速范围以 0～4 m/s 为主，占总数的 80%；水深范围以 0～8 m 为主，占总数的 88.1%；淤泥和泥沙底质较多，占总数的 64.8%，硬泥和砾石底质较少，仅占总数的 19.7%；透明度分布较为平均，最小值为 15 cm，最大值为 110 cm，其中 30～70 cm 范围占总数的 63.9%；水温主要体现在冬、春两季有差异，分布在两段范围内；盐度、pH、溶解氧数据变化范围较

小；叶绿素最小值和最大值差距较大，但85%以上的样点在＜10 μg/L的范围内，梯度较小；浊度主要分布在＜38NTU+的范围，占总数的73.5%。定量分析这些环境因子与底栖动物种类、分布、密度和生物量关系，可以得出以下结论。

1. 水深对底栖动物密度、生物量的影响

和深水湖泊相比较，浅水湖泊的大型底栖动物多样性更高。长期高水位会导致水底溶解氧、水温降低，有机盐沉积引起富营养化，尤其不利蚌类生存；螺类作为刮食者，往往附着于水草上，过高的水位影响水草生长，螺类也难于生存。大型底栖动物的分布具有区域性强、迁移能力弱等特点，对于环境变化极为敏感，群落的重建需要较长的时间。因此，要保护鄱阳湖底栖动物资源需要注意有足够的湖岸浅水带，保持生境多样化。

武汉水生生物研究所科研人员认为，鄱阳湖大多数底栖动物密度、生物量和水深呈指数式负相关，回归方程如式(6.1)、式(6.2)所示。第二次鄱阳湖科学考察将鄱阳湖水深分为＜2.0 m、2.0～4.0 m、4.0～6.0 m、＞6.0 m四种类型。不同深度的水体对淡水蚌类种数的分布有一定差异。水深＜2.0 m的水体中，蚌类平均种数最多，达5.71种；水深2.0～4.0 m次之，为3.86种；水深＞6.0 m最少，为1.14种。浅水区域蚌类相对密度比深水区域的密度大。两次考察对底栖生物物种关注重点、分析方法有所不同，结论的基本趋势一致的。

2. 流速对底栖动物分布和丰度的影响

把流速划分为平缓（＜0.1 m/s）、较缓（0.1～0.3 m/s）、较急（0.3～0.6 m/s）和急流（＞0.6 m/s）四种类型。环节动物偏好适中的流速、较深的水，不同底质的现存量差别不明显；水生昆虫偏好适中的流速，在泥沙底质的浅水区域水生昆虫的现存量较高；淡水腹足类偏好较低流速、深水，在不同底质的现存量差别不显著。在不同流速的水体，淡水蚌类种数的分布有一定差异。无齿蚌亚科生活在水流较缓或静水中，因而在池塘中较常见；多数蚌类都生活在水流较缓的水体，如果水流太急，则容易把作为蚌类饵料的生物冲走，并在繁殖季节将受精卵冲向下游而影响其分布，所以在河流上游蚌类物种数比下游要少。流速较缓的水体中蚌类平均种数较多，达5.18种。丽蚌喜欢生活在水流较急、透明度较大、沙石底的水域中。

3. 透明度对蚌类分布和丰度的影响

透明度分为＜30 cm、30～50 cm、50～75 cm和＞75 cm四种类型。武汉水生生物研究所科研人员认为，底栖动物密度与水体透明度呈指数式正相关[2]。第二次科学考察认为，透明度对于环节动物、水生昆虫和淡水腹足类底栖动物的现存量未见太大影响。不同透明度的水体，淡水蚌类种数的分布有一定差异。透明度30～50 cm的水体中蚌类平均种数最多，达5.83种；透明度＜30 cm次之，为3.29种；透明度＞70 cm最少，为1.63种。淡水蚌类多分布在浅水区，水太深，影响光照强度，降低水体透光性和溶氧量，影响生物的光合作用，进而降低浮游生物的生产量。但是水位太浅也不利于淡水蚌类的生存。水太浅时，蚌类暴露和被捕食的风险增加。两次考察结论不完全一致，可能与监测

时水文情势有关，武汉水生生物研究所监测时，处在 1998～1999 年洪水期间，鄱阳湖处于高水位；第二次科学考察时，鄱阳湖处于水位长期低枯状态。

4. 其他生态环境因子的影响

水体化学条件对底栖动物种类、分布和数量产生较大影响。对湖泊而言，水体溶解氧常常成为底栖动物生长的限制因子，水体缺氧时，颤蚓科比摇蚊幼虫更具优势，如果溶解氧减低到零，底栖动物全部为颤蚓和水丝蚓。为了从水体中摄取氧气，缺氧时底栖动物必须消耗更多的能量来推动水流[4]。水体富营养化往往导致某些底栖动物消失，耐污种成为优势物种，密度和生物量显著增加[4, 5]。

在生态环境中，苔藓、水草和着生藻类等底床附生植物是影响底栖动物的重要因素，大型水生植物不仅能作为底栖动物重要的食物来源，还能提供避难场所，水草是底栖动物产卵场所。水生植物还可以拦截有机物颗粒碎屑，增加滤食收集者的食物来源。苔藓和藻类等水生物通过光合作用为水体提供氧气。在密度方面。沉水植物区软体动物占优势，水生昆虫次之，寡毛纲再次，其他种类最少。底栖动物物种的丰度与水生植物生产力之间存在较强的正相关关系，腹足纲的生物量往往随大型水草生物量的增加而增加[4, 5]。淡水蚌类活动能力很差，对环境变化的耐受能力较弱，影响蚌类多样性的因素很多，除前述因素外，温度、光照、营养盐和水草等都是重要因子，并且相互联系、相互影响。

6.2.3　不同水位带大型底栖动物群落特征

湖泊都有岸边滩地和湖区水域，随着水位波动，岸边滩地和湖区水域动态变化，由此形成间歇淹没带和全年淹没区。鄱阳湖与一般湖泊有所不同：一是年内水位消落幅度大，间歇淹没带范围很大；二是具有碟形湖地貌，碟形湖具有特殊水文过程，淹没时间比主湖区间歇淹没带长很多。因此，水位大幅度变化导致丰水期湖泊淹没面积很大，岸边滩地、碟形湖和主湖区融为一体，有利于包括底栖动物在内的物种扩散；枯水期岸边滩地、碟形湖、主湖区相互分离，形成丰富多样的生物生境。水位变化在很大程度上影响非生物环境因子，例如底质的含氧量和湿度、养分的供应、化学物质的转变等，从而改变大型底栖动物群落结构和生物量。

根据 1956～2002 年水文监测资料分析，主湖区湖底高程在 7.12 m 以下面积为永久淹没区，全年淹没；湖底高程在 7.12～12.64 m 之间淹没较长时间(约 181 天)，为半年淹没区，5～10 月淹没；湖底高程在 12.65～14.5 m 之间淹没较短时间(约 122 天)，为 3 个月淹没区，6～9 月淹没。碟形湖淹没情况大致为：1 月份渔民放水抓鱼，1～2 月湖底暴露在大气中，晒滩；3 月开始逐步蓄水；5 月或 6 月主湖区水位上涨，漫过碟形湖矮堤；6～8 月碟形湖与主湖区融为一体，主湖区的浮游生物、底栖动物和鱼类等进入碟形湖，进行广泛的物质、能量和信息交流；9 月主湖区水位消退，碟形湖成为独立水体，受蒸发、渗漏影响，水位缓慢消退，直至 12 月。不同的淹没时长的区域，大型底栖动物的群落结构存在差异。表 6.4 列出了主湖区 3 个月淹没区(淹没 122 天)、半年淹没区(淹没 181 天)、全年淹没区和碟形湖底栖动物分布的密度和生物量。

表 6.4　不同水域大型底栖动物的密度与生物量

区域	分区	物种数/种	平均密度/(ind/m²)	平均生物量/(g/m²)
主湖区	3 个月淹没区 (6～9 月淹没)	不详	76 其中寡毛类 48.00 腹足类 28.00	0.33 其中寡毛类 0.04 腹足类 0.29
	半年淹没区 (5～10 月淹没)	51	180 期中寡毛类 108.00 腹足类 72.00	24.18 其中寡毛类 0.33 腹足类 25.26
	全年淹没区	35	191.33 其中寡毛类 98.00 腹足类 93.30	34.08 其中寡毛类 2.98 腹足类 31.10
碟形湖	泥湖 常湖	51	1481.16 706.09	592 1504

从不同淹没区看，底栖动物物种数差异较大，半年淹没区(淹没 181 天)种类数最多，为 51 种(或亚种)；其次是全年淹没区，为 35 种；多样性指数和丰富度指数均呈现半年淹没区大于其他区域。这一现象意味着，岸边带适度接受日晒有利于物种多样性提高，特别对生活史较短的类群更为明显。3 个月(淹没 122 天)淹没区底栖动物种类、密度和生物量最少，与水淹时间短、不利于底栖动物生长发育有关。

从密度与生物量看，半年淹没区与全年淹没区底栖动物密度无显著差异，生物量差异显著。全年淹没区现存量最高，平均密度和平均生物量分别为 191.33 ind/m² 和 34.08 g/m²，其密度与生物量最高采样点可达 504.00 ind/m² 和 175.06 g/m²；3 个月淹没区现存量最低。从不同类群上看，在全年淹没区中，寡毛类的密度(98.00 ind/m²)最高，占总密度的 51.22%；腹足类的生物量(31.10 g/m²)最高，占总生物量的 91.26%。半年淹没区中，寡毛类的密度(108.00 ind/m²)最高，占总密度的 60.00%；腹足类的生物量(25.26 g/m²)最高，占总生物量的 99.45%。3 个月淹没区中，寡毛类的密度(48.00 ind/m²)最高，占总密度的 63.16%；腹足类的生物量(0.29 g/m²)最高，占总生物量的 87.88%。不同淹没区间现存量比较，寡毛类现存量与水淹没时间成正比。

碟形湖每年仅 1～2 个月露底接受日晒，其余时间水淹；并具有水浅、流速小、平坦的泥质湖底等特征，具有底栖动物生长发育的良好条件，从表 6.4 列举的泥湖与常湖可以看到，碟形湖中底栖动物的种类多，密度与生物量均大于主湖区。

底栖动物对干旱敏感性，不同类群也有区别。对于蚌类而言，水位下降，影响是灾难性的，沿岸带暴露，一些壳薄的蚌类物种在 8 小时就死亡。鄱阳湖考察结果表明，不同淹没区底栖动物密度和生物量都呈现全年淹没区＞半年淹没区＞3 个月淹没区。洪水期间，歇性淹没区和永久性淹没区交换提高全年淹没区营养水平，使得底栖动物具有更多的食物资源，导致永久淹没区底栖动物具有高的现存量。

6.3　自然环境变化和人类活动对底栖动物的影响

如表 6.3 所示，1999 年至 2013 年，鄱阳湖底栖动物密度和生物量减少。鄱阳湖水位长期低枯、过度的人类活动是底栖动物资源衰退的重要原因。

6.3.1　水位消落过快对底栖动物的影响

1. 湖水位长期低枯，减少了底栖动物生存空间

水文条件和水环境质量变化对底栖动物产生的负面影响很明显。2003 年以后，鄱阳湖枯水期提前、延长，枯水位进一步降低；2003～2015 年平均水位比 1956～2002 年低 0.75 m，水面面积平均减少 310 km²，岸线也相应减小。另外，松门山以南大面积的浅水湖区是蚌类生活的重要区域，具有蚌类生存的良好生境，2003 年以后提前出露，水淹时间短，出露洲滩时间长，水淹时间少于半年，对蚌床的破坏巨大。赣江、信江尾闾地区也存在类似情况，致使底栖动物和其他水生生物的生境面积不断减少，种群受到威胁。密度和大生物量大减。

2. 湖水位消落速率增大，引起底栖动物死亡

利用 1980～1999 年、2000～2015 年星子站日水位变化过程资料，计算了日平均水位上涨和下落幅度变化情况。结果发现，鄱阳湖水位涨落过程尖锐化。

（1）2000 年以后平均日上涨和日下降幅度比以前变大。分别计算 1980～1999 年、2000～2015 年星子站日水位每天上涨或下降幅度，统计两个时期每个月的平均值（图 6.5）。1980～1999 年平均每年共 152.5 天上涨，平均每天上涨 12.8 cm；2000～2015 年平均每年共 151 天上涨，平均每天上涨 13.3 cm；增加 0.5 cm/d。1980～1999 年平均每年共 185.6 天水位下降，每天平均下降 9.0 cm；2000～2015 年平均每年共 184 天下降，每天平均下降 10.0 cm；降幅增加 1 cm/d。

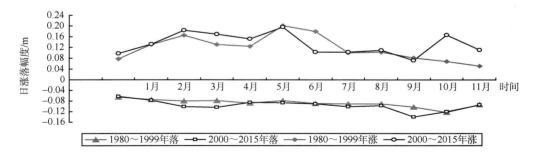

图 6.5　1980～1999 年、2000～2015 年日涨水和消落幅度比较

（2）急涨、急落时间与频次增多。分别统计 1980～1999 年、2000～2015 年平均每月

急涨、急落天数。2000～2015 年上涨超过 30 cm 天数增加最多的是 3 月、4 月、5 月，分别由 2000 年以前的 2.24 天、2.43 天、2.33 天增加到 2000 年以后的 2.94 天、2.38 天、2.63 天。2000～2015 年日下降幅度超 20 cm 天数增加最多的是 8 月、9 月、10 月，分别由 2000 年以前的 2.3 天、2.1 天、2.0 天增加到 2000 年以后的 2.4 天、3.1 天、6.5 天。特别是，下降幅度最大值由 2000 年以前的 39 cm/d 增加到现在的 43 cm/d。

水位变化急剧，枯水期 9～10 月鄱阳湖退水期间，一般每天水位下降 20 cm 以上，有时下降 30 cm 以上，一些生长在湖岸边岩石或者洲滩上的底栖动物来不及跟随水位下降运动到水体中，结果被旱死。冬季从湖口的石钟山到都昌四望山沿湖岩壁上以及松门山以南的洲滩上到处可见旱死的螺、蚌、河蚬的残体。图 6.6 左图显示鄱阳湖入江水道星子至都昌的千孔桥上旱死的底栖动物。

图 6.6　鄱阳湖入江水道千孔桥(左)和主湖区洲滩上(右)旱死的底栖动物

此外，鄱阳湖逐步富营养化、浮游植物增加、沉水植物衰减也是底栖动物密度和生物量减少的原因之一。

6.3.2　人类活动加剧促使大型底栖动物衰减

近年来，为了满足人工水产养殖的需求，鄱阳湖捕螺捞蚌的活动急剧增长，特别是捕捞螺蚌工具改善，过去一条船一天只能捞到几百斤螺蚌，现在一天可以捕捞 1～2 t，最多的可达 5 t。过度捕捞螺蚌不仅直接减少螺蚌的保有量，而且连湖底水草、底泥一并打捞起来，破坏了沉水植被，增加了水体浑浊度，进一步损害了底栖动物与鱼类的生存环境。由于捕捞螺蚌的船只多，作业面广，比无序采砂的危害更大。

无序采砂是损害大型底栖动物的另一种人类活动，对底栖动物的危害与捕捞螺蚌相同，采砂活动彻底破坏了底栖动物栖息地，带起的底泥，对水体浑浊度的影响持续时间更长。

淡水蚌类是目前最受威胁的生物类群之一，面临着全球范围的衰退。利用层次分析法评估鄱阳湖淡水蚌类濒危等级；其中极危级 25 种、濒危级 5 种，这些蚌类应该作为优先保护对象。

6.4　鄱阳湖钉螺分布演变与血吸虫病防治

钉螺（*Oncomelania hupensis* Gredier），软体动物腹足纲钉螺属。与其他底栖动物相比，它具有两大特性：①属水陆两栖动物，喜水陆交替、杂草丛生的湿生环境；钉螺的繁殖与分布与水密切相关，雌螺通常 3～4 月产卵于潮湿的泥面；4～5 月螺卵在湿土或浅水环境中孵出幼螺，幼螺必须在水中生活 2～3 周，离开水体就很快死亡。5～6 月新生螺基本成熟，上代老螺陆续死亡，从而维持螺种繁衍。②钉螺是日本血吸虫的中间宿主，血吸虫病给湖区民众带来了极大的灾难和痛苦，曾作为"有害生物"将其消灭。因此，单列一节专门讨论。

6.4.1　血吸虫病与钉螺

血吸虫病是由血吸虫寄生在人或牛、羊、猪等哺乳动物体内所引起的一种地方性疾病，严重危害着人类和牲畜的生命健康，制约当地社会经济的发展。血吸虫病在我国流行已有 2 100 年的历史，1972 年长沙马王堆出土的西汉女尸和 1975 年湖北江陵凤凰山出土的男尸都查到了血吸虫卵。鄱阳湖流域历来属于血吸虫病严重流行地区。根据历史资料分析，1920～1949 年，因血吸虫病流行，鄱阳湖区共有 334 个村庄、15 027 户农家毁灭，累计死亡人数达 70 328 人。"千村薜荔人遗矢，万户萧疏鬼唱歌"是当时情况的真实写照。新中国刚成立时，血吸虫病在鄱阳湖流域流行的范围包括 39 个县的 2 717 个村，受威胁人口达 700 万人，血吸虫病人 53 万人。新中国成立以后，党和政府对防治血吸虫病高度重视。1955 年冬，毛泽东同志发出"一定要消灭血吸虫病"的号召。从 1956 年开始，不断探索控制血吸虫病流行的策略，积极防病治病，取得了可喜成绩。1958 年 6 月 30 日，毛主席从《人民日报》得知，余江县率先在全国消灭了血吸虫病，"浮想联翩，夜不能寐。微风拂煦，旭日临窗，遥望南天，欣然命笔"，写下了《七律二首　送瘟神》。在各级政府的领导下，经过全省人民的不懈的努力，进入 21 世纪以后江西省基本达到血吸虫病流行控制标准。

1. 血吸虫病的传播途径

血吸虫的生长发育过程大致可以分为虫卵、毛蚴、尾蚴、童虫、成虫等 5 个阶段。血吸虫病的流行链由以下几个环节组成：血吸虫病人或病畜的粪便中均含有血吸虫虫卵，如果这些粪便流入水中，在一定气温条件下，虫卵孵化成毛蚴；毛蚴在水中遇到钉螺后钻入其体内，经过一段时间发育繁殖成成千上万条尾巴分叉的蚴虫，叫尾蚴；尾蚴从钉螺体内出来后，浮在水中游动，这样的水叫疫水；当人和牲畜接触疫水，如水田作业、游泳、戏水、洗衣物、捕鱼虾、打湖草等，尾蚴就会迅速钻入人（畜）皮肤进入体内，最快只需 10 秒钟；进入体内后，尾蚴脱掉尾部变成童虫，童虫经血液流经心脏、肺脏，到达肝脏的血管中，约经十天到达肠系膜静脉寄生，成为成虫；成虫寄生使人和牲畜致病，使肝脏、脾脏受到损害；每条雌虫一天可产卵 1 000～3 500 个。这样就构成了成虫—虫卵—毛蚴—尾蚴—成虫的循环链(图6.7),如此周而复始,引起了血吸虫病的传播流行。如果进入人体的血吸虫很多,发生急性感染,几天到十几天之内可能因病致死;进入人体的血吸虫较少,发生慢性感染,长期积累,最后成为晚期血吸虫病人(图6.8),因肝脾肿大、腹部积水而亡故。

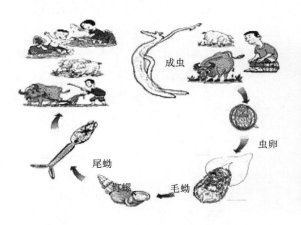
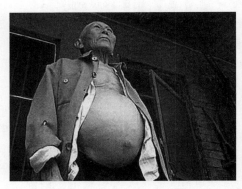

图6.7　血吸虫生活史　　　　　　　图6.8　晚期血吸虫病人

2. 血吸虫病防治策略

1956年至今,我国血吸虫病防治策略经历了三个阶段。

1)消灭钉螺阻断血吸虫病传播途径策略

由于钉螺是血吸虫的唯一中间宿主,因此一直把消灭钉螺作为控制血吸虫病的主要措施。除了粪便和水源管理、个体防护和病人治疗等措施以外,重点关注消灭钉螺。对于山丘型、河网型血吸虫病预期疫区,通过开新沟、填老沟、平整滩地、除草掩埋等办法消灭钉螺。1958~1980年,对于湖沼型疫区,结合大规模的农业开发来改造钉螺的孳生环境,最为有效。鄱阳湖区围垦洲滩、封堵湖汊,面积达$6.5 \times 10^4 \, \text{hm}^2$;筑堤围垦后,水位稳定,二三年内钉螺便自然消亡,疫情逐步消除。

1969年开始,对鄱阳湖草洲进行大面积机耕灭螺和直升机撒药灭螺,共压缩钉螺面积$1.33 \times 10^4 \, \text{hm}^2$。虽然大区域飞机药杀和机耕灭螺起到了抑制钉螺生长的效果,但湿地生态系统也受到重创,草洲植被遭受极大破坏;湖中的水生动物几乎灭绝。这些变化从鄱阳湖历年天然水产捕捞量可见一斑。图6.9显示,1953~1984年平均天然水产捕捞量达$2.22 \times 10^4 \, \text{t}$,药杀后的1969~1982年捕捞量大幅度下降,其中1972年(药杀后第3年)仅7 400 t,1978年也只恢复到$1.12 \times 10^4 \, \text{t}$。另外,由于鄱阳湖草洲地形复杂,钉螺生命力强,停止药杀和机耕之后,灭螺便会死灰复燃。1989年调查发现,通过飞播药杀和机耕灭螺已经彻底消灭钉螺的9 333 hm^2草洲,不仅重新发现钉螺,且活螺密度基本恢复原状。

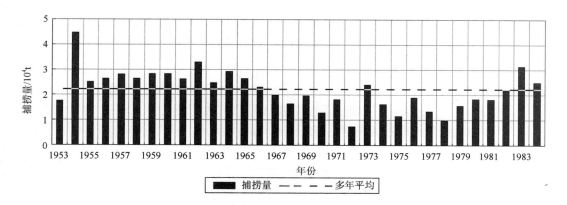

图 6.9　1953~1984 年鄱阳湖天然水产捕捞量

2）人畜扩大化疗和易感地带灭螺相结合策略

20 世纪 80 年代初，治疗血吸虫病的新药砒喹酮问世，开启了控制血吸虫的新阶段。砒喹酮极大地提高了血吸虫病治疗疗效和安全性，降低了治疗成本，可以大规模地对病人和病畜进行化疗；同时在人类活动频繁的易感地带灭螺，减少血吸虫病感染。这一策略在控制山丘型、小面积孤立存在的湖沼型疫区的血吸虫病流行效果显著。至 1984 年，景德镇等 13 个县、市达到传播阻断标准，南昌市郊区达到传播控制标准。从理论上讲，所有的病人病畜同时化疗，并全部治愈，消灭人畜体内的成虫，没有虫卵外排，可以消灭血吸虫病。但在实际操作过程中，很难做到在鄱阳湖流域全部疫区人畜同步化疗，就是局部地区实施同步化疗，总有许多病人病畜被遗漏。事实说明，在鄱阳湖区，仅采用同步化疗和易感地带灭螺相结合的策略，降低感染钉螺密度和水体尾蚴密度有一定效果，但无法完全控制血吸虫病流行。

3）切断传染源来控制血吸虫病[6]

2004 年国务院颁发《血吸虫病防治条例》，血防策略发生根本性转变，由过去的通过消灭钉螺转变为通过切断传染源来控制血吸虫病，"国家对血吸虫病防治实行预防为主的方针，坚持防治结合、分类管理、综合治理、联防联控，人与家畜同步防治，重点加强对传染源的管理"[6]。具体措施包括以下三点。

(1)通过改厕，对生活在湖岸上人畜粪便进行厌氧处理，可以杀灭虫卵。没有饲养猪、牛的家庭，可用三格式厕所处理人粪尿；饲养了猪、牛的家庭或公共厕所，由于粪便量较大，可以建厕所、猪栏、牛圈"三合一"沼气池处理。

(2)对于水上活动的渔、船民，一是治疗血吸虫病后才能到水上作业；二是用马桶或粪便袋将船上产生的粪便收集起来，船靠岸后，送到公共厕所集中处理。对于草洲上作业人员的粪便实行集中管理，用药物杀灭虫卵。

(3)为了防止在湖洲草滩牧牛，最根本的办法是"以机代牛、肉牛圈养"；实行"封洲轮牧"或"封洲禁牧"；国家对购买农机进行适当补贴。

2007 年开始，江西省开展"控制传染源突击行动年"活动，当年全省完成查病 53.6 万人，化疗 25.7 万人，救治晚血病人 2 596 例，学生感染急性血吸虫病人数比上年下降 54.6%；查牛 3.3 万头，治牛 5.3 万头。血吸虫疫区完成 13 万座无害化卫生厕所建设任务，建沼气池 2.37 万个。全省疫区共购置农机具 8 116 台(套)；采取多元化经营、经济林木种植、"四旁"绿化等三种模式，完成抑螺防病林 1×10^4 hm²。2008 年以后，血吸虫病疫情得到了有效控制，每年出现急性感染血吸虫病人仅 0～2 人，血吸虫病人总数逐年减少，基本达到"血吸虫病传播控制"的目标。

6.4.2　鄱阳湖区 30 年来钉螺分布特征及其演变

1982～1984 年第一次鄱阳湖科学考察时，查明鄱阳湖区有螺草洲 815.3 km²，草洲钉螺成片状、面状、聚集性分布，表现为"二线三带"状态，草洲滩地多为多螺带和稀螺带，湖泊边缘、洲滩上的水沟、坑洼等积水和潮湿地带的钉螺密度和感染钉螺密度较高。在钉螺密度较高或邻近居民点的洲滩，感染螺密度更高。活螺密度和感染螺密度分布是呈显著的正相关[1]。1984 年血吸虫病人 35 万人，这三年出现急性感染病人 1 889 例。1998 年、1999 年鄱阳湖连续两年遭受特大洪灾，最高洪水位超历史，钉螺随着洪水上涨向河流上游沟汊扩散蔓延。2001～2002 年组织力量对鄱阳湖区钉螺进行全面调查，调查草洲 539 块，有螺面积 765.48 km²，并出版《鄱阳湖有螺草洲分布图集》。2005 年经核实有螺草洲面积确认为 786.47 km²[6]。以后再也没有进行过普查工作，一直沿用 2005 年的数据。

2003 年以来，鄱阳湖出现持续低枯水位现象，2011 年发现鄱阳湖钉螺分布形态有所改变，2015 年新的血防策略实施十年，为了检验血防新策略实施效果，第二次科学考察时设置了有螺草洲考察子课题，决定鄱阳湖区中北部三块草洲进行全面普查。普查过程发现，过去钉螺在草洲上基本是均匀分布，现在草洲高滩地上几乎没有钉螺，钉螺主要以带状、环装、簇状等形态分布在草洲低洼地或小河流、水坑周边。有螺草洲的钉螺密度与 2002 年相当，北部湖区(星子县梅溪湖)、南矶山东湖畔一框(0.11 m²)100 多只，地势较低的吴城附近草洲一框 216 只。三块洲滩均未发现受血吸虫感染的钉螺(阳性螺)。2010～2013 年江西省每年发现急性感染病人只有 0～3 例。

6.4.3　长期干旱对钉螺的影响

土层深厚、植被密度大、土体疏松多孔、腐殖质丰富的草甸土，以及水陆相间的生境最适宜钉螺的生长繁衍。试验证明，连续水淹 217 天钉螺就会死亡。

正常条件下，鄱阳湖区钉螺壳高 7.5～9.5 mm，平均 9 mm 左右。2003 年以来，鄱阳湖水位低枯，洲滩长期出露，地面干涸，草洲植被枯萎，生长环境长期处于水分不足状态，成年钉螺无法寻找潮湿泥土产卵，产出的螺卵也不易孵化；即使孵化了，幼螺也大量死亡，只有极少数钉螺发育正常，大部分钉螺个体发育不良。2011 年在梅溪湖草洲普查发现，钉螺壳高 5 mm 以下占总数的 41.5%，6 mm 以下占总数的 75.5%；平均每只壳长 5.11 mm，平均每只钉螺的体重 14.80 mg，仅有正常螺的 2/3。室内实验结果表明，5 mm 以下钉螺没有成熟，不具备产卵能力；5～7 mm 钉螺只有正常钉螺产卵能力的 1/5。地势较低、土壤潮湿的吴城草洲平均每只壳高 7.77 mm、只重 41.5 mg；而通江水道傍边的星子县十里湖草洲，平均每只壳长 9.19 mm，平均每只重 67.2 mg。

2012 年以后，鄱阳湖流域降水有所增加，三峡工程蓄水策略进行了调整；鄱阳湖枯水期水位低枯现象略有缓解，鄱阳湖洲滩钉螺生长条件一定程度改善，监测表明，梅西湖钉螺螺壳高有所增加，平均 7.5 mm 左右，只重 45.6 mg。事实说明，钉螺具有较强的环境适应能力和恢复力。因此，消灭血吸虫病不能依靠气候干旱，必须坚持不懈地做好切断传染源工作，尤其是在鄱阳湖草洲放牧肉牛的数量逐年增加的情况下，务必做好封洲禁牧或封洲轮牧工作。

6.5　小　　结

底栖动物在水生态系统的食物链中处于关键环节，许多底栖动物吞咽底泥，吸取底泥中的有机质作为营养，并在水底翻匀底质，促进有机质分解，增加水体的净化能力；有些底栖动物还取食水生植物及其藻类。底栖动物又是中华鲟、鳗鲡、青鱼及河蟹等水生动物的天然优势食料。维护鄱阳湖湿地生态系统健康，必须保护好底栖动物。

这一章根据鄱阳湖第二次科学考察的成果，分析了鄱阳湖底栖动物种类和时空分布特征。环节动物偏好适中的流速、较深的水、淤泥或泥沙底质；淡水腹足类偏好较低流速，在不同底质的现存量差别不显著。水生昆虫偏好适中的流速、浅水区域，泥沙底质是其较为偏好的底质。透明度对于以上类群的现存量均无太大影响。淡水蚌类偏好较低的流速和深水；淤泥、泥沙、硬泥底质的现存量较高，细沙底质中的现存量较小；透明度在 50～70 cm 时现存量最高。碟形湖现存量高于主湖区，在人类活动(码头、航运等)较为频繁的水域底栖动物稀少。

利用已有的监测资料分析发现，和 1997～1999 年相比，鄱阳湖底栖动物物种数量有所减少，密度和生物量分别减少 41.44% 和 55.53%。衰减的原因包括：第一，鄱阳湖水位长期低枯，减少了底栖动物的生存空间；第二，腹足类底栖动物运动速度赶不上湖水位消落速率而旱死；第三，水质变差，腹足类、昆虫类底栖动物物种增加；第四，大型船只和机械捕螺捞蚌，是底栖动物密度和生物量减少的重要原因。

本章还分析了鄱阳湖草洲上钉螺分布的情况及其变化。由于鄱阳湖水位长期低枯，草洲上的钉螺一度出现发育不良、个体减小现象，但水文条件恢复后，钉螺发育趋于正常。因此，认真落实"以控制传染源为主"的血防策略，特别是扎实推进"封洲轮牧"，确保血吸虫病不反弹。

从 2020 年开始，鄱阳湖实施"禁渔"，捕螺捞蚌也在禁止之列。对于保护底栖动物资源具有重要意义，必须加强监管，真正落实。

参 考 文 献

[1] 《鄱阳湖研究》编委会. 鄱阳湖研究[M]. 上海：上海科学技术出版社，1988.

[2] 崔奕波，李忠杰. 长江流域湖泊的渔业资源与环境保护[M]. 北京：科学出版社，2005.

[3] 戴星照，胡振鹏. 鄱阳湖资源与环境研究[M]. 北京：科学出版社，2019.

[4] 段学花等. 底栖动物与河流生态评价[M]. 北京：清华大学出版社，2010.

[5] Christer BrÖnmark，Laes-Anders Hansson. 湖泊与池塘生态学[M]（韩博平等译）. 北京：高等教育出版社，2013.

[6] 陈红根，林丹丹. 江西省血吸虫病防治历程与策略/王陇德主编. 中国血吸虫病防止历程与展望[M]. 北京：人民卫生出版社，2006.

第7章 鄱阳湖鱼类资源动态演变

7.1 有关鱼类资源的三次考察

鱼是最重要的经济型水生动物，鄱阳湖自古以来就被称为"鱼米之乡"，鱼的种类和数量十分丰富。按照洄游和栖息习性，鄱阳湖鱼类可以分为以下4类。

(1)定居性鱼类：繁殖、栖息和觅食均在鄱阳湖中，没有规律性洄游特性。如鲤、鲫、鳊、鲌、鲶、鳜、黄颡鱼、乌鳢、太湖短吻银鱼等。鲤、鲫鱼春季繁殖，当气温上升到18℃以上，在鄱阳湖涨水的条件下，大批亲鱼游向淹没的洲滩，在薹草等植物茎叶上产卵，产下的黏性卵附着在植物茎叶上，利用流水发育孵化，幼鱼也以淹没草洲为栖息环境，成长育肥。

(2)江湖洄游性鱼类：亲鱼到长江产卵，在生命周期中从长江洄游到鄱阳湖，在鄱阳湖觅食、成长、发育，成熟后又游回长江。青、草、鲢、鳙等四大家鱼以及鳡、鳤、鯮、赤眼鳟和鳊等属于这一类。

(3)海河洄游性鱼类：在海洋中繁殖，到江湖中成长，在生命周期中作有规律的江海洄游。如鲚、弓斑东风鲀、中华鲟和舌鳎等；或者在江河或湖泊中繁殖，到海洋中成长，如鲥鱼端午节前后到赣江峡江河段激流中产卵，幼鱼在鄱阳湖索饵育肥，立秋前后沿长江游到海洋中成长，成熟后、产卵前又溯江洄游；鳗鲡在远洋繁殖，仔鱼进入长江干流及联通的湖泊索饵、生长，性成熟后洄游入海产卵繁殖。

(4)山溪性鱼类：这种鱼类本来是山溪定居性鱼类，从流域的各水系随水入湖，在湖区生长，如胡子鲶、中华纹胸鳅、月鳢、短须颌须鮈等。

为了掌握鄱阳湖鱼类资源的变化，1983年以来，开展了三次全面、系统的科学考察。

7.1.1 第一次鄱阳湖科学考察有关鱼类资源情况[1]

1983年第一次鄱阳湖科学考察结束时，鄱阳湖共记载到有鱼类122种，分属21科。其组成成分见表7.1，基本成分为鲤鱼科，共65种，占53.3%；其次为鳅科14种，占11.5%，多为经济鱼类。

表 7.1 鄱阳湖鱼类科属组成结构

科名	鲤科	鳅科	鳅科	鲌科	鲱科	银鱼科	塘鳢科	其他	合计
种数	65	14	9	5	3	3	3	20	122
百分比/%	53.5	11.5	7.4	4.1	2.5	2.5	2.5	16.2	100

　　每年渔获量在 9 573～31 564 t 之间波动；根据鄱阳湖周边县水产站收购的鱼类数量统计，鄱阳湖 1953～1984 年天然水产捕捞量如图 7.1 所示[1]。渔获量大小与鄱阳湖年平均水位高低密切相关，湖区有"涨水一尺，得鱼一塘"的民间谚语。1953～1969 年平均年产量 $2.61×10^4$ t，其中 1954 年捕获量最高，达 $4.46×10^4$ t；1970～1984 年平均捕捞量为 $1.75×10^4$ t/a。20 世纪 70 年代初在鄱阳湖用飞机撒药物灭螺以后，天然水产捕捞量有所下降，1972 年仅 7 400 t。1984 年以前湖区还未开展大规模水产养殖，水产站收购的鱼类绝大多数是从湖里捕捞的天然水产品，当时在计划经济条件下，渔业生产合作社捕捞的水产品必须卖给水产站，直接进入市场交易的数量极少，这组数据可信度较高，较为真实地反映了鄱阳湖天然水产品捕捞量。

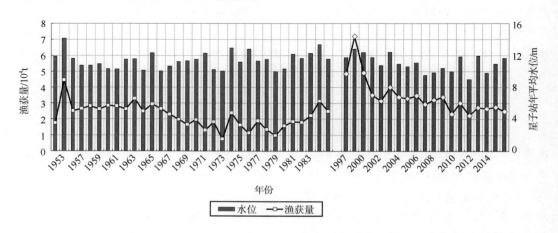

图 7.1　1953～1984 年、1997～2015 年鄱阳湖天然水产捕捞量与年平均水位

　　从 1959 年开始，有关部门对鄱阳湖渔获物的种类、数量和鱼龄进行监测。主要经济鱼类重量构成见表 7.2。1983 年第一次科学考察时，青、草、鲢、鳙鱼四大家鱼和鲴类、鲚类数量急剧减少，小杂鱼比例大幅度上升，群体结构小型化、低龄化趋势开始显现；其中，鲤鱼个体年龄组成如表 7.3 所示。

表 7.2　渔获量中各种鱼类重量组成　　　　　　　　（单位：%）

年份	鲤、鲫鱼	青、草、鲢、鳙鱼	鲴类	鲚类	鳊鲂	鲶	鲌类	鳡鳜类	小杂鱼
1959	40～50	10～15	10～12	2～3	5	5	3～5	3～5	5～10
1974	40～55	5～10	5～8	10～15	4～5	4～5	3～5	3～5	10～15
1983	43.9	0.4	0.4	0.9	5.7	1.1	1.0	6.3	40.3

表 7.3　鄱阳湖渔获物中鲤鱼个体年龄组成　　　　　　（单位：%）

年份	0	1	2	3	4	5	6	7	8
1963	—	—	66.6	20.1	8.3	3.4	1.2	0.2	0.2
1974	1.1	14.6	57.9	15.9	5.7	1.4	1.6	—	—
1984	25.3	34.6	23.5	9.4	2.1	1.1	—	—	—

7.1.2 1997～2000 年鱼类资源考察[2]

1997 年 12 月～2000 年 4 月,中国科学院武汉水生生物研究所对鄱阳湖鱼类和渔业进行了调查。在此之前,鄱阳湖共记录到鱼类 130 种,这次调查采集到鱼类 101 种,其中历史记录中共有 35 种鱼类在调查中没有发现,它们是中华鲟、白鲟、窄体舌鳎、短吻舌鳎、弓斑多纪鲀和暗纹多纪鲀等 6 种洄游性鱼类,尖头鱥、唇鱎、长麦穗鱼、短须颔须鮈、北方铜鱼、圆筒吻鮈、宜昌鳅鮀、台湾光唇鱼、光唇鱼、稀有白甲鱼、寡鳞鱊、巨口鱎、长身鱊和革条副鱊14 种鲤科鱼类,大鳞副泥鳅、花鳅、长薄鳅、和花斑副沙鳅 4 类鳅科鱼类,粗唇鮠、乌苏里拟鲿、白边拟鲿、凹尾拟鲿、鳗尾鮡、白缘鰑6 种鲿科鱼类,还有乔氏新银鱼、胭脂鱼、犁头鳅、褐塘鳢和叉尾斗鱼等 5 种鱼类。发现过去没有记录的 6 种新鱼种新纪录:亮银鮈、洞庭小鳔鮈、光唇蛇鮈、短须鱊、方氏鳑鲏、黏皮鰡鰕虎鱼。这次调查仅发现了鲥鱼、鲚和鳗鲡 3 种江海洄游鱼类。除了鱼类外,鄱阳湖草滩中虾类资源特别丰富,产量达 300～600 kg/hm²。

鄱阳湖水面大,生境复杂;既有流水,也有静水;既有浅滩,也有深水沟滩,可以适应不同习性的鱼类栖息和繁衍。为了捕捞不同生境的鱼类,相应的渔具渔法非常多,这次调查查明 40 余种,主要包括网簖(定置网)、电捕鱼、虾毫、刺网、卡子、饵钩、虾托等。20 世纪末网簖(定置网)是鄱阳湖最常见、数量最多的渔具;网簖分为密眼和稀眼两类,密眼孔目直径 5～10 mm,稀眼孔目直径 15～30 mm。1997 年、1998 年冬季和 2000 年春季的渔获物调查发现,稀眼网簖的渔获物中草鱼、翘嘴鲌、蒙古鲌、鲤、鲢等大中型鱼类所占比例不到 20%,绝大部分(>80%)是鲫鱼、黄颡鱼、红鳍原鲌、鳌、鱊等;密孔网簖的渔获物几乎都是小型鱼类。2000 年 4 月对两条联营的电捕鱼船跟踪调查 30 天,平均每天捕鱼量66.3 kg,主要渔获物是黄颡鱼(占 69.6%)、鲫鱼(占 14.8%)、小杂鱼(11.1%)、鲌类(3.1%),鲤、鲇、乌鳢、鳜也较常见,但比例很小。

武汉水生生物研究所引用文献[3]资料,估计 20 世纪 60 年代以前年均鱼产量 88 kg/hm²,70 年代为 62 kg/hm²,以后逐步上升,至 90 年代达 198 kg/hm²。资料依据是湖周边县水产站收购的鱼类数量,70 年代以前与图 7.1 接近。1988 年联合国粮农组织启动"2799"项目,扶持江西省在鄱阳湖区建设精养鱼池,开始走规模化、专业化水产养殖的道路。因此 90 年代 198 kg/hm² 产量不能代表天然水产品捕捞量。

7.1.3 第二次鄱阳湖科学考察有关鱼类资源情况

至 2013 年鄱阳湖已累计记录鱼类 134 种。2012～2013 年对鄱阳湖主湖区鱼类资源考察,共监测到鱼类 89 种,隶属于 11 目 20 科。其中,鲤科鱼类最多,有 48 种,占种类总数的 53.9%;鲿科、鳅科各 7 种,占 7.9%;鮨科 4 种,占 4.5%;银鱼科 3 种,占3.4%;鳀科、斗鱼科、鳢科、鲇科和塘鳢科各 2 种,均占 2.2%;鲟科、鳗鲡科、胭脂鱼科、鰕虎科、胡子鲇科、青鳉科、鳢科、合鳃鱼科、刺鳅科、舌鳎科各 1 种,均占 1.1%。主要优势种为鲤、鲫、鲇、黄颡鱼、鳜、鲢等。据江西省水产所 2006～2009 年的统计,

2006 年鄱阳湖渔获物年龄组成以 1～3 龄鱼为主，占渔获物的 94.3%，4、5 龄的鱼类所占比例小；2007 年以 1～2 龄鱼为主，占渔获物的 76%；3、4、5 龄的鱼类所占比例小；2008 年监测的 11 种主要渔获物中，青、鲢、鲤、鲫、黄颡鱼、鲌、鳜、鲇以及刀鲚 9 种主要经济鱼类的年龄组成以 1～2 龄鱼为主，占渔获物的 87.3%，3、4、5 龄的鱼类所占比例小；2009 年监测的 13 种主要渔获物中，青、草、鲤、鲫、黄颡鱼、鲌、鳜、鲇以及刀鲚 9 种主要经济鱼类的年龄组成以 1～2 龄鱼为主，占渔获物的 67.3%～100%，3、4、5 龄的鱼类所占比例小；而鲢、鳙、赤眼鳟及鳊 4 种鱼类的年龄组成主要以 2～3 龄为主。渔获量逐年下降，渔获物趋于鱼龄低幼化、个体小型化、品质低劣化。

7.2　鄱阳湖渔业资源现状

7.2.1　鱼类资源结构变化

鄱阳湖鱼类资源丰富。据统计，鄱阳湖已记录到鱼类 134 种，分属 12 目 26 科。按生态习性划分，定居性鱼类 65 种，江湖洄游性鱼类 19 种，河海洄游性鱼类 8 种，河流性鱼类 42 种。已记录的鱼类中，国家一级保护动物有中华鲟和白鲟，国家二级保护动物有胭脂鱼。省级重点保护鱼类有鲥、长吻鮠、暗纹东方鲀、月鳢、鳗鲡和子陵吻虾虎鱼等 6 种。此外纳入中国物种红色名录的种类有 16 种，极危鱼类为中华鲟、白鲟、鲥、胭脂鱼、鳡、鯮和司氏鱼央等 7 种，濒危鱼类有鳗鲡，易危鱼类有长麦穗鱼、稀有白甲鱼、紫薄鳅、长薄鳅、白缘鱼央、细体拟鲿、短吻间银鱼和长身鳜等。

鄱阳湖通江水道是连通鄱阳湖和长江的唯一通道，是众多鱼类完成生活史过程的洄游通道。四大家鱼、鳡等典型的江湖洄游鱼类，4～7 月亲鱼从鄱阳湖进入长江干流繁殖，之后当年幼鱼在 6～9 月进入鄱阳湖育肥，高峰期在 7～8 月。刀鲚、鲥等典型河海洄游鱼类，3～7 月进入鄱阳湖，在湖区及支流繁殖，其幼鱼在湖区索饵育肥，10～11 月出湖入江回海。此外，众多鱼类(包括江湖洄游鱼类和定居性鱼类)的成鱼或亚成鱼在秋冬季出湖，进入长江干流深水处越冬。

鄱阳湖及其支流水系是鱼类重要的产卵场。鲤、鲫鱼产卵场主要分布在鄱阳湖区东部、南部，当前产卵场有 33 处，产卵规模 33 亿～47 亿粒。鲚产卵场分布在水流缓慢的湖湾中，当前鄱阳湖刀鲚产卵场分布范围较广，主要有三江口、北口湾、程家池、林充湖、东湖等 10 处，总面积 114.31 km²。银鱼产卵场在南部、东部、东北部及北部均有分布，当前产卵场主要分布在南部的青岚湖、东北湖汊群及北部珠湖堤外、新庙湖堤外、矶山湖堤外及鄱阳湖都昌西源乡和和合乡附近水域。

赣江是四大家鱼的重要繁殖地之一，当前较好的产卵场有巴邱产卵场、新干产卵场和三湖产卵场，繁殖期在 4～7 月，但当前产卵规模相对历史下降明显，2009 年仅约 600 万尾，2012 年 5 月产卵量为 125 万粒。赣江鲥鱼产卵场近年来均未监测到鲥鱼。此外，鄱阳湖的草洲在洪水季节被淹没后还是众多鱼类的索饵场，部分深水湖汊、深潭在冬季也是鱼类的越冬场所。近年来，湖区采沙形成的深坑，也成为鱼类越冬场所。

根据 2010～2016 年的现场调查数据，鄱阳湖共调查到鱼类 96 种，1980 年以前、

1982～1990 年和 1997～2000 年记录的种类数量分别为 115 种、101 种和 100 种，鄱阳湖仍具有较高的鱼类丰富度，但是鱼种类数逐步减少，中华鲟、鲥、鲀科和舌鳎科等种类在 2010～2016 年均未调查到。鄱阳湖湖区渔业捕捞量整体上呈波动中缓慢下降的趋势，且定居性鱼类的比例增加，江湖洄游性鱼类的比例下降，没有调查到河海洄游性鱼类产卵情况，主要经济鱼类低龄化现象严重。赣江历史上记录鱼类最多达 132 种，1989 年记录有 117 种，1996 年采集有 128 种，2008～2010 年在赣江中下游调查中采集有 97 种，而 2015～2016 年赣江中下游采集有 86 种，整体上，赣江鱼类种类的丰富度呈一定下降的趋势，中华鲟、鲥、鳗鲡、刀鲚、暗纹东方鲀、弓斑东方鲀、窄体舌鳎等河海洄游性鱼类在 2000 年以后均未采集到。

当前鄱阳湖渔业资源组成中，定居性的鲤、鲫、鲇、黄颡鱼、鳜的比例占主要优势，2014 年和 2015 年占比超过 75%。而江湖洄游性鱼类四大家鱼的比例较低，2014 年和 2015 年占比均不到 5%。渔获物中主要经济鱼类的年龄结构低幼化。目前，在鄱阳湖捕捞鱼类的网具和渔法主要是定置网、电拖网、刺网、鸬鹚、地笼、围网和扳罾等。2012～2016 年江西省水产科学研究所调查了鄱阳湖渔获物的鱼类结构组成比例，连同 2006 年、2011 年的调查数据一并列在表 7.4 中。

表 7.4　2006 年以来鄱阳湖水产捕捞渔获物鱼类组成 　　　　（单位：%）

年份	鲤	鲫鱼	黄颡鱼	鲇	鳜	鲌	鳊	鲚	青、草、鲢、鳙	其他
2006	41.0	14.0	10.1	—	—	—	—	—	3.2	—
2011	39.3	8.2	6.6	5.6	—	—	—	—	6.6	—
2012	37.0	8.6	6.9	18.7	5.6	2.2	—	1.1	6.6	13.5
2013	38.3	7.7	6.3	19.5	5.1	2.4	2.0	1.2	4.4	13.0
2014	34.5	5.5	5.1	16.3	4.8	2.2	1.5	1.5	4.0	24.2
2015	37.9	15.1	6.1	18.8	5.9	2.7	1.7	1.0	4.2	12.6
2016	37.7	6.6	6.2	18.2	5.8	2.6	—	1.1	4.0	17.4

鄱阳湖区渔获物调查过程中，分别对鄱阳湖青、草、鲢、鳙、鲤、鲫、黄颡鱼、鳜、短颌鲚、翘嘴鲌、鲇鱼、鳊、粗唇鮠等 13 种主要经济鱼类进行了年龄鉴定。2012 年鄱阳湖湖区主要经济鱼类的年龄结构主要以 1～2 龄为主，占 73%～100%。其中鲤、鲫、黄颡鱼、鳜鱼、翘嘴红鲌、鳊、粗唇鮠以及短颌鲚 1 龄鱼占 60% 以上，四大家鱼 1 龄鱼占 50% 以上。2013 年鄱阳湖湖区主要经济鱼类的年龄结构主要是以 1～2 龄为主，占 83%～100%；与 2012 年相比，低龄鱼比例有所增加。其中草鱼、鳙、鲤鱼、鲫鱼、黄颡鱼、鳜鱼、翘嘴鲌以及鳊 1 龄鱼占 60% 以上，2 龄鱼占 2%～47%，3 龄鱼占 2%～13%，4 龄鱼占 1%～3%，5 龄鱼仅占 1%。四大家鱼中的草、鲢、鳙鱼，1 龄鱼占 50% 以上，3 龄鱼占 2%～13%，4 龄鱼占 1%～3%，5 龄鱼仅占 1%。

从鄱阳湖湖区主要经济鱼类的年龄结构分析可知，鄱阳湖鱼类种群结构正在发生变化：洄游性、半洄游性、河流性鱼类种类减少，湖泊定居性种类稳中有升。青、草、鲢、鳙四大家鱼曾经是鄱阳湖重要的大型经济鱼类，1959 年四大家鱼在鄱阳湖渔获物重量组成中占 10%～15%，2006～2016 年四大家鱼占渔获物重量百分比分别为 3.2%～6.6%（表7.4），在渔获物中所占的比例越来越少，尤其是青鱼所占的比例在逐年下降。鄱阳湖区经济鱼类以鲤、鲫、鲇等湖泊定居性鱼类为主，三种鱼类合占渔获量超过 60%。目前鄱阳湖主要渔获物年龄低幼化、个体小型化、品质低劣化严重。我国特有的名贵经济鱼类鲥鱼，已有 20 年没有观测到；刀鲚等洄游性鱼类也比较少见。2011 年、2012 年和 2016 年主要经济鱼类渔获物的年龄、体长、体重和所占比例列在表 7.5 中。

表 7.5　2011 年、2012 年和 2016 年鄱阳湖主要经济鱼类的年龄、体长、体重

种类	年份	2011（平均水位 9.02 m）					2012（平均水位 11.94 m）					2016（平均水位 12.06 m）				
	鱼龄	1	2	3	4	5	1	2	3	4	5	1	2	3	4	5
青鱼	平均体长/mm	207	265	331	612		192	267	332	632	820	231	316	508	640	
	平均体重/g	195	442	926	4405		164	387	831	5 175	12 500	272	685	2 552	4 850	
	百分比/%	48	31	14	7		56	28	13	2		30	54	11	5	
草鱼	平均体长/mm	174	237	332	463		191	323	446	509	700	330	449	540	618	725
	平均体重/g	108	242	784	1883		184	690	1668	2 424	6 500	711	1 681	2 804	4 317	7 000
	百分比/%	42	32	11	14		54	19	15	11	1	54	25	12	7	1
鲢鱼	平均体长/mm	209	401	504	545		225	497	598		710	419	560	637	700	786
	平均体重/g	164	1081	2386	2679		264	2164	3600		5 375	1503	3 041	4 225	5 900	8 572
	百分比/%	57	3	12	28		82	11	6		1	12	44	31	7	6
鳙鱼	平均体长/mm	265	371	480	559	654	257	457	566	685	755	399	554	704	760	860
	平均体重/g	414	1215	2366	3548	4920	405	1807	3994	5 175	10 500	1294	3 413	6 464	9 625	11 500
	百分比/%	46	20	14	8	12	71	2	5	2	1	60	31	8	1	1
鲤鱼	平均体长/mm	197	322	432	618		167	423	469	574	800	271	478	574	675	760
	平均体重/g	195	746	2031	5280		179	1625	2622	4 375	11 100	729	2 854	5 167	7 299	9 000
	百分比/%	70	13	6	10		86	7	3	1	1	11	41	39	6	2
鲫鱼	平均体长/mm	93	115	160			100					146	230			
	平均体重/g	26	47	107			37					101	330			
	百分比/%	85	14	1			100					99	2			
黄颡鱼	平均体长/mm	140	180	255			91	210				122	206	275		
	平均体重/g	55	99	160			14	141				38	149	320		
	百分比/%	72	27	1			98	2				82	15	3		
鲇鱼	平均体长/mm	181	265	332			224	306	380	484	1 007	211	311	463	602	840
	平均体重/g	64	154	232			100	252	470	1 046	9 003	84	271	998	2 036	5 500
	百分比/%	65	21	14			49	37	7	4	3	41	23	13	21	2

　　另外，一些稀有、珍贵鱼类也呈现衰减趋势。银鱼是鄱阳湖重要的经济鱼类之一，和四大家鱼类似，银鱼资源也在持续退化。整个鄱阳湖区天然银鱼产量由 20 世纪 60 年代的 600 t 下降到 20 世纪 80 年代中期的 100 t 左右，干品产量不到 80 t，其中 1984 年为 100 t，而 1987 年仅 10 t。从 1985 年开始，通过在繁殖季节实行银鱼产卵场保护，鄱阳湖银鱼资源开始恢复，产量逐年回升：1988 年年产量 20 t，1989 年为 110 t，达到 80 年代的最高产量。到 20 世纪 90 年代中期，鄱阳湖北部的大部分水域银鱼资源基本失去了商业捕捞价值，资源濒临枯竭。2002~2003 年调查，湖区银鱼年产量已不足 50 t，且银鱼分布范围进一步缩减，物种区系小型化，小型种寡齿新银鱼为银鱼区系的绝对优势种，而体型最大的短吻间银鱼种群锐减，相对丰度不足 3.0%。2014~2016 年调查显示，银鱼保护区总共只有 5 对银鱼捕捞船，近 5 年每天捕捞量约 10 kg，品种为小银鱼，捕捞时间越来越短，平均不到原来的三分之一时间，说明银鱼资源量在进一步减少。

7.2.2　鄱阳湖虾蟹种类、分布和种群结构

　　鄱阳湖水质呈弱碱性至中性，硬度也不高，水质总体较好，水生植物极为丰富，适于虾蟹类的自然生长与繁殖，素以盛产鱼虾而闻名于世界。2008~2012 年鄱阳湖虾的平均年捕捞量约 4.9×10^4 t/a。但近些年，由于鄱阳湖水位持续低下、草洲淹没面积减小、栖息地破坏、无节制捕捞等因素，虾蟹的资源量日趋减少，品质下降。为了了解鄱阳湖虾蟹类资源现状，在鄱阳湖区鄱阳、都昌、星子以及瑞洪等不同水域开展了虾蟹类资源调查，针对虾蟹在鄱阳湖区的生长情况及捕捞种群结构进行了分析。根据相关记录，鄱阳湖区有虾类 14 种，分别是日本沼虾（*Macrobrachium nipponensis*）、贪食沼虾（*Macrobrachiumn lar*）、韩氏沼虾（*Macrobrachiumn hendersoni*）、粗糙沼虾（*Macrobrachium asperulun*）、江西沼虾（*Macrobrachium jiangxiense*）、九江沼虾（*Macrobrachium kiukianense*）、春沼虾（*Macrobrachiumn vernustum*）、安徽沼虾（*Macrobrachiumn anhuiense*）、细螯沼虾（*Macrobrachiumn superbum*）、秀丽白虾（*Exopalaemon modestus*）、中华小长臂虾（*Palaemonetes sinensis*）、中华新米虾（*Neocaridina denticulate sinensis*）、细足米虾（*Cambarus nilotica gracilipe*）和克氏原螯虾（*Cambarus clarkil*）。

　　第二次科学考察采集到的虾蟹类标本，经初步鉴定，虾类 8 种，蟹 2 种，分别是日本沼虾、九江沼虾、贪食沼虾、江西沼虾、粗糙沼虾、秀丽白虾、克氏原螯、细足米虾、中华绒螯蟹（*Eriocheir sinensis*）和束腰蟹（*Somanniathelphusa*），未采集到韩氏沼虾、春沼虾、安徽沼虾、中华小长臂虾、中华新米虾以及细螯沼虾。湖区采样数量较大的沼虾种类主要有 3 种，它们是日本沼虾、贪食沼虾和九江沼虾，其中日本沼虾为鄱阳湖优势种，在全湖区均有分布，且分布均匀；贪食沼虾的分布也比较广，但所占比重低于日本沼虾；九江沼虾仅分布于九江地区的湖口、星子、都昌等水域。其他种类未见到在全湖分布，仅在少量水域采集到样品，且数量很少。近年来，克氏原螯虾（俗称小龙虾）在市场热销，鄱阳湖区大量繁殖和养殖。

7.2.3　鄱阳湖区水产捕捞量

根据江西省水产科学研究所提供的资料,1997～2015年鄱阳湖水产捕捞量列在图7.1中。和1953～1984年比较,增加不少,其中1998年最高,达$7.19×10^4$ t;2003年以后逐年减少,2011年仅$2.23×10^4$ t,2015年为$2.50×10^4$ t。和1953～1984年水产捕捞量相比,总体上增加的原因,大致包括以下因素。

(1)随着经济社会发展和科技进步,捕鱼船只动力和设施、捕捞手段和网具改进,捕捞效率高,鄱阳湖鱼类被过度捕捞。目前,鄱阳湖捕捞鱼类的网具和渔法主要是定置网、电拖网、刺网、鸬鹚、地笼和围网等;鱼类捕捞产量主要出自定置网和电拖网,虽然渔获物产量增加,但一、二龄鱼甚至鱼苗被捕捞,致使渔业资源明显衰减。

(2)在捕捞的水产品中,虾的比例逐年增加,最近10年来天然生长或人工饲养的克氏原螯虾(俗称小龙虾)数量大幅度增长,成为渔民主要捕捞收入。

(3)20世纪90年代开始湖区水产养殖发展很快,精养鱼池越来越多;2000年以后在撮箕湖、青岚湖等湖汊大量发展拦湖养殖或围栏养殖;这些产出无法完全从水产捕捞量中分离出来,统计数据难以认定全部是天然水产捕捞量。

7.3　鄱阳湖鱼类洄游

7.3.1　鱼类洄游的种类、时间和路线

鄱阳湖丰富的鱼类资源与长江中下游独特的江湖复合生态系统的关系密不可分,鱼类群落时空动态洄游是江湖复合生态系统有机统一的体现。江湖间鱼类的相互交流对维持鄱阳湖鱼类多样性、保障部分鱼类完成生活史过程有重要意义。鄱阳湖不同生态类型鱼类的季节变化,大致可分为以下4个时期。

春季:随着鄱阳湖水位上涨和水温的逐渐升高,水草开始生长,各种类型的鱼类均已开始摄食活动。河流性和湖泊定居性鱼类开始生殖活动;部分在江河越冬的江湖洄游性鱼类开始在江河产卵;一些河海洄游性鱼类(刀鲚、鲥)也开始洄游繁殖行为,进入后期,一些产卵后的溯河洄游性鱼类逐渐开始回归。

夏季:随着鄱阳湖水温和水位的进一步上升,鄱阳湖区的饵料生物大量繁衍,鄱阳湖沿岸大量草滩被淹没,为各种食性的鱼类摄食肥育提供了丰富饵料。对于草食性鱼类而言,可以直接提供食物;对于其他食性鱼类而言,可以间接地提供饵料。同时,产卵后的江湖洄游性成鱼以及大量的鱼苗、幼鱼(四大家鱼)陆续进入鄱阳湖湖区,进行摄食、肥育,致使湖区鱼类组成发生变化。而湖泊定居性鱼类的成鱼、幼鱼和鱼苗(鲤、鲫、鲇)也在湖泊中生长肥育。产卵后的河海洄游性成鱼(刀鲚)开始出湖入江回海,而其幼鱼则在湖区继续停留,育肥一段时间。

秋季:鄱阳湖水温和水位逐渐下降,湖水开始流入长江,湖泊水面也逐渐缩小,岸边带开始裸露。经过育肥的江湖洄游型(四大家鱼)鱼类开始越冬洄游,陆续迁入江河越

冬，生长一定时期的溯河洄游性幼鱼(刀鲚、鲥)也逐渐出湖经长江入海。

冬季：鄱阳湖水温、水位降到很低，湖泊水面已变得非常小，以刀鲚为代表的河海洄游性鱼类已回归海样，江湖洄游型鱼类也已迁入江河越冬，湖泊中多为定居型鱼类，为了避寒，进入深水港湾、深潭越冬。

各类型鱼类洄游时间及路线详见表 7.6。

表 7.6　洄游鱼类洄游时间与路线

鱼名	洄游时间	洄游路线
草鱼	亲鱼 4~7 月进入长江繁殖，高峰期在 5 月；幼鱼 6~10 月入湖，育肥高峰期在 7~8 月	长江←→鄱阳湖 鄱阳湖←→赣江
鲢	亲鱼 4~7 月进入长江繁殖，高峰期在 5 月；幼鱼 6~10 月入湖，育肥高峰期在 7~8 月	长江←→鄱阳湖 鄱阳湖←→赣江
鳙	亲鱼 4~7 月进入长江繁殖，高峰期在 5 月；幼鱼 6~10 月入湖，育肥高峰期在 7~8 月	长江←→鄱阳湖 鄱阳湖←→赣江
鳡	亲鱼 4~6 月进入长江繁殖，幼鱼 6 月底入湖育肥	长江←→鄱阳湖
鳤	亲鱼 4~6 月进入长江繁殖，幼鱼 6~8 月入湖育肥	长江←→鄱阳湖
赤眼鳟	亲鱼 6~8 月进入长江繁殖，幼鱼 6 月底以后入湖育肥	长江←→鄱阳湖 鄱阳湖←→长江
鳊鱼	亲鱼 4~9 月进入长江繁殖，高峰期在 6 月；幼鱼 4~7 月入湖，育肥高峰期在 7~8 月	长江←→鄱阳湖 鄱阳湖←→长江
银鲴	亲鱼 4~7 月进入长江繁殖，幼鱼 4 月是高峰期	长江←→鄱阳湖 鄱阳湖←→长江
贝式鳌	5~6 月进入湖流产卵	长江←→鄱阳湖 鄱阳湖←→长江
似鳊	4~7 月进入河流产卵，4 月是高峰期	长江←→鄱阳湖 鄱阳湖←→长江
铜鱼	5~6 月进入河流繁殖	长江←→鄱阳湖
刀鲚	亲鱼 3~7 月入湖繁殖，出湖时间持续到 9 月中旬，幼鱼 10~11 月由长江入海，10 月中、下旬为高峰	海洋←→长江 ←→鄱阳湖
鲥	5~6 月进入赣江，6~7 月进入鄱阳湖育肥，9~11 月由鄱阳湖进长江入海	海洋←→长江 ←→鄱阳湖

7.3.2　入江水道洄游鱼类分布

鄱阳湖入江水道是洄游性鱼类在长江与鄱阳湖之间洄游的唯一通道。第二次科学考察采用定置网调查、分析了鄱阳湖水道屏峰水域洄游鱼类的组成及四大家鱼洄游变化规律，调查到洄游鱼类有 9 种；其中江湖洄游性鱼类 8 种，包括青鱼、草鱼、鲢、鳙、鳡、赤眼鳟、鳊和胭脂鱼等；河海洄游性鱼类有 1 种，为刀鲚。洄游鱼类以鲢为主，在渔获物中生物量的比例(数量和重量)均居首位，捕获尾数比例依次为鲢(68.40%)、草鱼

（17.95%）、鳊（8.96%）、鳙（2.95%）、鳡（0.85%）、赤眼鳟（0.50%）、青鱼（0.18%）、胭脂鱼（0.04%）；重量比率依次为鲢（63.64%）、草鱼（16.16%）、鳙（13.25%）、青鱼（2.24%）、鳡（2.05%）、鳊（1.98%）、赤眼鳟（0.44%）和胭脂鱼。

1. 春夏入湖洄游

2010 年 4～10 月在鄱阳湖星子水域监测鱼类入湖情况，共记录四大家鱼亲本 23 尾，大多出现在 5 月中旬，最晚在 7 月 13 日记录到一尾青鱼。对 5 月 18 日捕获的青鱼和 6 月 24 日捕获的鳙进行详细的生物学测量，其中青鱼体长 1 050 mm，全长 1 180 mm，体重 23 350 g，卵巢重 1 535.8 g，为雌性Ⅳ的亲本，年龄为 10 龄，绝对繁殖力为 782 234 粒；鳙体长 880 mm，全长 1 020 mm，体重 14 000 g，卵巢重 1 510 g，为雌性Ⅳ的亲本，年龄为 6 龄，绝对繁殖力为 877 310 粒。

调查期间，最早在 6 月 26 日调查到四大家鱼当年幼鱼，之后至 9 月中旬还有一定数量，高峰期集中在 7 月下旬和 8 月中旬，最大单网密度为 53 尾/（网·d），出现在 8 月 15 日。草鱼、青鱼、鲢和鳙当年幼鱼出现的时间非常接近，高峰时段也比较集中。四种鱼类中，鲢最多，占 81.5%；草鱼其次，占 16.27%；鳙和青鱼较少，各占 1.48% 和 0.74%。根据统计，约 94.94% 的当年幼鱼入湖时间在 9 月 1 日之前，9 月 1～15 日入湖幼鱼数量仅占总数的 5.06%。此外，根据 2013 年 8 月和 9 月通江水道星子水域的调查，在 8 月 30 日仍有四大家鱼当年幼鱼入湖，在 9 月 14 日及之后没有监测到幼鱼入湖。对入湖四大家鱼当年幼鱼体长结构分析表明，入湖幼鱼平均体长随时间的变化而逐渐增加，不过后期也不乏小个体存在。

当前，鄱阳湖河海洄游鱼类中，刀鲚仍有一定的资源量。2010 年 4～9 月连续调查结果显示，渔获物中刀鲚亲本出现的时间集中在 4 月 26 日至 7 月 15 日，7 月下旬之后很少出现。总体密度不大，大部分时期单网产量不到每网 2 尾，与入江水道流量呈弱正相关性。根据 2013～2014 年江西省水产科学研究所的调查，湖口水域采集刀鲚繁殖群体出现的时间最早在 4 月份，主要集中在 5、6 月份，高峰期在 6 月份，7 月份数量较少。全年其他月份基本很难捕获到刀鲚繁殖群体。2013 年 3 月的调查结果表明，刀鲚亲鱼 3 月初在湖口、星子水域有出现，由此可推断刀鲚亲鱼入湖的时间为 3 月至 7 月。

2. 越冬洄游

鄱阳湖进入枯水季节时，许多鱼类随着水温的降低、水位的下降，出湖进入长江干流的深水区越冬。根据 2016 年 11～12 月通江水道鱼类江湖交流规律的调查，鱼类运动指数均为负值，表明该时期鱼类表现为出湖的趋势。出湖的主要种类有草鱼、鲢、贝氏鳘。

7.4　鱼类资源衰退的原因

7.4.1　湖水位长期低枯是鱼类资源衰退的自然原因

鄱阳湖鱼类种群结构正在发生变化：洄游性、半洄游性、河流性鱼类种类减少，湖泊定居性种类稳中有升。青、草、鲢、鳙四大家鱼在渔获物重量组成中所占比例越来越少，经济鱼类以鲤、鲫、鲇等湖泊定居性鱼类为主，主要鱼类呈现年龄低幼化、个体小型化、品质低劣化的趋势。

　　鱼类处于水生态系统食物链的较高端，水文要素变化对鱼类影响是多方面、多途径的，包括对微生物、水生植物、底栖动物等方面的作用、影响和适应性。从总体上讲，"鱼儿离不开水"，鄱阳湖水位高，给鱼类提供了广阔的生活空间，有助于各类水生生物成长，增加了鱼类需要的饵料来源，有利于鱼类生长育肥。将图 7.1 所示数据进行回归分析，得到年水产捕捞量与年平均水位关系(图 7.2)。

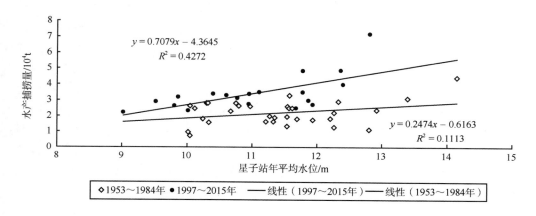

图 7.2　1953～1984 年、1997～2015 年水产捕捞量与年平均水位关系

　　从图 7.2 可以看出，不管是 1953～1984 年，还是 1997～2015 年，年水产捕捞量与鄱阳湖星子站年平均水位总是呈现正相关。在 1953～1984 年这组中，1954 年平均水位最高，水产捕捞量最多；另外，1983 年、1999 年等大水年均是鄱阳湖天然捕捞大丰收的年份。在 1997～2015 年这组中，1998 年平均水位最高，当年水产捕捞量最多。1997～2015 年组正相关趋势的复相关系数($R^2=0.4272$)比 1953～1984 年组大得多($R^2=0.1113$)，其原因在 7.2.3 节已经分析过。渔具渔法的进步，提高了捕捞效率，虾类比重的增加以及湖汊拦湖养殖或围栏养殖，都缩小了丰枯年份水产捕捞量的差距。但是，从图 7.1 可以看到，2003 年以后，虽然鄱阳湖年平均水位有高有低，但年水产捕捞量却呈现衰减趋势。

　　年水产捕捞量与鄱阳湖星子站年平均水位总是呈现正相关，是因为年平均水位高，表明鱼类生存空间大，饵料更丰富。下面具体从产卵场、索饵场两方面进行详细分析。

1. 产卵场的变化

　　鲤鲫鱼是鄱阳湖定居性鱼类，在渔获物中约占半壁江山。鄱阳湖湖滩草洲发育，为鲤、鲫鱼提供了良好的繁殖生态条件，十分有利于产卵和幼鱼的成长。鄱阳湖鲤鲫鱼产卵一般选择浅水草滩，每年 3～5 月份的春汛时期鄱阳湖水位上涨，气温回升，草洲上薹草、南荻等湿生植物部分淹没于水中，这时性腺成熟的亲鱼随水流进入滩地，遇到适宜的环境条件就进行产卵。亲鱼对产卵地有一定的选择性，以薹草最好。薹草系多年生草本植物，它是整个湖滨滩地植物群落中的主要成分，在鲤鲫产卵季节，只要湖水淹没薹草下部茎叶，而上部浮于水面成丝状散开，就能满足产卵时对附着物的要求。产卵后鱼群分散在整个湖区觅食肥育。产下的黏性卵附挂在薹草枝叶上，利用流水孵化成幼苗，幼鱼也以淹没草洲为栖息环境，成长育肥。

　　2013 年 3～5 月对鄱阳湖鲤、鲫产卵场进行了现场考察，结合 1∶250 000 鄱阳湖地形图作了各产卵场的分布图，并计算出其面积。调查得出，现在鄱阳湖鲤、鲫鱼产卵场有 33 处，总面积为 379.19 km²（当时星子站平均水位为黄海高程 10.62 m），产卵场地主要位于湖区南部和东南部滩地，少数位于西部滩地。

　　鲤、鲫鱼产卵的时间随着水文、水温、气象条件等因素的影响有所变化，而产卵场的有效面积、产卵量与鄱阳湖水位有很大关系。据调查，1997 年产卵场有效面积大约 600 km²。根据 1996～2015 年鄱阳湖鲤鲫鱼产卵场的调查、监测资料，与当年 4～5 月平均水位进行回归分析，呈现水位越低，鲤鲫鱼产卵场面积越小的趋势。鄱阳湖鲤、鲫鱼产卵场面积与星子站 4 月和 5 月平均水位的关系见图 7.3。1998 年产卵场面积最大，达 700 km²，当年 4～5 月星子站平均水位为 12.48 m。4～5 月星子站平均水位只要高于 10 m，鄱阳湖有 300 km² 以上产卵场所；如果星子站平均水位低于 9 m，很多草滩不受淹，或者淹水深度不足，产卵场所将急剧减少，将严重影响鲤鲫鱼等定居性鱼类繁殖。2011 年鄱阳湖遭遇春夏连旱，4～5 月星子站平均水位仅 7.54 m，产卵场仅 186 km²，当年水产捕捞量仅 2.23×10⁴ t，在 1997～2015 年中，水产捕捞量最少。

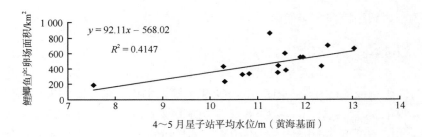

图 7.3　鄱阳湖鲤鲫鱼产卵场面积与 4～5 月星子站平均水位关系

2. 索饵场

　　青、草、鲢、鳙——四大家鱼属于江湖洄游性鱼类，孵化后的仔鱼随着水流进入饵料丰富的鄱阳湖摄食生长，产卵后的多数亲鱼也留在湖区摄食育肥；在冬季水位下降时，洄游性鱼类又回到长江干流深水处越冬，也有部分四大家鱼留在鄱阳湖越冬。鄱阳湖还是河海洄游性鱼类鲥和刀鲚的幼场鱼成长的重要场所，每年 5～6 月鲥鱼由长江进入鄱阳湖，在湖区觅食，吴城松门山以北的蜈蚣山一带是鲥鱼幼鱼的主要索饵场；然后上溯到赣江的新干至吉安江江段产卵，产卵时间为每年的 6～7 月，产卵场内孵化出的鲥鱼幼鱼顺着赣江而下，再次进入鄱阳湖长大育肥，直至秋季（一般 10 月初）出湖沿长江入海。而刀鲚进入鄱阳湖繁殖的后代，6～9 月其幼鱼在鄱阳湖中进行肥育，秋季洄游入海。

　　根据有关部门 1997～2016 年对鄱阳湖索饵场面积的调查结果,和鄱阳湖星子站年平均水位进行回归分析(图 7.4),索饵场面积与年平均水位呈正相关,鄱阳湖水产品生物量自然也随着水位增加而增加,水产捕捞量也增加。2003 年以后,鄱阳湖水位长期处于低枯状态,一定程度上影响水产品产量,而酷鱼滥捕是鄱阳湖鱼类资源衰竭的更重要原因。

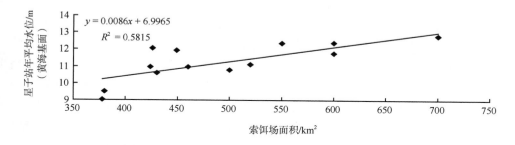

图 7.4　鄱阳湖鱼类索饵场面积与年平均水位关系

7.4.2　酷渔滥捕是鱼类资源衰竭的主要原因

　　从鄱阳湖渔业资源变动情况看,整体上鄱阳湖的渔业资源衰退程度加剧,渔获物小型化、低龄化、低质化现象严重,捕捞生产效率和经济效益不断下降,这些与人类的社会经济活动密切相关。酷鱼滥捕是主要因素之一。

　　据 2011 年统计,鄱阳湖现有捕捞渔船 3 万余艘,涉及渔业人口 16 万人,其中持有捕捞证渔船 1 万多艘,渔业人口 7 万人。捕捞业是湖区渔民的主要产业[4-5]。据渔船注册地登记统计可知,鄱阳湖渔船主要分布在沿湖 3 市(南昌、九江、上饶)9 县(南昌县、进贤县、新建县、永修县、星子县、湖口县、都昌县、鄱阳县、余干县),这 9 个重点捕捞生产县的渔船数达 2.7 万余艘,仅上饶市鄱阳、余干两县,捕捞渔船就占全湖渔船 34%以上[5]。近年来,由于渔业资源衰退,丝网、大钩、卡钩、布网、罩网等一些传统网具捕捞效率低,且劳动强度大,已基本被淘汰。省时、省力,捕捞效率高的定置网、耙网、大型围网以及机动底电拖网被渔民大量违规使用。由于虾类、贝类在渔获物中比例逐渐增大,且效益比较好,捕捞龙虾、螺蛳的虾笼、扒网也已成为主要捕捞工具之一。尽管沿湖渔政部门对有害渔具渔法进行了清理取缔,但没有得到有效控制。

　　网目 0.25～1.0 cm 定置张网渔获物几乎都是小型鱼、低质鱼,甚至鱼苗,其中鳊、鲂尾数占 4.91%,重量占 27.44%;鲦尾数占 35.89%,重量占 23.13%;鳑鲏尾数占 25.60%,重量占 15.35%。网目 2.5～3.0 cm 定置张网渔获物主要为鲢、草鱼、鳙、鲤、鲇、鳜、鳡等大中型鱼类,尾数共占 69.23%,重量占 94.67%;从捕捞规格看,鲢、草鱼、鳙、鲤、鲇、鳜、鳡等大中型经济鱼类大部分是主要为 1 龄鱼,甚至是鱼苗。

　　网目在 1.0～1.5 cm 电拖网渔获物主要为鲇、鲤、短颌鲚、鲫等定居型性鱼类。在所有渔获物中,青、草、鲢、鳙四大家鱼难觅踪影;从平均规格看见,网目 1.0～1.5 cm 电拖网渔获物主要鱼类绝大部分是低龄鱼(主要为 1 龄鱼)，小鱼，甚至鱼苗。鲇鱼尾数占 12.81%，重量占 43.08%；鲤鱼尾数占 10.16%，重量占 30.86%；鳜鱼尾数占 1.95%，重量占 4.82%；鳊、鲂尾数占 1.67%，重量占 4.68%；鲫鱼尾数占 8.66%，重量占 4.06%；短颌鲚尾数占 11.96%，重量占 2.01%；草鱼尾数占 0.66%，重量占 1.73%。其他杂鱼包括鲌、黄颡鱼、乌鳢等尾数占 52.13%，重量占 8.58%。网目在 2～4 cm 电拖网渔获物主要为鲤(尾数占 14.5%，重量占 34.71%)、鲇(尾数占 19.38%，重量占 23.44%)、鲌类(尾数占 5.48%，重量占 9.52%)、鲢(尾数占 0.92%，重量占 7.62%)、草鱼(尾数占 0.68%，重量占 5.09%)、鳜(尾数占 2.67%、重量占 4.94%)和鲫鱼(尾数占 16.40%，重量占 3.00%)；根据调查结果分析，"四大家鱼"中的青、鳙鱼都不是渔获物的主要鱼类。从平均规格可见，网目 2～4 cm 电拖网渔获物中，主要鱼类鲤、鲇、鲌类、鳜、鲫和短颌鲚，相当一部分是低龄鱼(主要为 1 龄鱼)，甚至是鱼苗。

另外，用虾笼捕捞的虾类情况大致为，在都昌、鄱阳、余干瑞洪水域捕捞的成体克氏原螯虾(俗称小龙虾)体长达到 11 cm 以上的占渔获物群体数量的 0.12%，9～10.9 cm 的为 12.3%，7.5～8.9 cm 的占 55.85%，6～7.4 cm 的占 29.24%，6 cm 以下的占 2.49%。每年 4 月至 11 月，鄱阳湖湖区都昌、鄱阳、余干瑞洪水域成体青虾体长达到 7.0 cm，占渔获物群体数量的 0.5%；5～6.9 cm 的占 9.47%；3.0～4.9 cm 的占 37.69%；2.0～2.9 cm 的为 47.95%；2 cm 以下的占 4.29%。

定置网、电拖网的违规使用，高强度捕捞，使得鱼获物年龄低幼化、个体小型化、品质低劣化，鱼类资源急剧衰减。

7.4.3　其他人类活动对渔业资源产生不利影响

除了酷渔滥捕外，在湖区围堰堵河、洲滩植树、采砂及污水排放等对水域环境构成威胁，致使水域生态系统破碎化，一些关键的生态过渡带、节点和生态通道不断受到损坏，与鱼类相关的生物栖息地被大量侵占，物种濒危程度加剧，种质退化，基因异变，生物多样性下降。影响范围最大的是湖区采砂。

湖区采砂的过程中会翻卷起大量的泥沙，使得湖水浑浊，对鱼的生存十分不利。首先，底层肥沃的淤泥正是鱼类主要饵料底栖生物的栖息繁殖场所，挖掉了这层淤泥，就相应地减少了鱼类的食物来源。其次，泥沙上浮会影响到一些鱼类的正常繁殖。鲤、鲫、鲴类、鲂类等一些鱼产黏性卵，靠黏在水草等植物上完成孵化，翻起的泥沙悬浮在水中，会使黏性卵脱黏而沉入湖底，无法孵化。再次，翻起的泥沙使湖水变浑浊，透明度下降，影响了水生植物和藻类的光合作用，结果使湖泊的初级生产量降低。最后，泥沙悬浮在湖水中，会堵塞鱼类的鳃和呼吸孔，影响鱼类的正常呼吸，尤其对刚孵出鱼苗的呼吸更为有害。

采砂船每日排放的生活垃圾和油渍影响了鄱阳湖的水质。在作业期间，一艘采砂船平均每天需油量大约为 7 t，产生的生活垃圾和油渍都是未经任何处理直接排入湖中，造成水质下降，严重影响了鱼类的生存。油渍排入水中浮在水面上，降低了水中氧的溶解量，一方面阻碍了水生植物的生长，在一定程度上会减少鱼类饵料的来源；另一方面还会影响鱼类的呼吸，造成鱼类死亡。

采砂多在湖泊浅水区或湖边洲滩地区，将破坏鱼类的栖息场所，从而影响鱼类的繁衍和生存，尤其采砂是日夜轮班作业，影响到鱼类在当地的栖息，这对鲤、鲫等湖泊定居性鱼类的影响更大。大规模的采砂缩小了鱼类的生存空间，影响鱼类栖息，也易引起疾病，导致鱼类大量死亡。

此外采砂对底栖动物群落产生极大的不利影响。根据中国科学院水生生物研究所对洞庭湖采砂区与非采砂区底栖动物群落组成调查结果表明，采砂区群落结构主要以水生昆虫为主(占总物种数 60%)，寡毛类、软体动物和甲壳类组成占比相对较少；非采砂区以软体动物为主(占比 51%)，寡毛类、水生昆虫及甲壳类分布相对均衡。两个区域明显差异是软体动物和水生昆虫之间，非采砂区软体动物相较采砂区域占比高 39%。采砂行为破坏了软体动物，如中国圆田螺(*Cipangopaludina chinensis*)、耳河螺(*Rivularia auriculata*)、褶纹冠蚌(*Cristaria plicata*)及三角帆蚌(*Hyriopsis cumingii*)等动物产卵场所，间接影响了采砂区软体动物的群落组成；与此相反给入侵能力较强的水生昆虫创造了机会。

禁渔期的采砂，对鱼类的影响则更为明显，严重影响鱼类资源的繁殖。不论是分离采砂还是用吸砂泵吸砂都会产生较大的噪音污染，主要是采砂船发动机产生的噪声，以及在采砂过程中吸砂、洗砂时产生的噪声，使得水底噪声污染严重，鱼类宁静的生存环境被破坏。

入江水道是鱼类洄游的唯一通道。采砂船及过驳船在蛤蟆石水域集中，严重缩减了鱼类洄游通道及洄游过程中的歇息场所，使湖泊内鱼类进入长江越冬和繁殖、长江中的幼鱼进入湖泊摄食育肥受到一定程度影响。

7.5　长江江豚及其保护

7.5.1　长江江豚概况

江豚(*Neophocaena phocaenoides*)是隶属于鲸目(Cetacea)、鼠海豚科(Phocoenidae)的一种小型齿鲸类动物，广泛分布于西起波斯湾、东至日本海的亚洲南部和东部的沿海水域，为我国二级保护动物。

1. 长江干流江豚概况

长江江豚(*N. a. asiaeorientalis*，Committee on Taxonomy，2011)，以下简称江豚)，是唯一而且相对独立的一个江豚淡水种群，也是鼠海豚科所有物种中唯一的淡水种群，仅分布于长江中下游干流及与其相通的大型湖泊中，是中国水域三个江豚种群中最濒危的一个亚种，自 1996 年以后就一直被国际自然保护联盟物种生存委员会(IUCN SSC)列为濒危(En C2b)物种，2013 年起被列为极危(CR，A3b+4b)物种，《濒临绝种野生动植物国际贸易公约》列为最高保护等级的附录Ⅰ物种；1998 年《中国濒危动物红皮书·兽类》也将其列为濒危级，学术研究和文化价值极高，保护地位十分重要。

随着人类对长江的开发强度增大，在过去 20 年中，长江江豚自然种群数量迅速减少。

据 1991 年前的考察结果认为，当时的种群数量约为 2 700 头。其后的考察结果表明其种群数量在明显下降，据 2006 年中国科学院水生生物研究所组织的长江豚类考察结果计算，当时长江江豚的种群数量可能仅为 1 800 头左右，而分布于长江干流的江豚数量仅为 1 000～1 200 头左右，年下降速率超过 5%。2012 年长江淡水豚考察结果显示，当时长江江豚的种群数量约为 1 040 头，其中长江干流仅有 505 头，2006 年至 2012 年间长江干流种群的年均下降速率达到了 13.73%。

2. 鄱阳湖区江豚分布情况

早在 2000 年以前，许多学者对鄱阳湖区及其支流的白鱀豚和长江江豚的分布、数量和活动规律进行了系统的调查。结果表明，长江江豚随着水位的变化，其分布范围、数量和活动规律也随之而变化。在鄱阳湖主要分布在湖口至龙口一带，老爷庙至小矶山是较为集中的分布区。赣江南北支、抚河下游及康山河在涨水季节也有少量江豚活动。1997 年 11 月至 1998 年 11 月，大致按一年四季分四次对鄱阳湖及其主要支流中的长江江豚种群数量、数量的季节变动、分布、行为、江豚栖息地环境、人类活动对江豚的影响进行了考察。江豚的分布主要集中在鄱阳湖湖区、赣江、信江、抚河等主要支流的中下游和支流入湖口附近。其种群数量随季节、水位、鱼类资源的变化而呈现出相应的变化。

中国科学院武汉水生生物研究所自 2005 年开始，每年均在鄱阳湖主要湖区进行常规的种群数量监测。研究结果显示，鄱阳湖江豚的种群数量平均为 457 头，比较稳定，只是随着季节的不同，种群数量存在一定的变动(变动范围：316～657 头)。2008 年至 2010 年共进行了 9 次考察，发现长江江豚分布于整个湖口考察水域，并且有位点的选择性和季节分布模式。粗略地可以分为两个时期：5～8 月(春夏丰水期)和 11 月～2 月(秋冬枯水期)。5～8 月湖口至蛤蟆石仅发现较少的长江江豚，主要聚集在长江和鄱阳湖的交界处；11～翌年 2 月发现的数量更多。

2016 年枯水期进行三次考察，发现鄱阳湖江豚种群主要分布在老爷庙至星子县水域，康山下游约 10～30 km 处。此外，都昌县至瑞洪镇水域、星子县从蛤蟆石至都昌水域也有较多江豚活动，而鞋山至湖口县水域长江江豚数量很少。赣江北支吴城镇以下江段，长江江豚分布密集。这次考察结果与以往相比基本一致，进一步说明鄱阳湖长江江豚的种群数量比较稳定。初步分析，其主要原因可能是：鄱阳湖是浅水型湖泊，丰水期水域面积较大，小型鱼类资源丰富，为江豚提供了相对宽阔的生存空间和饵料资源；江豚恰好也是在这个季节繁殖，较高的繁殖成活率可能对种群进行了有效地补充。此外，这次考察在进入鄱阳湖的赣江等主要支流内也发现了少量江豚分布。

中国科学院武汉水生生物研究所 10 多年的种群生态学调查，估算鄱阳湖江豚的种群数量约为 450 头，约接近目前整个现存种群的 1/3，且数量比较稳定。随着长江干流栖息环境的进一步破坏和长江江豚种群数量的快速下降，鄱阳湖将成为长江江豚最后的避难所，因此鄱阳湖江豚保护对该物种的保护起着举足轻重的作用。

3. 鄱阳湖栖息地特征

老爷庙和龙口水域都属于亚热带湿润性季风型气候,气候温暖,光照充足,无霜期长。年平均气温 17.10 ℃,极端最高气温 40.20 ℃,极端最低气温−9.80 ℃,年平均无霜期 273 天;年平均日照时数 1 970 h,年辐射总量 4.5×10^{10} J/m^2,是江西省光能资源富有区。

枯水季节,鄱阳湖水位较低,湖洲大面积裸露,仅在靠近北部入江水道的河槽中有些水面,长江江豚也主要分布在这些河槽中。长江江豚与渔业活动的分布呈现显著的正相关,尤其是龙口至康山水域,所观察到的江豚旁边都有渔业活动分布。考察发现,大量的江豚聚集在采沙活动形成的沙坑中。枯水期沙坑所在水域水面宽阔、水深,一些鱼类进入这些区域越冬。由于水深,一般的渔业作业很难实施,鱼类资源相对丰富。这就为江豚提供了一个相对较好的越冬场地。老爷庙水域位于星子县以南几十千米处,该水域是鄱阳湖湖区由窄变宽的衔接水域,由于地形的突然变化以及其他气象水文条件的影响,该水域水流湍急,渔业资源丰富,是长江豚类良好的栖息地。

7.5.2　影响江豚群落生存发展的主要因素

影响长江江豚资源衰退的原因是多方面的,主要包括以下因素。

1. 鄱阳湖水位长期低枯

2000 年以后,受气候变化和长江上游水利工程运行影响,鄱阳湖低枯水位提前和延长的情况频现,甚至部分湖区水域低于枯水期历史最低水位。异常的枯水位给湖区长江江豚和鱼类资源的生存带来了严重影响,其中最主要的影响是缩小了长江江豚的生存空间,导致各种人类活动和江豚分布重叠,给江豚的生存造成了影响。具体来讲,主要包括以下几个方面。

(1)造成江豚生存空间缩小。持续的低水位使长江江豚的栖息地范围急剧萎缩、分布集中,人类活动的影响显著增加。江豚明显呈现向深水区及开阔水域集中的现象,这些区域高强度的采沙作业对江豚的威胁增加。

(2)江豚繁殖率明显降低。持续的低枯水位导致洲滩等浅水区域的消失,影响到长江江豚的繁殖和抚幼。鄱阳湖枯水期,湖区绝大部分水域只剩下一条窄窄的主航道,水深较深,适合长江江豚生殖和抚幼的浅水区域面积大为减少。据 2011 年 5 月对鄱阳湖考察,江豚的幼豚比率为 11.49%,早期的调查一般江豚新生个体数量会占到整个群体数量的 20%,较低的出生率明显影响长江江豚种群的恢复和发展。

(3)对江豚的食物资源及生态环境构成威胁。持续的低枯水位导致湖区鱼类资源的严重下降,严重地影响长江江豚的生存,也必然导致渔民与江豚争鱼的矛盾加剧。长江江豚主要以小型鱼类为食,鱼类资源的下降是长江江豚种群快速下降的主要原因,干旱加剧了这种影响。当年鱼类资源下降将会持续影响未来几年内长江江豚的食物来源。

(4)加剧了人类活动与江豚保护之间的矛盾。长期的持续低水位导致在一些区域船舶通航密度增加，隔断了不同区域之间长江江豚的交流，尤其是在鄱阳湖湖口水域，船舶高密度严重影响了长江江豚江湖之间的迁移。

（5）搁浅死亡江豚数量明显增加。持续的低枯水位导致湖区水域面积缩小，长江江豚集中地暴露在人类活动区域之内，意外死亡的数量增加。中国科学院水生生物研究所在鄱阳湖和洞庭湖的各个港口对渔民进行了访问，被访问渔民均表示 2011 年发现的死亡长江江豚数量增多，其中多数为新生幼豚和处于哺乳期的母豚，对江豚种群恢复构成严重威胁。中国科学院水生生物研究所自 2009 年以来在鄱阳湖和洞庭湖收集到的几十头死亡长江江豚样本，主要集中在水位低枯时期。

2. 渔业活动

过度捕捞及非法渔具的使用，严重破坏了鱼类资源，渔获物组成也日趋小型化、低龄化，渔获量下降，食物的短缺对江豚威胁最大。此外，渔民作业时使用的有害和非法渔具渔法，比如滚钩、定置网，甚至是毒鱼、炸鱼、电鱼等，对豚类有直接的杀伤作用，导致豚类死伤。

3. 湖区采沙

湖区采沙以后的水域表层流速较快，底层流速趋缓，形成大面积静水区。有机物、浮游动植物相对集中沉降，是鱼类索饵场所。由于采沙活动改变了湖区水流流态，增加了深水噪声，迫使鱼类纷纷离弃，从而使江豚的摄食场所丧失。长期、大面积采沙作业导致鄱阳湖栖息地破坏，包括：采沙严重破坏鱼类产卵场、湖泊底质和水的理化性质，实质上破坏了整个水生生态系统，导致渔业资源下降，江豚适口鱼类减少。而运输沙船的螺旋桨会直接击伤动物，并且噪声污染会干扰江豚声呐系统。

4. 航运交通

航运业快速发展，鄱阳湖各类航行船只急剧增加，尤其是采沙、运沙和过驳船只急剧增加。航行船只的大幅度增加，对长江江豚主要危害有：活动水体空间越来越小；深水噪声干扰江豚声呐系统，造成螺旋桨击伤、击毙的概率越来越大；深水噪声破坏豚类的生态行为。此外，航道整治破坏水下生态环境多样性，也威胁豚类生命安全。沉船泄毒污染水体，导致豚类中毒死亡。

5. 水体污染

鄱阳湖水环境逐步变差，已受到不同程度的污染。重金属在水体中以化合物或离子两种形态存在，前者易沉积于底泥中，后者易被水中带负电的胶体颗粒吸附，并随水流向下游迁移。重金属通过食物链成千上万倍地富集放大，特别在鱼类、虾贝类富集程度更高，直接影响鱼类乃至以鱼为食的豚类动物健康和生长发育。水体污染导致受到过往船只螺旋桨击伤或被定置网割伤江豚的伤口不能自然愈合，最终发炎致死。

7.5.3　长江江豚的保护

长江干流和大型通江湖泊是豚类的自然栖息水域，为了保护豚类的自然栖息地，中央和地方政府先后颁布了多项动物保护法律和法规，一些地方渔业主管部门也根据各地的地域特征，规定一些湖泊的禁捕期限、禁捕鱼类名录等，保护鱼类资源，对淡水豚类资源保护起到了积极作用。1988 年，全国人民代表大会常务委员会第七届第四次会议通过了《中华人民共和国野生动物保护法》。同年，国务院又批准了林业部、农业部根据上述法律拟订的《国家重点保护野生动物名录》。在《名录》中，白鱀豚、长江江豚分列为国家一级、二级重点保护动物。为了更有效地保护江豚，中央和各级地方政府还在豚类的重要栖息水域设立了国家和地方级自然保护区，包括江西鄱阳湖长江豚类自然保护区。这些保护区在保护渔业资源、水环境和避免豚类被直接和间接伤害等方面起到了积极作用。

保护鄱阳湖江豚的当务之急是巩固鄱阳湖专项整治成果，进一步加强监管，防止无序采沙、酷渔滥捕、捕螺捞蚌死灰复燃；进一步加强城镇生活污水、工业废水治理，加强农业面源、城乡垃圾流失的管理，减少入湖污染负荷，尽快使湖泊水环境质量达到III类标准。其次是异地保护，捕捉一定数量江豚送到在湖区周边水质较好的圩堤控制的湖汊内饲养，保护江豚种质资源。

7.6　小　　结

分析比较鄱阳湖鱼类资源三次考察结果发现，鄱阳湖鱼类资源处于衰退过程中，主要表现在：到 2013 年为止已累计记录鱼类 134 种，第二次鄱阳湖科学考察时，共监测到鱼类 89 种，鱼的种类减少，中华鲟、鲥、鳗鲡、刀鲚、暗纹东方鲀、弓斑东方鲀、窄体舌鳎等河海洄游性鱼类在 2010～2016 年均未调查到。银鱼等稀有、珍贵鱼类也呈现衰减趋势；从 2003 年起，渔获量逐年下降，渔获物趋于鱼龄低幼化、个体小型化、品质低劣化。究其原因，鄱阳湖水位长期低枯，产卵场、索饵场面积减少，鱼类生活空间缩小是自然原因；大量使用定置网、电拖网、地笼和围网等酷渔滥捕，是鱼类资源衰竭的主要原因。另外，围堰堵河、洲滩植树、采砂及污水排放等，致使水域生境破碎化，一些关键的生态过渡带、节点和生态通道受到破坏，鱼类栖息地被大量侵占，促使物种濒危程度加剧，种质退化，基因变异，生物多样性下降。

经常性生活在鄱阳湖江豚的种群数量平均达到 450 头，约占长江江豚总数的一半。鄱阳湖将成为长江江豚最后的避难所，保护江豚对该物种的保护起着重要作用。这一章最后还讨论了在鄱阳湖保护江豚的有关举措。

最近几年，鄱阳湖专项整治取得了显著成果，取缔了无序采沙、酷渔滥捕、捕螺捞蚌、围湖养殖、超标排污等危害鄱阳湖水环境和水生生物资源的活动。2020 年开始鄱阳湖实施全面"禁渔"，为水生生物资源恢复提供了很好的机会。进一步加强监管，把各项措施落到实处尤为重要。

参 考 文 献

[1]《鄱阳湖研究》编委会. 鄱阳湖研究[M]. 上海：上海科学技术出版社，1988.

[2] 崔奕波，李忠杰. 长江流域湖泊的渔业资源与环境保护[M]. 北京：科学出版社，2005.

[3] 朱海虹，张本. 鄱阳湖[M]. 合肥：中国科学技术大学出版社，1997.

[4] 戴星照，胡振鹏. 鄱阳湖资源与环境研究[M]. 北京：科学出版社，2019.

[5] 郭宇冈，胡振鹏，甘筱青. 鄱阳湖渔业资源保护与天然捕捞渔民转产行为研究简介[J]. 求实，2014，
　　（2）：67-70.

第8章 鄱阳湖越冬候鸟对水位变化的响应

8.1 鄱阳湖区的鸟类及越冬候鸟

8.1.1 第一次鄱阳湖科学考察关于鸟类分布情况

1981～1984年查明[1]，鄱阳湖区(包括主湖区和圩堤拦堵湖汊的水体、洲滩、沿湖周边陆地)分布的鸟类有37科、150种，其中繁殖鸟(包括留鸟和夏候鸟)63种，非繁殖鸟87种。鄱阳湖鸟类因栖息环境不同而产生地带性分布。

(1)沉水植物、浮游生物以及鱼类等食物资源丰富的地区，鸟类代表种以游禽类为主，包括鸊鷉、潜鸭、秋沙鸭、鸬鹚和鸥类。

(2)在湖滩草洲、季节性浅水湖泊及其他湿地，水草丰茂，鱼虾、昆虫及底栖动物丰富，成为越冬候鸟主要栖息环境，分布的鸟类主要为涉禽、游禽，如鹤类、鹳类、鹭类、鹬类、小天鹅、雁鸭类、大鸨、苦恶鸟、董鸡、白骨顶和斑鱼狗等。

(3)在沿湖的农田、村庄、低丘和岗地，地形复杂，环境多样，景观开阔，处于大水体向陆地的过渡带，鸟类分布以陆地鸟为主，如雀形目的喜鹊、八哥、椋鸟、家燕、鹡鸰、白头鹎、乌鸦、鸫鸟、噪鹛、柳莺、山雀、伯劳、麻雀、文鸟、黑尾蜡嘴雀、鸦类等，猛禽类的白尾鹞、红隼、红脚隼、斑头鸺鹠、夜鹰等，鸡形目的雉鸡，鸽形目的山斑鸠以及鸻形目的凤头麦鸡等。

按照鸟类分布密度和集群数量，鄱阳湖鸟类的生态地理分布可分为集中分布区和一般分布区。集中分布区有以下4个区域：①湖东岸余干县的瑞洪、康山一带以雁鸭类为主，也是大鸨的分布区之一；②湖南岸的南昌、新建两县境内的小摊湖、蚕豆湖、程家池、草湾湖一带，以小天鹅和雁鸭为主；③湖西岸的永修吴城、吉山一带，以珍禽鹤类、鹳类、鸳鸯、大鸨、小天鹅以及雁鸭为多；④湖北岸都昌县的三山、泗山、朱袍山等岛屿附近，以雁鸭为主(图8.1)。

鄱阳湖越冬的水禽，不但同一类集聚成大群活动，而且多种水禽在同一地点也会集聚在一起觅食、嬉息。白忱鹤、白鹤和小天鹅最大群体可达数千以上，当时观察到的白忱鹤最大群体为2 200只(1985年1月，大湖池)、白鹤1 609只(1986年1月，蚌湖)、小天鹅5 300只(1985年11月，中湖池)；雁类最大群体超过10 000只。据1982年进行的样方和线路法调查统计，鄱阳湖雁鸭类、鸊鷉类、鹭类和鸥类总数达60万只以上。

8.1.2 1998年以来越冬候鸟同步监测情况

从1998年开始，由江西省野生动物保护局组织对鄱阳湖区越冬候鸟进行定期同步监

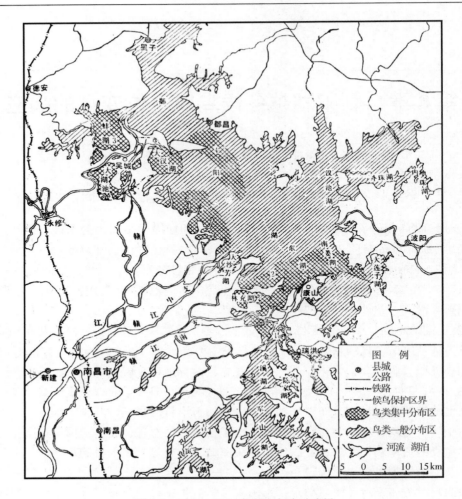

图 8.1　1981~1984 年越冬候鸟分布[1]

测，由于每年 12 月下旬至元月上旬是鄱阳湖冬候鸟最集中的时候，监测一般安排在每年
1 月 9 日开始，如果天气不好，适当提前或者推后；监测范围除了鄱阳湖湖盆天然水域
和草洲、碟形湖、人控湖汊(如军山湖、新妙湖、珠湖、寺下湖等)，还包括鄱阳湖周边
的卫星湖(如瑞昌赤湖、彭泽太泊湖、九江八里湖、南昌县瑶湖、安徽东升湖等)，监测
面积约 5 000 km²。监测方法主要有两种：一种是直升机环绕鄱阳湖，在空中观察计数；
另一种是专业人员同时用望远镜分区计数，然后汇总。这样，积累了 1999~2015 年共
15 年监测资料(2000 年 1 月 9 日缺)，具体包括监测时间、区域(主湖区、碟形湖、人控
湖汊、卫星湖泊等)候鸟种类、数量和所在位置等，表 8.1 列出了汇总结果[2]。

　　另外，作者收集、整理了鄱阳湖星子站 1956~2015 年旬平均水位过程。冬候鸟一般
在 10 月份来到鄱阳湖越冬(少数雁类 9 月下旬来到鄱阳湖)，3 月底全部返回繁殖地。根
据降水、径流规律，将每年 4 月至来年 3 月作为一个水文年，4~9 月为丰水期，10 月~
次年 3 月为枯水期。如表 8.1 中，1999 年 1 月 9 日监测的冬候鸟数量受到 1998 年水文情
势的影响，2005 年 12 月 29 日监测的候鸟数据受到 2005 年水文情势影响；以此递推，

具体见表 8.1 第 2 列和最后两列。

表 8.1　1999～2016 年鄱阳湖冬候鸟监测数量及种类

调查时间 (年-月-日)	水文年/年	候鸟总数	鹤类	鹳类	鹭类	天鹅	雁类	鸭类	鸻鹬类	其他	枯均 水位/m	年均 水位/m
1999-01-09	1998	135 676	5 834	2 849	15 603	12 754	72 315	22 794	2 306	1 492	8.46	12.35
2001-01-09	2000	214 131	2 355	857	6 210	26 552	64 239	85 867	1 285	26 776	10.41	11.72
2002-01-09	2001	451 757	7 228	904	16 263	59 632	153 597	123 330	83 123	6 776	8.86	10.74
2003-01-09	2002	288 695	6 929	1 443	12 125	32 911	131 934	55 429	30 024	18 189	10.21	12.56
2004-01-09	2003	300 736	8 120	1 804	12 631	80 297	106 160	46 313	25 262	5 052	7.60	10.68
2005-01-09	2004	315 353	6 622	3 784	6 622	27 120	95 237	45 095	72 531	58 656	8.77	10.77
2005-12-29	2005	729 236	9 480	3 646	10 939	112 302	163 349	116 136	272 734	38 650	8.91	11.15
2006-12-29	2006	463 983	5 568	2 784	13 456	82 589	189 305	89 085	57 534	24 127	7.16	9.37
2008-01-03	2007	451 412	10 382	2 708	15 799	55 524	125 493	135 875	80 803	24 828	7.10	9.78
2009-02-13	2008	288 549	4 905	1 731	13 850	48 342	67 232	83 968	56 556	8 368	8.72	10.68
2010-02-27	2009	170 703	5 462	512	7 170	33 287	61 282	34 482	23 045	5 463	7.47	10.00
2011-01-12	2010	339 479	11 542	3 395	9 505	32 929	169 400	51 601	32 590	28 516	8.26	11.66
2012-01-08	2011	374 109	17 583	4 489	8 605	96 520	89 786	91 283	47 886	18 331	8.27	9.31
2013-01-19	2012	265 006	5 611	948	9 859	49 823	149 568	16 196	17 864	15 135	9.04	12.04
2014-01-08	2013	641 315	5 652	3 912	24 850	115 710	294 936	44 745	112 507	39 003	7.04	9.70
2015-01-18	2014	599 118	4 757	2 040	6 509	97 986	337 112	75 899	52 691	22 124	8.48	11.03
2016-01-18	2015	502 103	12 787	5 118	10 571	65 896	300 944	67 080	19 351	20 356	10.09	11.65
年平均		384 198	7 695	2 525	11 798	60 598	151 288	69 716	58 123	21 285	8.52	10.89

越冬候鸟每年 10 月开始来到鄱阳湖。从 2003 年开始，鄱阳湖国家级自然保护区从 11 月 8 日至 3 月 28 日 每逢 8 日、18 日和 28 日对保护区内的候鸟进行一次同步监测。部分监测结果刊登在江西省鄱阳湖国家级自然保护区自然资源监测报告中(2012～2018 年)，这些资料对于研究分析越冬候鸟在保护区内觅食、迁徙过程及其生境很有价值[3]。

8.1.3　第二次鄱阳湖科学考察对鸟类的监测

鸟类调查列入了鄱阳湖第二次科学考察。考察结果显示，鄱阳湖目前总共分布有 299 种鸟类，其中典型湿地依赖型鸟类 128 种，非湿地依赖型鸟类 171 种。非湿地依赖型鸟类约占江西省鸟类种数 481 种的 35.55%。其中，雀形目鸟类种类在本地区鸟类区系中占有明显的优势地位，共有 30 科 73 属 143 种，占当地现存鸟类总种数的 47.83%，其中又以鹟科和鹛科最多，分别为 18 种和 14 种，其他种数较多的雀形目鸟类科还包括画眉科、鸦科和鹡鸰科。非雀形目鸟类共有 28 科 83 属 156 种，占当地鸟类总种数的 52.17%。

非湿地依赖型鸟类则主要分布在周边山区林地中。湿地依赖型鸟类以游禽和涉禽为主。雁形目鸭科和鸻行目鹬科鸟类明显占多数，分别达到 29 种和 26 种，其他种群数较多的还包括鹳形目鹭科、隼形目鹰科和鹤形目秧鸡科，分别为 14 种、10 种和 7 种。湿地依赖型鸟类主要栖息于鄱阳湖湿地环境及其周边小湖泊、河流等生境中。

在不同季节鄱阳湖鸟的种类和数量差异较大。每年的冬天，鄱阳湖是东亚地区重要的候鸟越冬场所和中转站，以水禽、游禽和涉禽等候鸟为主要优势种；每年的 3～5 月，随着冬候鸟开始大量向北迁徙后，鄱阳湖区主要以中小型涉禽(如鸻鹬类)为主；从晚春开始以及夏秋季节主要分布鹳形目鹭科鸟类、雀形目鸟类和鹤行目秧鸡科鸟类等繁殖鸟和留鸟。一年中留鸟数量变化不大，夏候鸟在春夏季种类明显增加，冬候鸟主要在晚秋及冬季活动。另一方面，繁殖鸟(夏候鸟)和留鸟在繁殖后期(一般为每年 6 月、7 月)随着幼鸟的出生，种群数量急剧增加，到冬天明显下降。

在鄱阳湖越冬的候鸟中，被 IUCN(2015)红皮书收录的需要重点关注的保护鸟类共有 16 种，包括极危(CR) 2 种、濒危(EN) 5 种、易危(VU) 12 种、近危(NT) 3 种；国家 I 级保护鸟类总共 7 种；国家 II 级保护鸟类总共 30 种；列入江西省级保护的鸟类种类相对较多，达到 74 种。其中国家 I 级保护鸟类包括白鹤、白头鹤、东方白鹳、黑鹳、中华秋沙鸭、金雕和遗鸥。国家 II 级保护鸟类包括斑嘴鹈鹕、卷羽鹈鹕、黄嘴白鹭、黑头白鹮、白琵鹭、大天鹅、小天鹅、白额雁、鸳鸯、白尾鹞、雀鹰、普通鵟、黑冠鹃隼、黑翅鸢、黑鸢、蛇雕、赤腹鹰、大鵟、红隼、红脚隼、燕隼、白鹇、白枕鹤、灰鹤、小杓鹬、小青脚鹬、褐翅鸦鹃、小鸦鹃、花头鸺鹠和印度八色鸫。

8.2　越冬候鸟的食性及其环境特征

鄱阳湖湿地植物群落具有沿水分梯度成条带状或环状分布的特点，沉水植物分布在碟形湖和水浅的主湖区，湿地生态系统中的越冬候鸟都有各自的生态位，根据越冬候鸟的取食对象可以分为 6 类食性功能群。

8.2.1　以薹草、禾本科植物嫩叶为主要食物的候鸟

以薹草、禾本科嫩叶为主要食物的候鸟以雁类为主，在鄱阳湖越冬候鸟中雁类数量最多，根据 1998～2015 年的统计(表 8.1)，雁类候鸟多年平均 15.13 万只，占越冬候鸟总数的 39.38%。雁类一般每年 9 月下旬～10 月上旬到达鄱阳湖。白额雁、豆雁、小白额雁、斑头雁、灰雁、灰鹤和白头鹤等鸟类吃薹草、禾本科等湿地植物的嫩叶，有时取食少量的草籽、谷粒和沙子；草洲食物缺乏时，豆雁、白额雁、斑头雁等飞到农田取食油菜苗、麦苗；灰雁、灰鹤和白头鹤偶尔也吃螺、虾、昆虫等动物食物。

取食薹草、禾本科嫩叶的鸟类生活在草洲薹草层或稀疏草洲上，饱食之后雁类一般伏卧在草丛中，或水面，或岸边沙滩上休息，晚上在鄱阳湖草洲的南荻、芦苇或薹草群丛栖息；灰鹤和白头鹤栖息于开阔的草地、河滩、旷野及农田地带，尤其是喜欢在富有水边植物的开阔湖泊和沼泽地带栖息。

孟竹剑等在鄱阳湖国家级自然保护区的梅西湖设立样方研究雁类取食薹草的时间窗口期[4]。结果表明，适宜雁类取食秋季鲜嫩薹草的时间窗口在草洲露滩、薹草萌芽后 12～28 天。这意味着在 9 月下旬出露的洲滩，在 10 月中、下旬才适宜雁类取食，雁类到达

的时间需要与洲滩薹草的生长节律匹配。由于气温低于 10 ℃，薹草将停止生长，如果高水位维持时间长，退水时间推迟，将影响雁类候鸟的食物供给[4]。

从鄱阳湖国家级自然保护区整体出发，根据保护区越冬候鸟逢 8 监测数据，统计分析保护区内每年 9～12 月退水过程中最低水位出现日期(草洲面积最大)与雁类(豆雁、白额雁等)数量最多的时间差，大致相差 30～40 天(图 8.2)。这一窗口期包括了保护区全部洲滩，考虑地形变化增加了生境的多样性，与定点观察的 12～28 天相比，不发生矛盾。

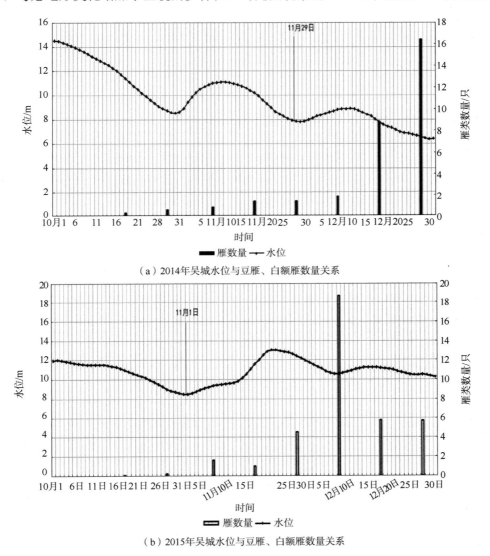

（a）2014年吴城水位与豆雁、白额雁数量关系

（b）2015年吴城水位与豆雁、白额雁数量关系

图 8.2 2014 年、2015 年退水期吴城水位与保护区雁类数量的时间窗口

8.2.2 以植物根茎为主要食物的候鸟

以植物根茎为主要食物的越冬候鸟对取食条件要求较高，大多数物种列入《世界自

然保护联盟》(IUCN)国际鸟类红皮书和我国一、二级保护鸟类名录,如白鹤、白枕鹤、小天鹅、大天鹅、鸿雁、赤颈鸭等。这些鸟类一般 10 月下旬~11 月中旬到达鄱阳湖。在季节性碟形湖、主湖区浅水水域或潮湿的草滩上以苦草、马来眼子菜的根茎为食,也食用野菱、野荸荠、牛毛毡、芫荽菊、肉根毛茛、下江委陵菜的根块或茎块,有时取食卵穗薹草的嫩芽,偶尔也吃少量的蚌肉、小鱼、小虾。沉水植物缺乏时,白鹤飞到偏僻的藕田取食莲藕;鸿雁在傍晚和夜间到偏远的农田、麦地、豆地觅食农作物。

食用植物根茎的鸟类有一个取食可及性问题。如果泥滩潮湿,白鹤用嘴刨取植物根茎或茎块;在潮湿泥滩觅食所挖的土坑深度 3~7 cm。在浅水中觅食,水深没至胫关节以下(15 cm 左右),探颈水下,挖泥的深度 10 cm 左右,挖食水草的根茎;白枕鹤与白鹤在同一水位带觅食,距岸边比白鹤近些,介于白头鹤和白鹤之间,水深 5~15 cm;鸿雁取食可及深度约 0~10 cm;小天鹅取食时可以将头钻入水中,取食水深可以在 30 cm 左右。这些鸟类各自具有自己的生态位,经常在同一沼泽、藕田或湖岸浅水带觅食,和谐相处,不发生争斗。

白鹤群一般在湖面辽阔、干扰少的浅水水域(水深 30 cm 以内)集中在一起过夜,一般有老鹤警戒。如果感到栖息环境安全,也会在距村庄不远的地方过夜;例如五星农场藕田得到保护后,取食莲藕的白鹤晚上就在藕田过夜。白枕鹤夜宿地与白鹤相同,白枕鹤集群夜宿,夹杂在白鹤群体中间。白鹤在鄱阳湖越冬的数量比较稳定,年平均 2 887 只(1998~2015 年),最多时近 4 000 只,约占世界白鹤总数的 95%以上,有关越冬期白鹤的生活习性在文献[5]中做了详细描述。在鄱阳湖 100 多种候鸟中,白鹤、白枕鹤觅食、歇息对生境要求较高,对环境敏感,发现 500 m 内有人出现,随即飞走。

小天鹅、鸿雁和赤颈鸭晚上在鄱阳湖草洲南荻、芦苇或薹草群丛中夜宿,拂晓飞到浅水湖区或季节性碟形湖觅食。小天鹅等候鸟在鄱阳湖越冬数量较多,根据 1998~2015 年观测记录,平均每年 6.06 万只,占越冬候鸟总数的 15.77%,属鄱阳湖越冬候鸟的第三大群体。

8.2.3 以禾本科种子为主要食物的候鸟

这类候鸟以鸭类为主,一般 10 月上中旬到达鄱阳湖,如赤麻鸭(*Tadorna ferruginea*)、绿头鸭(*Anas platyrhynchos*)、斑嘴鸭(*Anas poecilorhyncha*)、绿翅鸭(*Anas crecca*)、花脸鸭(*Anas formosa*)和赤膀鸭(*Anas strepera*)等。这些鸟类白天在江湖岸边滩地或浅水带觅食或休息,以水生植物叶、芽、种子等植物性食物为食,晚上到收割过的农田里寻找谷粒、草根、小草、昆虫和软体动物为食,有时可以在一两夜之内将整块没有收割的稻谷全部吃光;另外也吃昆虫、甲壳动物、软体动物、虾、蚯蚓、小蛙和小鱼等动物性食物。这些鸟类饱食后一般在草洲上或浅水岸边草丛中歇息。鄱阳湖越冬鸭类数量仅次于雁类;年平均 6.97 万只,占越冬候鸟总数的 18.14%。

8.2.4 取食底栖软体动物的候鸟

这类候鸟以鸻鹬类水鸟为主,一般 10 月上中旬到达鄱阳湖。在鄱阳湖越冬候鸟中,数量排第四位，年平均约 5.81 万只左右，占冬候鸟总数的 12.00%，包括反嘴鹬（*Recurvirostra avosetta*）、鹤鹬（*Tringa erythropus*）、黑翅长脚鹬（*Himantopus himantopus*）、红脚鹬（*Tringa totanus*）、卷羽鹈鹕（*Pelecanus crispus*）等。主要在主湖区浅水滩地、沼泽或季节性碟形湖水边觅食，取食水深不超过 15 cm。进一步观察发现，反嘴鹬平均觅食水深为 5.13±4.35 m。有时在堤坝内湖水产养殖的浅水区觅食，以软体动物、小型甲壳类、水生昆虫和蠕虫等为食，晚上在比较偏僻的浅水水面中歇息。

8.2.5　取食鱼类的候鸟

取食鱼类的候鸟处于湿地生态系统食物链的顶端，由于生态环境的恶化和人类活动加剧，这类候鸟许多是频危动物或国家一级保护动物，如东方白鹳（*Ciconia boyciana*）、黑鹳（*Ciconia nigra*）和苍鹭（*Ardea cinerea*）等。这些候鸟一般 10 月下旬至 11 月中旬迁到鄱阳湖，主要以鱼类、蛙、昆虫、螺蚌等为食。东方白鹳和黑鹳通常在沼泽或浅水湖泊中 40 cm 以内的浅水区觅食，观察到东方白鹳喜欢在水深 15 cm 左右的水域觅食，采取成群围捕方式，提高捕食成功率。白天往往单独或 3～5 只成群在干草地上休息，晚上在远离岸边的泥滩或湖中间孤立的出露滩地或沼泽地夜宿。苍鹭晚上一般在湖泊芦苇、南荻丛中夜宿，观察到多数苍鹭在水陆交界的滩涂以及水深不超过 20 cm 的浅水水域中觅食。东方白鹳飞行能力强，觅食范围很广，对气温变化不甚敏感。最近几年，多对成为留鸟常年生活在鄱阳湖区，它们在田野开阔处的高压电线的铁塔上筑巢、繁殖，养育幼鸟。

8.2.6　取食浮游生物和小鱼虾的候鸟

在鄱阳湖越冬的取食浮游生物和小鱼虾的候鸟以白琵鹭和黑尾塍鹬为代表，一般 10 月上中旬到达鄱阳湖，主要以虾、蟹、蠕虫、水生昆虫、甲壳类、软体动物、蛙、蝌蚪、小鱼等动物为食。主要在季节性碟形湖、堤坝堵汊后从事水产养殖的内湖觅食歇息，少部分在主湖区浅水区觅食。白琵鹭觅食生境与东方白鹳基本相似，在水深不超过 40 cm 的浅水湖泊觅食，但很少上岸觅食；晚上栖息于芦苇、南荻丛中。

总体而言，鄱阳湖越冬候鸟雁类和部分鸭类在草洲觅食；取食植物根茎、浮游动物、底栖动物和小鱼虾的候鸟，如鹤类、天鹅类、鸻鹬类和白琵鹭等，均偏好沼泽地貌和浅水水域，对水位变化比较敏感。

8.3　候鸟越冬在鄱阳湖的时空分布

8.3.1　候鸟在鄱阳湖越冬的时间

候鸟迁徙受到繁殖地、迁徙途中息歇地和越冬地气象条件(气温、风向风力、大气环流等)、食物丰富度的影响，大致具有一定时间节律。根据多年的观察和监测，最早来到鄱阳湖的越冬候鸟是雁类，9 月至 10 月初就开始到达，其他候鸟 10 月中旬开始到达，11 月份鸟类数量急剧增加。在 12 月和次年 1 月越冬水禽的数量最多，鄱阳湖主湖区水位接近最低点时，水禽数量达到峰值；主湖区水位回涨后，有些候鸟扩散到湖区周边觅食，3 月份越冬候鸟开始回迁，鄱阳湖候鸟数量减少，3 月底基本回迁完毕，4 月初仅有不到 1%的鸟类还停留在鄱阳湖。

鸭类、鹭鹳类、鸻鹬类及鹤类候鸟到达、逗留和离开鄱阳湖的时间大致如表 8.2 所示。最早到达鄱阳湖的是雁类候鸟，一般在 10 月到达，有的年份 9 月下旬就有雁类到来，11 月初到达峰值数量；2 月份雁类开始减少，3 月中旬多数的雁类已经离开。10 月就有大量鸭类出现，11 月中下旬数量有所减少，12 月数量再度增加，直到 12 月才出现峰值；鸭类的数量在 3 月初开始下降，4 月初绝大多数的鸭类已经离开。鹭鹳类候鸟在 10 月和 11 月的数量还比较少，12 月大量的出现，峰值出现在 12 月和 1 月初；3 月下旬数量开始减少，4 月初多数鹭鹳已经离开。鸻鹬类在 10 月中旬开始出现，12 月达到峰值数量，3 月中旬开始减少，4 月初绝大多数的个体已经离开。鹤类在 10 月中旬开始到达，11 月初数量急剧增加。鹤类的峰值数量出现在 12 月和 1 月，在 2 月和 3 月鹤类的数量逐渐减少，4 月份已经全部离开。

表 8.2 各类候鸟到达与离开鄱阳湖时间

时间	鸭类	鹭鹳类	鸻鹬类	鹤类	所有群落
10 月上旬	开始到达				部分开始到达
10 月中旬			开始到达	开始到达	数量增加
10 月下旬		少量到达			
11 月上旬	数量平稳增加	数量逐渐增加	数量逐渐增加	数量急剧增加	数量平稳增加
11 月中旬					
11 月下旬				数量逐渐增加	
12 月上旬	全部到达				
12 月中旬			全部到达		
12 月下旬		全部到达		全部到达	全部到达
1 月上旬					
1 月中旬					
1 月下旬					
2 月上旬					
2 月中旬					
2 月下旬				数量减少	
3 月上旬					数量减少
3 月中旬	开始迁飞		开始迁飞		
3 月下旬		开始迁飞			
4 月上旬	全部离开	全部离开	全部离开	全部离开	全部离开

8.3.2　越冬候鸟在鄱阳湖的空间分布

1. 越冬候鸟栖息觅食地的一般特征

水鸟越冬的觅食栖息环境一般需要以下条件：周边有较好的草洲植被，为鸟类活动提供觅食场所和隐蔽环境；较宽的泥滩沼泽带和广阔的浅水水域，有利于水禽觅食栖息；丰富的食物资源，缓慢下降的水位，不断满足取食可及性，持续提供食物来源。越冬候鸟的空间分布受到食物丰富度、取食可及性、水域面积和人为干扰等多种因素影响。

（1）安全性是越冬候鸟选择栖息、觅食地的首要因素。一般情况下，1 km 范围内如果有人类活动，鹤类就不会停留。例如，2012 年，30 只白鹤和近 200 只灰鹤进入与鄱阳湖一坝之隔的南昌市五星垦殖场藕田取食莲藕；2016 年 11 月，鸟类摄影爱好者发现这块 2 000 亩的藕田栖息着超过 2 200 只白鹤，同时还有大量的小天鹅、鸿雁、豆雁、鸻鹬类等其他冬候鸟，数量近万只。2017 年，生态摄影界发起了"留住白鹤行动"，众筹资金租下了其中的 298 亩农田继续种藕，专供白鹤食用。当年冬季，五星藕田小区最多时承载了 1 400 多只白鹤及其他候鸟越冬。2018 年 10 月，五星藕田小区附近修路施工，后来用机械采摘附近的芡实，2018 年冬没有一只白鹤到藕田小区取食。2019 年冬采取措施保护藕田周边环境，尽可能减少人为干扰，小区又出现白鹤取食栖息的盛况，这些取食莲藕的白鹤、小天鹅晚上就在藕田中央歇息。

（2）食物的丰富性和取食可及性是决定越冬候鸟空间分布的第二个重要因素。各类候鸟都有不同的食性特征和取食要求，任何一个地方食物资源总是有限的，取食条件随着水文、气象和人类活动的影响，不可能长时间满足鸟类的需要。鄱阳湖地形地貌复杂，生境多样，水位变化频繁、激烈。为了满足生存要求，候鸟在鄱阳湖越冬总是不断改变觅食、栖息地点。一般而言，每年 9 月份湖水位开始消退，迁徙候鸟来到鄱阳湖，首先在鄱阳湖地势较高的潮湿洲滩和碟形湖周边觅食，随着碟形湖水位慢慢消落，沼泽地貌显现，鹤类、天鹅类、鸻鹬类和白琵鹭等从岸边逐步向碟形湖边缘转移，最后在碟形湖中央觅食。此后，随着主湖区水位消退，位置稍低的碟形湖逐步显露，湿生植物也发育成熟，越冬候鸟随之转移到低处的碟形湖及其周边，随着碟形湖水位消退，逐步从边缘到湖中心觅食，1 月以后，如果碟形湖食物取尽或者因放水抓鱼不具备取食条件，主湖区水位不断下降，一些候鸟迁徙到主湖区洲滩或浅水水域觅食。这样，各类候鸟都可以源源不断地得到充足食物，时间达半年之久。如果遭遇洪水的年份，沉水植被生长状况不好，碟形湖食物很快吃完，主湖区 1 月下旬水位开始上涨，鹤类、天鹅类候鸟将飞到鄱阳湖周边农田觅食，有时到五河流域的水库、洼地或河岸边取食。

越冬候鸟取食、歇息、夜间休息具有不同的偏好，在鄱阳湖中占有各自的生态位。由于鄱阳湖湿生植被群落具有沿土壤含水量、水生植被群落按水深成带或集群分布的特征，不同的湿地景观带承载着不同的鸟类，从而形成复杂的湿地鸟类群落分布结构，呈现出明显的条带型分布格局：①鹤行目秧鸡科（白骨顶除外）和佛法僧目鸟类多数分布在较为隐蔽的河流区域；②白额雁、小白额雁、豆雁等主要分布于湖区生长薹草群落的草洲；③鹤类、鸿雁、小天鹅等主要分布在开阔潮湿的稀疏草滩、裸露泥滩和湖泊浅水水域，尤其偏好沼泽地带；④肉食性的鹳形目鸟类、鸻鹬类等涉禽以浅水区活动为主；⑤鸭科和白骨顶等鸟类喜欢较深的水域活动；⑥普通鸬鹚、鸊鷉等鸟类喜欢在湖泊深水或河道中取食较大型的鱼类。虽然越冬候鸟分布受到食物分布和人类活动影响，在鄱阳湖地形地貌和水生动植物分布格局影响下，呈现习惯性觅食、栖息地带。下面结合 1998～2015 年同步观测和自然保护区逢 8 监测结果，分析一些有代表性候鸟的分布情况。

2. 鹤类种群的空间分布

白鹤在鄱阳湖大部分碟形湖均有分布，平均种群密度为 2.46 只/km²。白鹤种群密度最高的是位于鄱阳湖保护区附近的共青城南湖，年均种群密度曾达到 32.66 只/km²；其次为鄱阳湖保护区的蚌湖（16.06 只/km²）和大汊湖（11.34 只/km²）。其他种群分布密度较高的碟形湖还包括新建县的大伍湖（7.54 只/km²）、星子县的蓼花池（5.34 只/km²）和余干县的林充湖（3.67 只/km²）等。

白头鹤多数个体在薹草群落和湖泊浅水区之间的裸露滩涂觅食，基本以苦草冬芽为主要食物。白头鹤在鄱阳湖大部分区域均有分布，种群密度较低，碟形湖区年均种群密度为 0.29 只/km²。种群集中分布的区域主要包括共青城的南湖，年均种群密度达到 8.59 只/km²；其次为余干县程家池（2.16 只/km²）和新建县泥湖（1.26 只/km²）。其他种群分布密度较高的区域还包括鄱阳湖保护区的蚌湖（1.16 只/km²）、大汊湖（1.08 只/km²）、星子县的蓼花池（0.81 只/km²）以及余干县林充湖（0.68 只/km²）等。

相对白鹤而言，白枕鹤可食用的物种类更多，包括苦草、薹草、疏蓼、下江委陵菜、莲藕。白枕鹤在鄱阳湖大多数碟形湖均有分布，平均种群密度为 1.46 只/km²。白枕鹤最集中分布的区域为鄱阳湖国家级自然保护区，群密度高，分布面积较大、较为集中。种群密度最高的是蚌湖，年均种群密度达到 12.83 只/km²；其次为共青城的南湖，年均种群密度为 10.98 只/km²。其他种群分布密度较高的碟形湖还包括新建县的战备湖（6.39 只/km²）和大伍湖（4.29 只/km²）等。

3. 小天鹅的空间分布

小天鹅在鄱阳湖大部分水域均有分布，主要集中在都昌县以南的水域，全湖平均种群密度为 44.70 只/km²。种群密度最高的是都昌县的盆湖，年均达到 372.53 只/km²；其次为都昌县的黄金嘴和花厘湖（223.83 只/km²）。其他分布密度较高的碟形湖还包括鄱阳县的企湖和茶湖（154.72 只/km²）以及大莲子湖（144.13 只/km²）、鄱阳湖国家级自然保护区的朱市湖、大湖池、沙湖（136.36 只/km²）、鄱阳县的珠湖（134.92 只/km²）和都昌县的输湖（105.11 只/km²）等。

4. 雁类种群分布

豆雁在鄱阳湖大部分区域均有分布，集中分布的区域也较为分散，全湖平均种群密度为 17.58 只/km²。种群密度最高的是位于南矶山自然保护区的矶山湖，年均密度达到 288.42 只/km²；其次为南矶山自然保护的常湖（262.87 只/km²）和都昌县的黄金嘴和花厘湖(210.78 只/km²)。其他种群分布密度较高的区域还包括都昌县的周溪(111.45 只/km²)、南矶山自然保护区的战备湖(57.23 只/km²)和都昌县的新妙湖(46.41 只/km²)等。

白额雁在鄱阳湖大部分区域也都有分布,但主要集中分布在鄱阳湖自然保护区及其周边地区,碟形湖全湖平均种群密度为 24.51 只/km²。白额雁种群密度最高的是位于鄱阳湖保护区的朱市湖、大湖池和沙湖,其年均种群密度达到 272.82 只/km²;其次是中湖池和常湖池(122.06 只/km²)。其他种群分布密度较高的碟形湖还包括长湖(79.40 只/km²)、大汊湖和梅溪湖(65.37 只/km²)和蚌湖(47.33 只/km²)以及都昌县的周溪(42.96 只/km²)等。

5. 鸭类种群空间分布

鸭类在鄱阳全湖大部分区域均有分布,全湖平均种群密度为 56.33 只/km²。最集中分布的区域为鄱阳湖国家级自然保护区及其周边地区,种群密度最高的是朱市湖、大湖池和沙湖,年均密度达到 488.30 只/km²;其次为蚌湖(326.62 只/km²)。其他种群分布密度较高的碟形湖还包括大莲子湖(151.27 只/km²)、长湖(121.97 只/km²)、企湖和茶湖(94.30 只/km²)以及蓼花池(91.70 只/km²)等。

6. 东方白鹳种群空间分布

东方白鹳在鄱阳湖大部分区域均有分布,全湖平均种群密度为 1.80 只/km²。种群密度最高的是朱市湖、大湖池和沙湖,年均种群密度达到 14.26 只/km²;其次为南矶山自然保护区的常湖(11.07 只/km²);其他分布密度较高的碟形湖包括中湖池和常湖池(10.83只/km²)、余干县的程家池(10.52 只/km²)等。

7. 白琵鹭种群空间分布

白琵鹭在鄱阳湖大多数碟形湖均有分布,全湖平均种群密度为 3.66 只/km²,最集中分布的区域为鄱阳湖国家级自然保护区以及南矶山自然保护区。白琵鹭种群密度最高的是朱市湖、大湖池和沙湖,年均种群密度达到 50.09 只/km²;其次为南矶山自然保护区的常湖(26.91 只/km²),其他种群分布密度较高的碟形湖还包括玉丰湖(18.53 只/km²)、战备湖(18.34 只/km²)和蓼花池(17.44 只/km²)、蚌湖(16.15 只/km²)等。

8. 反嘴鹬种群空间分布

反嘴鹬在鄱阳湖大部分水区域均有分布,全湖平均种群密度为 13.35 只/km²。反嘴鹬种群密度最高在南矶山自然保护区的常湖,年均种群密度达到 361.43 只/km²;其次为都昌县的黄金嘴和花厘湖(296.65 只/km²),还有矶山湖(72.92 只/km²)、中湖池和常湖池(45.49 只/km²)和湖口的南北港湖(39.74 只/km²)等。

8.3.3　越冬候鸟集中分布区

就候鸟越冬的半年时间而言,越冬候鸟在鄱阳湖各处和周边卫星湖都有过取食栖息行为。如前所述,不同水域候鸟聚集的密度不同。根据 1999~2015 年每年 1 月全湖同步监测数据的平均值,绘制了越冬候鸟主要栖息地和集中分布区,如图8.3所示。

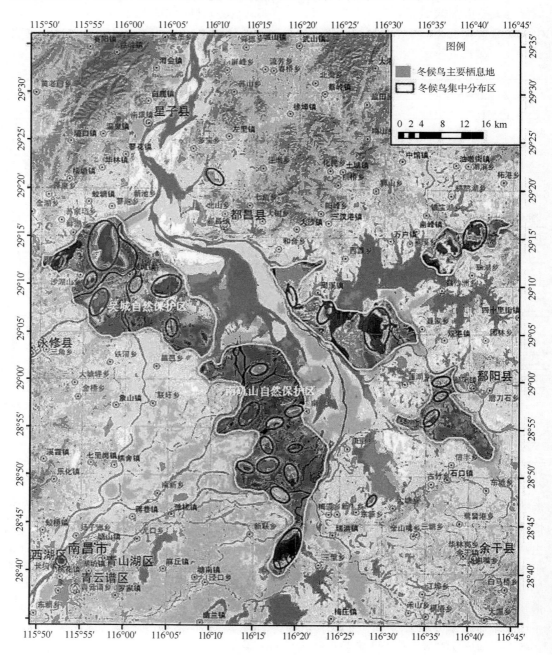

图8.3 越冬候鸟1月份在鄱阳湖的分布

8.3.4 不同生境条件下的越冬候鸟分布差异

为了明确候鸟保护的重点区域,按照碟形湖、圩堤围控的湖汊和主湖区三种生境,分别统计每年各类候鸟的数量和比例，如表 8.3 所示。由于去除了鄱阳湖周边卫星湖(如瑞昌赤湖、彭泽太泊湖、九江八里湖、南昌县瑶湖、安徽东升湖等)的候鸟数量，表 8.3中候鸟数量比表 8.1 的数量略有减少。

表 8.3　鄱阳湖不同生境越冬候鸟数量分布

年份	总数/万只	碟形湖		圩堤围控的湖汊		主湖区	
		数量/万只	百分比/%	数量/万只	百分比/%	数量/万只	百分比/%
1998	13.23	8.19	61.88	4.42	33.42	0.62	4.70
2000	21.36	13.95	65.27	6.29	29.46	1.12	5.26
2001	45.16	23.34	51.68	17.06	37.79	4.76	10.54
2002	28.45	19.86	69.82	6.93	24.36	1.66	5.82
2003	28.71	21.55	75.05	3.98	13.86	3.18	11.08
2004	28.24	18.09	64.06	7.35	26.03	2.8	9.91
2005	72.57	56.16	77.38	11.01	15.17	5.4	7.45
2006	45.41	33.92	74.70	9.11	20.05	2.38	5.24
2007	44.83	28.02	62.51	14.69	32.76	2.12	4.73
2008	28.49	21.21	74.44	2.77	9.72	4.51	15.84
2009	16.66	11.31	67.88	3.52	21.12	1.83	11.01
2010	30.58	15.78	51.59	10.43	34.10	4.38	14.31
2011	37.39	20.32	54.35	6.94	18.57	10.12	27.08
2012	26.43	17.13	64.82	3.58	13.55	5.72	21.63
2013	64.00	37.33	58.33	11.07	17.29	15.61	24.39
2014	58.90	50.37	85.51	3.91	6.63	4.63	7.86
2015	49.51	30.36	61.32	7.52	15.18	11.63	23.50
平均	37.64	25.11	65.92	7.68	21.71	4.85	12.37
方差	16.75	13.10		4.10		4.05	

由表 8.3 可知，就 15 年平均而言，大约占总数 65.92% 的候鸟在鄱阳湖碟形湖中觅食，约 21.71% 在圩堤控制的湖汊水域中觅食，仅有 12.37% 的候鸟在主湖区。2011 年以后这一情势有所改变，圩堤控制的湖汊中的候鸟由 2011 年以前的 24.82% 减少到以后的 14.24%，主湖区由 2011 年以前的 8.82% 增加到 20.90%；碟形湖则由 66.36% 减少到 64.87%。原因在于 2003 年以来鄱阳湖水位长期低枯，主湖区部分沉水植被空间压缩，演化成草洲，雁鸭等候鸟觅食范围扩大；都昌矶山一带水变浅，成为小天鹅重要觅食地，主湖区越冬候鸟增加明显。同时由于碟形湖深度开发，碟形湖经营者为了获取更多经济利益，人为控制水位，水位消落过程不能满足候鸟取食需要，部分候鸟提前分散到主湖区觅食。

8.4　越冬候鸟对水位变化的响应

8.4.1　影响越冬候鸟在鄱阳湖数量与分布的主要因素

多数研究认为，水位过程对候鸟的影响主要集中在枯水期鄱阳湖水位高低，因为候鸟此时在鄱阳湖越冬，水位变化影响越冬候鸟的栖息取食环境[6-11]。事实上，水位过程对越冬候鸟的影响没有那么简单。鄱阳湖年水位过程从根本上决定了鄱阳湖湿地生态系统的结构、物种数量、生物量及其分布，奠定了候鸟越冬食物的丰富度及栖息环境的基础，一定程度影响到鄱阳湖越冬候鸟的数量。例如，丰水期鄱阳湖遭遇洪水，因水位过高，沉水植被不能正常生长发育，必定会影响枯水期取食植物根茎候鸟的食物数量；丰水期水位低或者9月份鄱阳湖水位消退过快，草洲萌发早，薹草等湿生植物种群生长快、数量多、面积大、生物量丰富，造就了较好的候鸟栖息环境，对某些取食植物籽实的候鸟越冬有利，但对取食鲜嫩茎叶的候鸟不一定有利。候鸟越冬在鄱阳湖度过整个枯水期，枯水期水位高低不仅决定某些候鸟种群的栖息环境，而且影响某些候鸟取食的可及性，

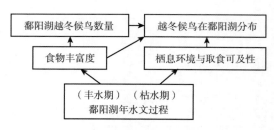

图 8.4　水文过程对候鸟越冬影响机理

例如白鹤、小天鹅、白忱鹤均取食岸边潮湿土地和浅水中的植物根茎，白鹤取食时水深不能超过 15 cm、白忱鹤取食深度更浅、小天鹅取食水深不超过 30 cm；又如，枯水期水浅时，某些候鸟取食鱼虾、底栖动物比较容易，水深时就困难一些；枯水期水位决定了越冬候鸟的分布状况。水文过程对候鸟越冬的影响机理可以用图 8.4 表示。

8.4.2　鄱阳湖年平均水位变化对越冬候鸟数量的影响

1. 越冬候鸟数量与年平均水位的关系

湖泊的水位变化过程是十分复杂的水文现象，一般而言，每年鄱阳湖枯水期水位过程比较平稳，除非发生冬季洪水，水位波动幅度不大；枯水期年平均水位在 7.10～10.41 m 之间，绝大多数年份不超过 10 m(仅 3 年超过 10 m)；年水位过程极其复杂，丰水期水位高低显著影响年平均水位；1998 年以来，年平均水位在 9.31～12.56 m 之间，绝大多数年份在 10 m 以上(仅 4 年低于 10 m)。10 m 以上湖面辽阔，水位高一点，水面面积和蓄水量增加许多。各水文年平均水位和枯水期平均水位列在表 8.1 中。

为了便于分析比较鄱阳湖水位变化对越冬候鸟的影响，分别计算水文年和每年枯水期水位过程的平均值作为概化指标。年平均水位表示一年的水位平均过程，各月水位围绕这一平均水位上下波动，从相应的遥感影像可以了解湖区湿地景观分布状况。枯水期平均水位反映枯水期水位波动情况及湖区湿地景观分布。

以年平均水位为横轴，以越冬候鸟总数为纵轴，得出鄱阳湖越冬候鸟总数与年平均水位的关系，以 10 m 水位为界，呈现两条二次曲线的分布趋势，如图 8.5 所示。设星子站年平均水位分别为 x，水位星子站水位＞10 m，候鸟总数为

$$y_{湖}=-39.224x^2+884.59x-4937 \quad (R^2=0.5005)$$

星子站水位≤10 m 时，候鸟总数为

$$y_{河}=-281.83x^2+5410.5x-25906 \quad (R^2=0.9343)$$

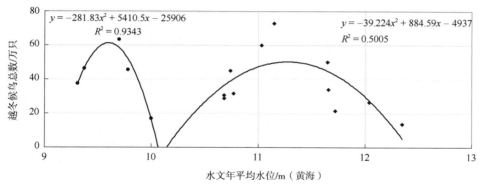

图 8.5　鄱阳湖越冬候鸟总数与星子站年平均水位的关系

10 m 水位是鄱阳湖河相与湖相的分界线，年平均水位低于 10 m，年水位过程较低，意味着湖区大多数时间呈现河流-湖泊-草洲状态，草洲、沼泽面积大；水位高于 10 m，年水位过程较高，丰水期水面面积较大，湿地生态系统各物种以湖泊景观为基础发育生长。鸟类一般处于湿地生态系统食物链的较高端，其数量、种类和分布受到栖息环境和食物来源制约。因此以 10 m 水位为界，越冬候鸟数量与平均水位关系呈现两种不同分布。

8.4.3　年平均水位对越冬候鸟种群构成的影响

1. 年平均水位与各类候鸟数量的关系

分析年平均水位对越冬候鸟种群构成的影响，需要了解年平均水位 10 m 以下和以上的内在的水文生态特征。根据鄱阳湖水文情势与节律，枯水期水文过程年与年之间差异不是特别显著，从表 8.1 倒数第 2 列可以看出，枯水期平均水位在 7.04～10.21 m，且与年平均水位关联不大。年平均水位的高低主要由丰水期水位过程左右。根据图 1.12 中星子水位与洲滩面积的经验公式计算，年平均水位≤10 m 丰水期洲滩面积为 951～1 427 km²，绝大多数年份大于 1 000 km²，而年平均水位＞10 m 年份的丰水期洲滩面积在 470～1 050 km²。也就是说，年平均水位≤10 m 年份丰水期除了湖泊水面外，还有较大面积的洲滩与沼泽，生境多样性程度比年平均水位高于 10 m 丰富且更均衡，更适宜多种多样的湿生植物和水生动物种群生长发育，具有更丰富的生物多样性。在分析年平均水位对候鸟种群构成影响之前，具体看各种鸟类的分布特征。将表 8.1 中各类候鸟数量与星子站年均水位分别进行相关性分析。

雁类是鄱阳湖越冬候鸟中数量最大的种群，年平均水位和雁类候鸟数量的分布如图 8.6 所示，与年平均水位与候鸟总数关系近似。以 10 m 为界形成两种分布形态。两种景观中，各出现一个峰值。年平均水位 10 m 以下，丰水期呈现湖泊-沼泽-洲滩景观为主，水位越低，洲滩面积虽然大，但薹草萌芽、生长较早，雁类候鸟到来时间与鲜嫩薹草取食"窗口期"不匹配，年均水位太高时洲滩面积小，在薹草面积和取食"窗口期"时间之间权衡，有一个最佳点。同样，年平均水位高于 10 m 以湖泊景观为主，也存在洲滩面积大小与雁类候鸟取食"窗口期"的匹配问题，同样有一个最佳点。由此在年均水位 10 m 上下，各形成一个极值。由于雁类数量在越冬候鸟总数中比重最大，其分布状况对总体分布(图

8.5)影响较大。

鸻鹬候鸟数量与年平均水位关系与雁类相似,但相关系数 R^2 小一些,不再列出图示。鸻鹬类候鸟主要取食湖岸边浅水中的软体动物、小型甲壳类、水生昆虫年等,取食水深在 15 cm 以内。多年均水位较低时,水面面积小;水位较高时,适合取食水深的面积减少,在取食面积和取食可及性(水深)之间权衡,平均水位 10 m 上下也有一个最佳点,使得鸻鹬类候鸟承载数量也形成两个峰值。

天鹅类候鸟取食植物根块或茎块,取食水深不超过 30 cm,鄱阳湖年均水位低于 10 m 水位时,水位越高对天鹅类候鸟浅水取食不利,所以天鹅类在年均水位低于 10 m 时服从线性分布(图 8.7)。年均水位高于 10 m 水位时,在浅水水域面积大小与适宜取食的浅水带之间进行权衡,存在一个峰值,高于 10 m 具有二次分布趋势(图 8.7)。鹤类取食性能与天鹅类相似,取食可及性小于 15 cm,鹤类数量与年平均水位关系与天鹅类基本相同。鹳类、鸭类虽然取食对象与天鹅类不同,但也是在浅水面面积与取食水深之间权衡。这三类候鸟数量与年均水位关系与天鹅类分布类似,复相关系数比天鹅类小些。

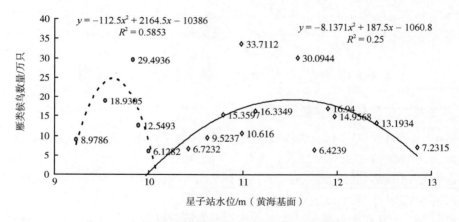

图 8.6　雁类候鸟数量与星子站年平均水位关系

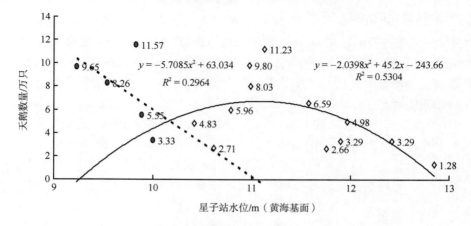

图 8.7　天鹅数量与星子站年平均水位关系

2. 年平均水位与越冬候鸟种类构成

丰水期水位高低不仅决定水面面积、洲滩的大小，而且影响到枯水期水位消落过程，进而影响到湖区水生动物、底栖动物、浮游动植物、水生植物和湿生植物的分布、面积、结构、生物量及其生态节律。水文生态的这些变化因素都会影响到越冬候鸟的食物种类、数量和取食可及性，最终影响在鄱阳湖越冬的各类候鸟的结构。

将年平均水位低于 10 m 的 5 年（包括 10.04 m 的一年）和高于 10 m 的 11 年各类候鸟数量分别计算年平均值，具体情况见表 8.4。总体而言，水位低于 10 m 的年份，候鸟栖息觅食生境多样化，比水位高于 10 m 的年份候鸟越冬数量更多，大约多 12.17%（按16 年年均数量计算）。其中天鹅类多 29.78%，鹭类多 22.08%，鹤类多 19.58%，鹳类多17.51%，鸭类多 16.89%，鸻鹬类多 13.72%，候鸟数比例最大的雁类仅多 0.81%，洲滩面积的增加并不使雁类数量显著增加；年均水位较低更有利于偏好在沼泽和浅水湖滩觅食栖息的候鸟。年平均水位高于 10 m 的年份，洪水对越冬候鸟数量影响甚大，1998年、2010 年都是发生洪水的年份，也是越冬候鸟数量较少的年份，洪水不仅影响沉水植物，而且影响洲滩植物的生长发育。年平均水位 10 m 为分界线，鄱阳湖越冬候鸟的种类结构不相同；生境多样化、均衡化有利于更多候鸟在鄱阳湖越冬。

表 8.4　年平均水位 10 m 上下各类越冬候鸟数额差异　　（单位：只）

类别	总数	鹤类	鹳类	鹭类	天鹅	雁类	鸭类	鸻鹬类	其他
水位 10 m 以下	420 304	8 929	2 881	13 976	76 726	152 160	79 094	64 355	22 350
水位 10 m 以上	369 153	7 181	2 377	10 891	53 879	150 924	65 809	55 526	20 841
差额	51 151	1 749	504	3 085	22 847	1 236	13 285	8 829	1 510
百分比/%	12.17	19.58	17.51	22.08	29.78	0.81	16.80	13.72	6.75

8.4.4　越冬候鸟数量较多的水文生态条件

1. 两个极值点的水文生态学意义

年平均水位低于 10 m，意味着湖区大多数时间呈现河流-湖泊-草洲状态，草洲、沼泽面积大；水位高于 10 m，丰水期水面面积较大，湿地生态系统各物种以湖泊景观为基础发育生长，最终影响到越冬候鸟的多少。

年平均水位高于 10 m 时，

$$y_{湖}=-39.224x^2+884.59x-4937$$

求导，得 $x_{湖}^*$ =11.28 m，表示鄱阳湖年平均水位呈现"湖泊"状态时，星子站水位 11.28 m 时越冬候鸟数量最多。1956～2015 年星子站多年平均水位为 11.29 m，说明水文年平均水位接近多年平均值时，鄱阳湖越冬的候鸟总数最多；可从表 8.1 得到验证，2005 年鄱阳湖越冬候鸟总数最多，达 72.92 万只，年平均水位为 11.15 m；进一步比较多年平均水位过程与 2015 年水位过程具有较大的相似性(图 8.8)，9 月下旬以后几乎围绕多年平均水位线波动。鄱阳湖湿地生态系统是长期适应多年平均水位的波动而发育成熟的，生态节律与水文节律相互协调，生物多样性丰富而稳定，年平均水位接近多年平均水位，候鸟的食物丰富，栖息条件好，越冬候鸟数量最多；以植物嫩叶、根茎和种子为食的雁、鸭、天鹅等食物充足；枯水期水位不高，有利于取食底栖动物的鸻鹬类和取食沉水植物根块、茎块的天鹅、鹤类获取食物，最有利于各种候鸟越冬。

年平均水位低于 10 m 时，将式

$$y_{河}=-281.83x^2+5410.5x-25906$$

求导，得到星子站水位 9.60 m 时越冬候鸟数量第二。由 1.4.3 节可知，星子水位为 9.41 m时，水面和洲滩面积相等，碟形湖水面面积较大，湿地景观丰富多样，适合各类候鸟觅食栖息的生境分布均衡，尤其是沼泽、浅水湖滩、水陆交界面面积大，生物多样性丰富，有利于各类候鸟栖息和觅食。越冬候鸟数量居第二位是 2013 年，星子站年平均水位为9.79 m，由图 8.8 可知，除了 2013 年 4 月上旬至 6 月中下旬接近多年平均水位外，其余各旬水位均比多年平均值低，有利于沉水植物生长；9 月中旬开始出现 10 m 以下水位，呈现河流-湖泊-洲滩景观，候鸟生境丰富多样，特别适宜亲浅水和沼泽的鸟类栖息觅食；当鄱阳湖水面面积与洲滩面积基本相等时，越冬候鸟总数在 1998～2015 年的 16 年中居第二位。

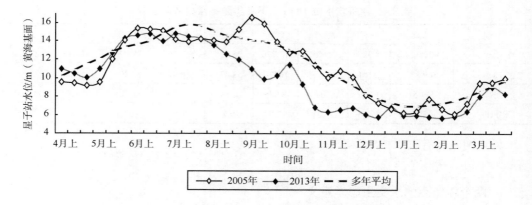

图 8.8　2005 年、2013 年与多年平均水位过程比较

　　分别统计、比较候鸟数量最多的 2005 年与候鸟数量第二位的 2013 年各类候鸟数量，如图 8.9 所示。2013 年水位低，适宜雁类取食的草洲面积大，雁类数量是 2005 年的 1.81 倍；鹭类取鱼为食，水位低，生境多样，便于取食，鹭类是 2005 年的 2.28 倍；天鹅类比2005 年仅多 3%。年平均水位低，适宜鸻鹬类候鸟取食的水域面积小，鸻鹬类候鸟数量是 2005 年的 41%，鸭类只有 2005 年的 38.5%（图 8.9）。

　　概括起来，2005 年鸻鹬类数量居第一位，水位较高、适宜鸻鹬取食的浅水水面大，比 2013 年多 2.42 倍；雁类候鸟居第二位，鸭类居第三位，天鹅居第四位，这些鸟类是鄱阳湖冬候鸟中数量处于前 4 位的鸟类。2013 年雁类居第一位，水位较低，草滩面积比 2005 年大，雁类数量是 2005 年的 1.81 倍；天鹅类居第二位，鸻鹬类第三位，鸭类

第四位，后面三类水鸟由于水位较低，浅水水域增多，取食比较容易，数量或比例比
2005 年增加。这些差异充分说明，鄱阳湖水位高低对湿地生态系统各类物种产生深刻
的影响，由于鸟类可以自由飞翔，作为食物链高端候鸟的数量与种群结构主动适应变
化的生境条件。

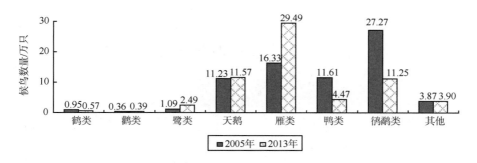

图 8.9　2005 年、2013 年鄱阳湖各类越冬候鸟数量比较

8.4.5　汛期洪水对越冬候鸟影响

　　洪水是鄱阳湖的主要自然灾害之一。洪水作为一种自然现象，对沉水植物生长产
生影响。水体光通量是影响沉水植物生长发育的关键因子，与水深和水体透明度密切
相关，鄱阳湖沉水植物适宜生长在水深 0.5～2 m 范围内。洪水期间湖水位急剧上涨，
水体浑浊度增加，对沉水植物生长产生毁灭性打击。本书第 5 章已述及，鄱阳湖星子
站水位高于 17 m（黄海高程），且持续半个月以上，主湖区沉水植物死亡。如果其他因
素影响没有较大变化，洪灾后沉水植被可以逐步恢复；如果水环境因素发生较大变化，
某些敏感物种无法完全恢复。

　　如果湖底没有沉水植物，取食沉水植物根茎的越冬候鸟将面临食物短缺的困境，鄱
阳湖水生植被和越冬候鸟监测结果得到证实。1998 年是鄱阳湖有记录以来洪水位最高的
一年，最高水位为 20.63 m（黄海高程），1999 年最高水位为 20.12 m；2001 年，根据李伟
等在鄱阳湖国家级自然保护区碟形湖调查结果显示，苦草与黑藻基本恢复到灾前水平。
如表 8.1 所示，1998 年鄱阳湖越冬候鸟是有监测以来总数最少的一年，仅 13.57 万只；
1999 年，越冬候鸟更少，以致没有组织同步监测；2000 年鄱阳湖沉水植物群落尚处于恢
复过程中，越冬候鸟总数也只有 21.41 万只。2012 年是 21 世纪以来第一个丰水年，最高
水位为 17.63 m；汛后调查结果显示，鄱阳湖主湖区没有发现沉水植物地上部分的活体，
但部分地势较高的碟形湖有沉水植物生存，当年越冬候鸟总数为 26.50 万只，出现较大
洪水的年份都是越冬候鸟较少年份（不包括 2009 年，这年同步监测在 2010 年 2 月 27 日
进行，部分候鸟已经北迁，同步监测候鸟总数仅有 17.07 万只）。

　　2016 年遭遇了 2000 年以来最大洪水，最高水位为 19.53 m，超过警戒水位 34 天（7 月
3 日～8 月 7 日），2017 年最高洪水位 19.01 m，超过防汛警戒水位 20 天（7 月 1～19 日），
主湖区和碟形湖水体均未发现沉水植物活体；2018 年，沉水植物尚处于恢复过程中，主

湖区少有沉水植物，碟形湖生物量较低。这三年，取食植物根茎的候鸟出现明显的觅食分散化现象，鹤类、小天鹅等分散在湖区周边农田、藕田取食田藕和稻谷，农业用地已成为白鹤的重要觅食地[12]。侯谨谨等采用粪便显微镜检测法分析 70 份白鹤粪便样品发现，白鹤的食物来源中稻谷、莲藕和紫云英为最主要的食物，分别占 34.34%、22.99%和10.61%，而传统食物苦草冬芽所占的比例仅有 2.05%[13]。

8.5 枯水期水位过程对越冬候鸟的影响

8.5.1 枯水期水位影响候鸟越冬的空间分布

枯水期水位高低影响越冬候鸟在湖区的分布。用星子站枯水期平均水位与越冬候鸟总数进行相关分析，没有明显的分布趋势。

枯水期主湖区水位过早或者过快消落，对越冬候鸟 1 个月以后的觅食十分不利。前面提到越冬候鸟来到鄱阳湖后首先在地势较高的碟形湖觅食，随着水位消落，从高处到低处的碟形湖觅食。如果 9 月份水位过早或者过快消落，促使碟形湖水位渗漏加快，过早干涸，候鸟随之到主湖区觅食，一般鄱阳湖主湖区 1 月中旬达到最低水位，下旬水位回涨，对取食植物根茎的候鸟而言，水位回升后无法挖掘更深处的根块茎块，主湖区觅食较为困难。对于取食薹草嫩叶的候鸟而言，水位消落过快，取食鲜嫩薹草"窗口期"已过，薹草茎叶老化，也会遭遇无处觅食的困境。如果当年沉水植物长势好，候鸟还能够回到以前取食过的浅水湖滩寻找剩余食物。如果沉水植物长势不好，鹤类、天鹅类候鸟只有到农田或鄱阳湖周边地带寻找食物；2006 年出现过这样的情况，2006年 12 月 29 日同步监测时，湖区共有 46.40 万只候鸟，1 月中旬水位上涨后(图 8.10)，湖区的候鸟四处寻找食物，在抚河上游洪门水库库区发现了白鹤。2019 年 7 月遭遇洪水，7 月 16 日 8 时星子站水位 18.73 m(黄海基面，下同)，主湖区和碟形湖沉水植物受损。8 月份洪旱急转，9 月 1 日 8 时星子站水位 12.02 m，11 日星子站水位 9.84 m，进入河相状态，以后连续干枯，12 月 9 日星子站水位 5.47 m。此后，湖水位缓慢上涨，湖区候鸟飞到各处觅食，远的在广东省江门市新会区三江镇沙仔场藕田中发现 9 只白鹤。12 月以后，恰逢防止"新冠肺炎"传播，人们很少外出，许多候鸟在道路两旁、村庄附近觅食。

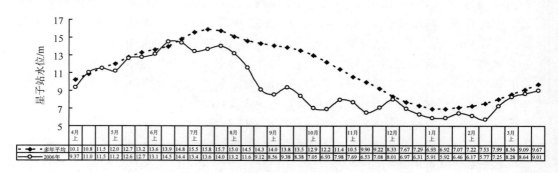

图 8.10 2006 年与多年平均水位过程

8.5.2　冬汛对越冬候鸟的不利影响

进入 21 世纪,气候变化使长江流域进入枯水期。如第 2 章所述,鄱阳湖流域的降水、径流年内分布发生变化,丰水期降水量比以前减少 6.89%,枯水期比以前增加 8.02%,降水增加主要在 11 月、12 月,经常出现"冬汛"。枯水期发生洪水对候鸟越冬威胁很大。2015 年 11 月 14 日星子站水位 9.82 m,23 日达到 13.06 m,然后回落,历时 48 天。枯水期平均水位 9.09 m 时洲滩面积 1 642 km²,13.06 m 洲滩面积仅有 809 km²,洪水淹没洲滩 833 km²,越冬候鸟无处觅食,分散到鄱阳湖周边农田取食,正在生长的油菜叶茎全部被雁鸭啃光。2017 年 10 月 1 日星子水位高居 11.37 m,之后继续上涨,至 20 日、21 日达到 13.83 m(洲滩面积仅 686 km²),然后逐步消退,历时 43 天。与枯水期多年平均水位相比,多淹没洲滩 956 km²,2015 年的候鸟觅食困境又一次重现。

8.5.3　五星白鹤保护小区

前面已经提及,1 月中旬鄱阳湖达到全年最低水位,对候鸟觅食产生一定影响。如果沉水植物长得不好,只好到湖区周边农田等地方觅食,2012 年以后鄱阳湖就存在这样的情况。

在南昌县五星垦殖场一片稻田由于地势太低,经常遭受涝灾,近些年来有人承包种藕,藕田与鄱阳湖只有一堤坝之隔(图 8.11)。2012 年,首次发现 30 只白鹤和近 200 只灰鹤进入藕田啄食莲藕,此后逐年递增。到 2016 年 11 月,这块 2 000 亩的藕田栖息超过 2 200 只白鹤,同时还有大量的小天鹅、鸿雁、豆雁、鸻鹬类等其他冬候鸟近万只。"藕遇白鹤"现象吸引了国内外许多生态摄影师以及研究湿地与鸟类的学者。

图 8.11　白鹤保护小区的地理位置

因越冬候鸟取食田藕,又不敢驱赶,承包人无法承受这样的损失,打算第二年改种水稻。一位热心的候鸟保护者在生态摄影界发起了"留住白鹤行动",众筹资金租下了其中的 298 亩农田继续种藕，专供越冬候鸟食用。2018 年 1 400 多只白鹤及大量的小天鹅、鸿雁、豆雁、鸻鹬类候鸟来这里觅食。在候鸟保护者及生态摄影者的关心之下，小区和觅食的候鸟得到很好的保护，搭建了隐蔽棚供大家观鸟和摄影，白鹤等候鸟获得了安全感，晚上就在藕田中集群夜宿。2018 年有关部门在保护小区旁边修路，有的农民在附近用机械采收芡实，这年冬天没有候鸟到保护小区觅食。

2019 年吸收教训，进一步加强了候鸟保护措施，又有 1 000 多只白鹤和大批小天鹅、鸿雁等候鸟在小区觅食、栖息。湿地国际中国项目办公室官员说："白鹤已经感受到人类巨大的善意，这里是全世界离白鹤最近的地方"。五星白鹤保护小区为专业人员提供了一个近距离观察白鹤的场所，小区接待了超过 35 个国家的科研人员及观鸟人士。此外，小区与北京林业大学、白鹤繁殖地俄罗斯、夏季栖息地蒙古国等共 6 家科研与保护机构签订了《国际白鹤研究与保护合作备忘录》，与国际鹤类基金会、美洲鹤保护联盟、世界自然基金会结为友好合作单位。小区同时还是俄罗斯科学院西伯利亚分院、蒙古国鸟类保护管理局、中国科学院、北京林业大学等国内外 9 家科研机构的研究基地。自建的爱鸟教育展厅为 1 700 多名学生提供免费生态教育课程，2019 年获得中国野生动物保护协会颁发的"野生动物科普教育示范基地"称号。

五星白鹤保护小区是白鹤自然选择的地点，后来经过野生动物保护者加以经营管理、细心呵护而形成的一个白鹤保护基地，不仅为白鹤在鄱阳湖越冬提供了一处稳定的觅食栖息场所，而且可以近距地离观察白鹤等候鸟越冬的生活习性，是科技人员和候鸟爱好者良好的研究基地。目前，科技人员和野生动物保护者发现了白鹤许多鲜为人知的习性与行为，值得进一步深入探索。

（1）与 2017 年、2018 年鄱阳湖两次冬候鸟同步调查数据比较，五星白鹤保护小区是鄱阳湖最大的白鹤越冬种群，小区未成年鹤的比例占总数的 8%，远高于主湖区的 3%。白鹤种群是否有意留出食物充足的区域给哺育幼鸟的白鹤家庭，用以增加种群繁殖后代的能力？

（2）幼鹤出生当年不能取食，依靠成年鹤喂食。幼鹤到什么时候开始自己取食？

（3）同一族群中个体存在等级关系，个别白鹤占有更大的取食范围。这样的白鹤是否是群体中的头鹤？或者是其他担任领飞、寻找食物源、夜宿时警戒等任务的老鹤？

（4）白鹤取食可以和小天鹅、鸿雁和平相处，各类候鸟有不同的生态位，却不允许某些白鹤到这里觅食。白鹤种群中是否分为若干族群？

在顺应鹤类等候鸟栖息觅食自然条件的前提下，人工种植莲藕，帮助鹤类、天鹅类候鸟应对因洪水灾害产生的食物短缺困难，对于保护白鹤种群繁衍具有十分重要价值。但根本之计是保护好鄱阳湖湿地生态系统健康，特别是对于那些地势较高的碟形湖，如共青城市附近的南湖、鄱阳湖国家级保护区中的中湖池等，应当减少开发力度、减轻人为干扰，保护沉水植物生长，遭遇洪水灾害时，仍然可以为鹤类、天鹅类候鸟提供充分的食物和栖息环境。

8.6　小　结

　　鄱阳湖呈现"高水是湖、低水似河"以及湖盆内碟形湖星罗棋布两种水文生态景观，有利于候鸟在湖区越冬。研究鄱阳湖水位和候鸟监测资料后发现，水文年平均水位一定程度上决定越冬候鸟的数量多少，枯水期平均水位决定候鸟在湖区的分布状况。鄱阳湖越冬候鸟总数与年平均水位的关系，以 10 m 水位为分界线，呈现两种二次曲线分布趋势，如果年平均水位超过 10 m，湖相状态接近多年平均水位 11.37 m 时，候鸟总数最多；如果年平均水位不超过 10 m，河相状态水面与洲滩面积大致相等时，越冬候鸟数量居第二位；在两种情况下，越冬候鸟的类群结构不完全相同。总体上讲，年均水位较低更适宜于在沼泽和浅水栖息、觅食的鹤类、天鹅类、鸻鹬类、鹭类等候鸟；种群数量最大的雁类数量对年均水位高低变化不甚敏感。另外，不管是发生在主汛期还是候鸟栖息期的洪水灾害，都严重影响越冬候鸟的数量和区域分布。枯水期水位退水过早或消减太快，湖水位太低，对枯水期后期候鸟越冬不利。事实说明，鄱阳湖水位高低对湿地生态系统各类物种产生深刻的影响，作为对食物链高端候鸟的数量与种群结构在一定程度上可以自动适应变化的生境。这些结论对于保护鄱阳湖湿地生态系统健康、维护越冬候鸟栖息环境具有一定意义。

参 考 文 献

[1] 《鄱阳湖研究》编委会. 鄱阳湖研究[M]. 上海：上海科学技术出版社，1988.

[2] 胡振鹏，葛刚，刘成林. 鄱阳湖越冬候鸟对水位变化的响应. 自然资源学报，2014，29(10)：1770-1779.

[3] 朱奇，刘光华. 江西省鄱阳湖国家级自然保护区自然资源 2010 年监测报告. 上海：复旦大学出版社，2012.

[4] 孟竹剑，夏少霞，于秀波等. 鄱阳湖越冬雁类食源植被适宜取食时间窗口研究[J]. 生态学报，2018，38(21)：1-10.

[5] 胡振鹏. 白鹤在鄱阳湖越冬生境特性及其对湖水位变化的响应[J]. 江西科学，2012，(1)：30-35.

[6] 夏少霞，于秀波，范娜. 鄱阳湖越冬季候鸟栖息地面积与水位变化的关系[J]. 资源科学，2010，(11).

[7] 刘成林等. 鄱阳湖水位变化对候鸟栖息地的影响[J]. 湖泊科学，2011，(4)：129-135.

[8] 熊舒，纪伟涛等. 气温与水位对鄱阳湖越冬雁属鸟类数量变化影响分析——以大湖池、常湖池和朱市湖为例[J]. 江西林业科技，2011，(1)：1-5.

[9] 杜飞. 鄱阳湖湿地生态景观对低枯水位响应特征研究[D]. 北京：中国水利水电科学研究院，2018.

[10] 陈冰. 鄱阳湖不同水位情景下越冬水鸟种群数量变化及白鹤生境适宜性评价研究[D]. 南京：南京师范大学，2015.

[11] Wang Y Y, Jia Y F and Lei G C et al. Optimising hydrological conditions to sustain wintering waterbird populations in Poyang Lake National Natural Reserve: implications for dam operations[J]. Freshwater Biology, 2013, 58(11): 2366-2379.

[12] 王文娟等. 人工生境已成为鄱阳湖越冬白鹤的重要觅食地[J]. 野生动物学报，2019，40(1)：133-137.

[13] 侯谨谨等. 鄱阳湖越冬白鹤在农业用地的食物组成[J]. 动物学杂志，2019，54(1)：15-21.

第 9 章 湿地生态系统对环境变化的响应机制

9.1 鄱阳湖湿地生态系统对环境变化的响应与反馈

9.1.1 系统生态学理论概要

生态系统是一定空间中共同栖居的所有生物群落与其环境之间不断进行物质循环和能量交流过程而形成的统一整体。生态系统是一个复杂系统。丹麦生态学家 Sven Erik JØrgensen 利用系统科学理论和方法解释、剖析生态系统的过程和作用，称之为"系统生态学"[1]。系统生态学认为，生态系统是一个由许多生物体相互作用形成的有机整体，系统的组分连接成一个相互协调、共同合作的生态网络，用这个网络可以解释适应、发育和进化、自组织、应对外界干扰的抵抗力和灵活性，甚至表达生态系统之美。生态系统在外部限制的条件下不断地生长、发育与进化，系统具备 6 条基本的重要性质[1]。

(1)生态系统中所有生物组成都有同样的基本生物化学性质；生态系重复利用约 20 种元素来构建生物量，内部进行物质循环。生态系统可以通过调整资源消耗的速率来满足长期生长发育的需要。物质与能量守恒，其中物质完全循环，能量为部分循环。没有物质循环，所有的生长、发育都会停止。

(2)生态系统具有层级结构，包括分子、细胞、器官、物种、种群、生态系统、景观、区域和生物圈。每一个特定的层级水平都由相互影响和相互合作的实体构成，具有高度的多样性；一个层级又是更高组织层级的组成部分。生态系统网络的各个层级形成了丰富的多样性，所有组分在一个网络中协同工作。生态网络成为物质、能量和信息循环不可或缺的前提条件。在网络中，通过额外的更多耦合或循环增加了资源利用效率，网络传输产生的影响不限定在某一局部；系统发育过程的控制是分散的，由此导致许多因果关系在整个交互网络中均匀分布，这些优势称之为网络的协同效益。

(3)生态系统有三种生长模式：生物量的增长、网络的增强、信息量的增加。生态系统中所有过程都是不可逆的、熵增的，并且消耗自由能(可做功的能量)。生态系统是开放系统，需要自由能的输入来维护复杂结构和功能。

(4)生态学中的热力学平衡是指"生态系统在与环境交换中系统获得或失去的能量与物质是可以计算的"。如果输入的自由能超出了生态系统维持自身功能的需要，过剩的自由能会推动生态系统进一步远离热力学平衡；生态系统有许多远离热力学平衡的可能途径，系统会选择离热平衡状态最远的那条途径，即通过遗传、变异和进化，完善资源利用的组合方式，增强网络结构复杂性或增加更高的信息水平，最大限度地利用自由能，来适应外部环境变化和物种间的竞争。

(5)生态系统综合包含了作用于环境的信息和信号，具有海量信息。信息体现在各种生命过程中,生命本身就是信息;信息的消失与复制,是生命的特征过程,是不可逆的。信息水平越高,生态系统用于远离热力学平衡态所需的物质和能量越多;在复杂的自组织系统中,三者是紧密联系、密不可分的。生命不仅是物质现象,生命的自组织作用必须依靠信息交换才能实现。

(6)生态系统显示出复杂系统的特征,具有整体性、自组织和自我调节能力。由于生态系统具有远离热力学平衡的开放性,所以具有很强的自组织和自我调节功能,外部干扰可以得到较为有效的化解。

本章根据系统生态学理论,利用系统动力学的理论与方法,构建鄱阳湖湿地生态系统内部结构及外部环境关系网络,反映系统对自然条件变化和人类活动的响应和反馈机制;在此基础上,应用这一网络,研究几个涉及多种生物群类的综合性问题,如鄱阳湖枯水期最低生态需水的水位过程、鄱阳湖沿岸沙化土地的生态修复等,最后提出维护湿地生态系统健康的对策和建议。

9.1.2　鄱阳湖湿地生态系统的网络结构

系统生态学认为,生态系统是一个在一定环境中由许多生物体相互作用形成的有机整体。这些组分连接成一个相互协调、共同合作的生态网络。生态系统各个层级都形成了丰富的多样性,包括分子生化、细胞、器官、个体、物种、种群、群落、景观和系统水平。生态系统中的所有组分在一个网络中协同工作;生态网络成为物质、能量和信息循环不可或缺的前提条件[1]。生态系统在外部限制的条件下不断地生长和发育,生态系统外部限制因子随着时空不断变化,系统进化持续了近 40 亿年,意味着生态系统经历了很长时间找到了应对外部条件变化影响系统生发展的对策,系统是稳健的。下面以前面各章的研究成果为基础,构建鄱阳湖湿地生态系统结构网络。生态系统网络是多层次的,至少包括分子、细胞、器官、个体、物种、种群、群落和系统多个层次,根据本书研究的内容和目的,为了使网络结构更加清晰明了,突出生物种群之间及其与外部环境之间的联系,以生物种群大类为基本组分来构建网络结构。

1. 鄱阳湖湿地生态系统的外部环境

生态系统由共同栖居在一定空间的所有生物群落和环境组成。把生态系统作为一个整体,可以用网络模型反映生态系统对外部环境变化时的状态与反应[1],鄱阳湖湿地生态系统网络模型以鄱阳湖为空间。任何模型都是对客观现实的反映和简化,反映什么、简化什么,立足于研究目的、力求客观地反映事物的本质和特征[2, 3]。

生态系统是开放的,与环境有紧密的联系;网络内部各层次的生命组分是独特的,它们都有独立而相互影响的与外部环境输入和输出的通道与功能,丰富的生物多样性使系统具有较高的应对变化的缓冲能力[1]。鄱阳湖湿地生态系统模型的外部环境包罗万象,包括地形地貌、气象水文等许多因素,有些因素在近期(30~50 年内)没有发生显著变化(如地形地貌)或随机变化趋势没有改变(如光照、气温、风、降水、土壤等),不作为主要因素突出;有些因素通过生境因子间接反映,如降水过程间接反映在水文情势变化之中。为了简化生态系统网络，各类生物群落与外部联系不一一细致罗列出来，着重列出最近 30 年变化较明显的胁迫因子来表达系统对外部环境变化的响应。

对鄱阳湖湿地生态系统而言，现在的长江已经不是天然的长江，鄱阳湖流域外主要的自然胁迫因素是长江水文、水沙情势改变，由此引起江湖关系变化。长江水文情势变化，具体包括气候变化导致年径流减少和长江上游水库群运行引起的流量过程变化，及其清水下泄引起的长江河床长时期、远距离冲刷等，使长江对鄱阳湖顶托作用弱化、拉空作用凸显等，直接导致鄱阳湖水文情势改变，如枯水期提前出现且时间延长、干枯程度加剧、水文节律改变、蓄水量减少、碟形湖提前干涸、对污染物的自净能力弱化，进一步导致鄱阳湖湿地生态系统生境变化，水生生物的生存空间和环境容量缩减，以各种方式直接作用于湖泊湿地生态系统的生物种群，因此将这些自然条件变化放在图 9.1 的左边。

人类活动范围很广，湖区周边，甚至流域内的人类活动都直接、间接对鄱阳湖水生生物产生影响。网络模型仅列举目前明显影响湿地生态系统的人类活动，如湖区采沙、酷渔滥捕、捕螺捞蚌、围湖养鱼等，来自全流域的污水排放则以入湖污染负荷来概括，这些人类活动不仅直接伤害某一生物群落，而且影响生态系统的生境。人类活动影响变化放在图 9.1 的右边。

2. 鄱阳湖湿地生态系统的内部结构

生态系统具有层级结构，每一个特定的层级水平都由相互影响和相互合作的实体构成，具有高度的多样性，各层次的生命体都发生复杂的相互作用；例如，浮游生物包括浮游植物和浮游动物，某些浮游动物取食浮游植物，某些浮游植物依靠分解后的浮游动物排泄物或残体为营养来源之一；水生植物又分为挺水、浮叶、漂浮和沉水植物等类型，相互间既有竞争、排斥作用，又有协调、互补作用[4]。但是，一个层级水平可以整合低一层级的功能，一个层级又是更高组织层级的组成部分。一个层级受到干扰或发生改变，可以消除或缓解对上一层级的影响。层级水平越高，生物功能的重要性越高，敏感性越小，稳健性越强。鄱阳湖湿地生态系统网络不罗列所有层次的相互关系，着重描述生物种群大类之间的关系和作用，突出较高层次的主要联系。

在湿地生态系统中，各类生物种群都有自己的生态位。以生物种群大类的食物链为主线，同时考虑物种之间竞争、共生、寄生、协同等关系[2, 3]，整合第 4～8 章分析的各类生物对生境变化及人类活动的响应，将浮游生物、水生植物、底栖动物、鱼类和鸟类相互作用、相互制约、相互影响联系在一起，列在图 9.1 的中间。例如浮游植物和水生植物都是湿地生态系统的初始生产力，从水体或土壤中吸收营养物质(包括水和二氧化碳)，利用太阳光的能量转化为生物有机体；浮游植物和水生植物相互之间存在对太阳能利用和生存水域空间的竞争关系，浮游植物生长发育旺盛，必定影响到水生植物的生长发育，水生植物释放某些它感物质遏制浮游植物生长。鱼类和鸟类以浮游植物或水生植物为食，它们的排泄物和残体又给浮游植物和水生植物提供养分；在鱼类之间也存在竞争，还有食物链中高一级的鱼类取食低级的鱼类。这样，以食物链为主线，联系相互间竞争、协同等关系，就将生态系统各种群大类联系成一个有机整体。

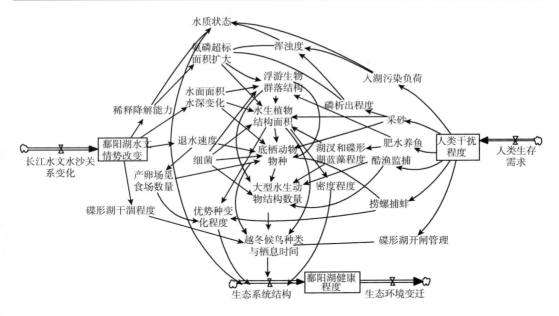

图 9.1　鄱阳湖湿地生态系统对自然条件变化和人类活动的影响与反馈机制

特别需要说明，细菌群落广泛存在于水体、底泥、土壤和水生物活体与残体之中，细菌种类多、数量大，在湿地生态系统的物质、能量循环中起到十分重要的作用，如水生植物对土壤和水体中养分的吸收需要细菌群落助力，浮游生物、水生植物、底栖动物和鱼类的共生互补也要通过细菌群落起中介作用；对系统内部产生的或外部输入的动植物残体和碎屑的分解，细菌群落在生态系统食物链(网)及其变化过程中起到"消化者"的重要作用。但是，目前对湿地生态系统中细菌群落的种类、功能和作用机理的认识比较肤浅，图 9.1 只能非常简单地表示这些相关关系。

3. 网络结构的集总

生态系统外部自然条件变化或人类活动与生物种群大类之间的联系，以生物生境变化为桥梁。外部自然条件变化或人类活动改变了生物种群的生境，生境变化直接影响到生物种群的生长、发育和进化，这样就将外部环境变化和人类活动影响与生态系统内部的相互联系关系整合成一个整体。例如，长江水文、水沙关系变化引起鄱阳湖水文情势变化，包括引起水面面积和水深改变、污染物消减能力弱化等一系列影响，都是水生物种群的生境，对各类种群及其内部关系都有影响。又如人类活动中的采沙，首先直接伤害水生植物和底栖动物，同时恶化水质，释放氮、磷元素，增加水体浑浊度等，对各类种群及其内部关系都产生负面作用。

9.1.3　湿地生态系统对外部条件变化的响应和反馈机制

图 9.1 显示了外部胁迫因素和人类活动影响对鄱阳湖湿地生态系统的影响及作用途径，勾画出湿地生态系统相关组分的内在联系、反馈关系，突出主要问题及其逻辑关系，

比较清晰地表达了鄱阳湖湿地生态系统对自然条件变化和人类活动的响应和反馈关系及作用途径和过程，揭示了维护鄱阳湖湿地生态系统健康牵涉的有关主要因素。通过网络模型可以看到，如果某一自然条件发生变化或强烈的人类活动，就会影响到湿地生态系统某方面的生境，对某类或某几类生物种群产生直接作用，并沿着网络传播扩散；通过这个网络能够比较直观地了解某一行为或自然条件某方面变化对生态系统全局的影响。另一方面，如果某类生物群落出现异常，根据网络模型能够查找出受到那方面生境的影响，还可以顺着网络了解可能会牵连其他那些物种。网络模型就这样反映鄱阳湖湿地生态系统对自然条件变化和人类活动的响应与反馈机制。湿地生态系统网络模型体现了复杂系统的许多特征。

(1)开放性。生态系统是开放系统，可以从外部吸收自由能(可做功的能量)来维护复杂结构和功能[1]。外部自由能不断输入使生态系统以三种模式发展：通常是以增加生物量的方式充分利用太阳能，包括生物个体更高大、生长范围扩展、种群密度增加，或者将更多的营养存储在根块和茎块中，为下一代繁衍增加营养储备；进一步就是增强网络联系，物种群落之间就会生更多的关联渠道，在无机物质允许的情况下，增加新物种，如土壤种子库休眠的新物种萌芽生长，或者外来物种迁徙或洄游进入系统，使网络节点增加；当可利用的无机物质或生存空间起制约作用时，增加系统信息量，包括增加物种遗传信息，优化某些性能，像水田碎米荠那样改善应对灾变的生存性能，增强物种缓解突发事件冲击能力等。

(2)复杂性。生态系统不能简单地看物种的简单组合，而是一个具有整体性、自组织和自我调节能力的系统。生境因子与物种、物种群落之间的联系不是简单的线性关系。湿地生态系统既遵循大自然的热力学定律，也遵循生物化学规则，具有远离热力学平衡的开放性，不断进化；进化的动力来源于太阳能输入。在漫长的进化过程中，系统逐步积累物质、能量和信息，提供各种机会或场景让系统试错，适应自然选择，促使系统具有越来越好的特性。鄱阳湖连河通江，汇集了流域各处的营养物质，水面面积大，广泛接受太阳光能量，沉水植物群落除了正常开花结籽外，还能够将多余营养储存在根茎中，进行无性繁殖，这样就吸引了更多的鱼类、鸟类来取食，使生态系统食物链延长、多样性增加、结构更加复杂。

(3)稳健性。生态系统具有海量信息，包含接受环境变化的信息和信号，系统的发育具有遗传信息背景，体现在个体基因信息量增加和生命网络复杂化两个方面[2]。生态系统组织层次存在多种多样的组分、复杂结构及丰富的信息；同时不断地运动和流动，这样的动态生命系统比物理系统复杂得多。在复杂的自组织系统中，物质、能量和信息是紧密联系、密不可分的。在一定限度内，系统某个局部或某个环节受到损害，系统具有一定的修复或恢复能力。鄱阳湖湿地生态系统经过1000多年的适应、竞争和进化，在宏观(湿生与水生生态系统交替转换)、中观(湿地植物同时具有有性、无性繁殖功能)和微观(各物种具有应对灾变的生存策略)等多方面形成了完备的应对洪水干旱等自然灾害的能力，湿地生态系统更加稳健。

(4)生态系统对自然环境的反作用。鄱阳湖湿地生态系统存在于一定的环境之中，与环境产生广泛的信息交换。生物群落与生境因子的关系是相互作用的关系，某一生境因子可以对生物群落产生胁迫作用，生物群落也对这一生境或其他因子产生反作用。各个层次的有机体及其环境之间都存在反馈作用，有机体在不断变化的环境中进化，同时对环境也有一定调节作用，甚至可以改变外部环境。如沉水植物依靠氮磷营养物质，同时也减少水体污染物、净化水质等。宏观上的反作用反映在图 9.1 最底下一行，湿地生态系统对自然条件变化和人类活动的影响与反馈作用，其最终结果促进生态系统结构变化、系统演替，进而引起生态环境改变。例如，如果是进展演替，可以改变地形地貌，形成碟形湖及其相应的湿地生态系统；如果是逆行演替，像神塘湖那样，可以使湖泊变成沼泽或滩地，水生植被变成湿中性草甸。

9.2　鄱阳湖枯水期生态需水最低水位过程

9.2.1　鄱阳湖生态需水最低水位过程的内涵与保护目标

2003 年以来鄱阳湖水位处于长期低枯状态，表现为 10 m、8 m 枯水位提前出现，枯水期延长，湖区水位普遍降低，极端最低水位屡创新低。持续的低枯水位造成湖区生产生活取水困难，水上航运受阻，对湿地生态系统的影响更加广泛深刻。研究鄱阳湖生态需水最低水位对维护鄱阳湖湿地生态系统健康很有必要。

有的学者提出了"湖泊最小生态需水量"的概念，认为最小生态需水量是维持湖泊生态系统物种多样性和生态完整性所必需的、水质达标的最小水量[5]。也有学者认为，这一概念要求太高，仅适用于没有或较少人类干扰的自然状态下的湖泊保护，针对我国湖泊生态环境现状，提出"最小生态环境需水量"的概念，湖泊最小生态环境需水量从保护淡水资源和恢复湖泊生态环境功能的角度，为保证湖泊生态系统能够持续供给人类生活、生产等方面的淡水资源，提供一定数量和质量的水给湖泊生态系统自身发展的最小阈值，以期遏制日益恶化的湖泊生态环境。因此，湖泊最小生态环境需水量是在合理开发和高效利用湖泊淡水资源的同时，维持湖泊生态系统不再继续恶化所必需的最小水量[5]。

鄱阳湖是我国最大的连河通江、过水性浅水湖泊，水资源丰富，河湖江之间水和其他物质、能量、生物交流频繁，湖水位变幅大，生物多样性丰富。枯水期(9 月～翌年 2 月)鄱阳湖平均入湖流量 4300 m³/s 以上，一般情况下，水资源量对生态环境和经济社会发展不构成制约因素。保护鄱阳湖湿地生态系统健康关键是水环境和水位过程，为此提出"鄱阳湖生态需水最低水位过程"这个概念。鄱阳湖枯水期生态需水最低水位过程是指维持最基本的水文情势与节律、水质达标、维护鄱阳湖湿地生态系统基本结构和核心功能、确保湿地生态系统不继续退化、保障经济社会发展最小用水的水位过程。鄱阳湖湿地生态系统基本结构指的是图 9.1 所示的包括群落组成、优势物种和生物量等在内的湿地生物群落结构；例如，需要仍然保持苦草为优势物种和四五种其他水生植物组成的水生植被群落，不希望蓝藻密度与生物量增加，鱼类和底栖动物的物种及其生物量不减少等。核心功能包括"长江之肾""江豚家园"、越冬候鸟栖息地、江南湿地植物基因库、长江经济带生态屏障等功能。根据这一概念及其内涵，鄱阳湖生态最低水位过程具有以下两方面个特征。

（1）综合性。图 9.1 所示的湿地生物群落包括浮游生物、底栖动物、湿地植物、鱼类和长江江豚、越冬候鸟等，这些群落及其组成群落的物种对水的需求是多方面的，包括水量与水质、水域面积与分布、水位及其涨落过程、水深、水温或流速等。水质达标与水量、水位和流速既有相互联系的一面，又有相互矛盾的地方；生态环境需求与社会经济发展需求也会发生冲突。所以，枯水期生态最低水位过程要把这些因素综合到一起、协调一致，减少矛盾与冲突。

（2）动态性。东亚季风气候、鄱阳湖流域地形及鄱阳湖形态决定鄱阳湖水流、水位、水温具有一定的时间节律；鄱阳湖湿地生态系统在长期的发育进化过程中，不断适应水文过程变化，通过物种间、个体间的竞争和协同，利用自身的遗传、变异性能，找到了各自的生态位，形成了一定的生态节律，并且与水文节律有适应、协调。枯水期生态最低水位过程既要与水文节律相吻合，又要满足生态节律要求。因此这个过程在整个枯水期不是一成不变的某一水位，而是动态变化的水文过程。

确定鄱阳湖最低生态水位过程是个十分复杂的问题，涉及面很广，大致按照以下思路进行。

（1）鄱阳湖枯水期一般为 9 月至翌年 2 月，考虑到鄱阳湖 4 月开始进入汛期，水位上涨，4 月、5 月是湿地生物生长、繁衍的重要阶段，便于枯水期与汛期衔接，鄱阳湖最低生态水位过程的时间为 9 月至翌年 3 月。

（2）绘制 1956～2002 年、2003～2015 年以及 1956～2015 年 9 月至翌年 3 月的旬平均水位过程线，如图 9.2 所示，了解 30 年来生态系统变化的枯水期水位背景。1956～2002 年平均水位过程代表没有受长江流量过程改变影响时鄱阳湖枯水期平均状况；2003～2015 年平均水位过程代表 21 世纪在流域水文情势和长江流量过程变化以后的平均状况；1956～2015 年水位过程线代表有水文记录以来枯水期平均水位过程。2003～2015 年过程线主要用于了解鄱阳湖水位低枯带来一些问题的参照水位，其余两条线用来分析能否满足生态环境和社会经济发展最小需求的水位情况。

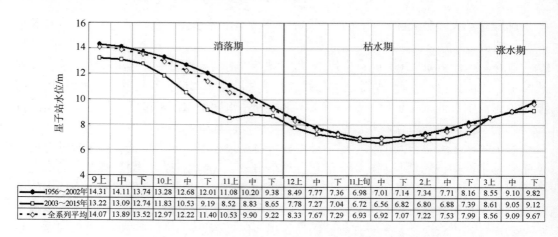

	9上	中	下	10上	中	下	11上	中	下	12上	中	下	1上旬	中	下	2上	中	下	3上	中	下
1956～2002年	14.31	14.11	13.74	13.28	12.68	12.01	11.08	10.20	9.38	8.49	7.77	7.36	6.98	7.01	7.14	7.34	7.71	8.16	8.55	9.10	9.82
2003～2015年	13.22	13.09	12.74	11.83	10.53	9.19	8.52	8.83	8.65	7.78	7.27	7.04	6.72	6.56	6.82	6.80	6.88	7.39	8.61	9.05	9.12
全系列平均	14.07	13.89	13.52	12.97	12.22	11.40	10.53	9.90	9.22	8.33	7.67	7.29	6.93	6.92	7.07	7.22	7.53	7.99	8.56	9.09	9.67

图 9.2　1956～2002 年、2003～2015 年以及 1956～2015 年枯水期旬平均水位过程线

(3)根据水文节律和生态节律特点,将枯水期划分为消落期(9～11 月)、枯水期(12～2 月)和涨水期(3 月)三个分期,以便有针对性地研究问题。消落期是鄱阳湖水位消退,草洲出露,候鸟到来,底栖动物、鱼类和江豚觅食育肥的关键时期,也是蓝藻生长发育最旺盛的时期,还是水稻分蘖、扬花和灌浆时期;低枯期是鄱阳湖水位最低、候鸟觅食、鱼类越冬时期;涨水期是鄱阳湖水位回涨与汛期衔接的过渡时期。

(4)根据 2003 年以来三个分期中生态环境和社会经济发展出现的主要问题,剥离出研究重点,然后根据前面的研究成果,探索分别满足各种需求的最低水位。

(5)根据最低生态水位过程的内涵和特征,综合确定鄱阳湖枯水期最低生态水位过程。

9.2.2　各阶段生态环境保护和经济社会发展的需求剖析

1. 消落期

每年的 9～11 月是鄱阳湖水位开始消退的时期,随着水位逐步消退,草洲逐步出露,湿生植物萌芽、返青、开花,越冬候鸟一批一批来临,河海、江湖洄游性鱼类开始出湖,定居性鱼类和底栖动物快速成长发育。这一时期对于维护鄱阳湖湿地生态系统健康具有关键性意义,生态环境保护和社会经济发展的突出问题包括以下方面。

(1)9 月下旬候鸟开始来到鄱阳湖,先在地势较高的碟形湖周边觅食,从岸边向中心逐步转移,随着越冬候鸟的增加和湖水位消退,较低的碟形湖逐步显露,植物逐渐发育成熟,越冬候鸟随之移向低处,到 1 月转移到主湖区。这样,各类候鸟都可以源源不断地得到充足食物。鄱阳湖中 1 km^2 以上的碟形湖共 77 个,水面面积约 702 km^2,最低底高程在 9.75～13.16 m,从星子站水位 15 m 开始显现,直到 12 m 时所有碟形湖基本显露出来[6];10 月越冬候鸟来到鄱阳湖时,地势较高碟形湖周边应当呈现沼泽景观和浅水带,然后由高到低逐步显露。为了保障越冬候鸟取食需求,水位消落必须遵循这一特点和节奏。例如,1998 年、1999 年 9 月水位分别为 18.32 m、17.41 m,10 月为 13.83 m、13.68 m(图 9.3),因水位太高,不适应候鸟越冬,1998 年仅有越冬候鸟 13.57 万只,1999 年更少,以致没有监测候鸟数量与分布;又如,如果 1 月以前出现年最低枯水位,2 月、3 月取食植物根茎的候鸟在鄱阳湖觅食困难等,所以 9～11 月的水位消退节奏不能太快,太快了碟形湖较早干涸,主湖区提前出现年最低水位。

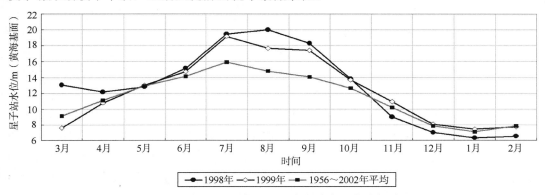

图 9.3　星子站 1998 年、1999 年与多年平均水位过程

(2)在本书 8.2 节已述及，就样方监测而言，秋季生长期薹草适宜雁类取食的时间窗口为 12～28 天；就保护区宏观区域看，从洲滩出露后 30～40 天，出现雁类取食高峰；另一方面，另外气温低于 10℃，薹草将停止生长。因此，水位消退节律必须与薹草生长节律、雁类到达的时间相互匹配，不能太早，也不能太晚。

(3)9 月份湖水位消退，河海洄游和河湖洄游性鱼类离开鄱阳湖，水位消退节奏需要满足鱼类洄游要求。

(4)湖水位消退速率需要满足底栖动物迁移要求，底栖动物移动速度赶不上水位消退速率，将导致底栖动物死亡。

(5)9 月和 10 月晚稻灌浆扬花，需要充分水量灌溉。湖区圩田的取水设施已经完善，共有灌溉涵闸 294 座，取水口最低地板高程在 11.22～15.60 m，提水设施最低水位在 12.0～16.50 m。湖水位消退时，10 月需要满足农田农业灌溉用水需求，以免大规模改建湖区灌溉取水设施。

2. 低枯期

12 月至翌年 2 月鄱阳湖处于水位低枯期，为了生态环境保护和社会经济发展，保持一定水位是非常必要的。需要考虑因素包括：

(1)主湖区水位太低，导致碟形湖渗漏蒸发加快，如果提前干涸，不利于候鸟越冬。水位消退保持自然节奏，不能在 1 月以前出现年最低水位。

(2)需要一定水量稀释入湖污染物质，维护水环境质量。

(3)鱼类越冬需要深水湖湾或深潭御寒，湖区需要保持一定水深。

(4)8.5.2 节已述及，为了保障雁鸭取食面积，水位不能太高；超过 12 m，草洲面积急剧缩减。2015 年、2017 年 11 月水位分别达到 13.06 m、13.83 m，雁鸭类候鸟无处取食。

(5)沿湖各县和主要乡镇直接从鄱阳湖取水用于生活用水的自来水厂共 79 座（图 9.4），鄱阳主湖区的自来水厂取水口高程为 7.10～12.6 m。从 2003 年以后，由于枯水期水位低，无法取水，都昌（取水口 7.10 m）、星子（取水口 9.50 m）等县级自来水厂先后迁址重建新厂。低枯期水位要尽可能满足现有县城、乡镇自来水厂的取水需要。

3. 涨水期

4 月江湖洄游鱼类开始迁徙进湖，需要一定水位与流速；定居性鱼类（鲤鲫鱼）开始产卵，需要一定产卵场面积，水位不能低于 10 m，3 月涨水过程要考虑这一要求。3 月鄱阳湖水位回涨，要与 4 月水位衔接好。

9.2.3　鄱阳湖枯水期生态需水最低水位过程

前面论述了鄱阳湖湿地生态系统对自然条件变化和人类活动的响应和反馈机制，但是，目前我们对生态系统运行机理的认识还不充分。比如细菌群落如何作用使浮游植物与底栖动物、鱼类共生互补、相互协调？水生植物群落的根际细菌群落如何作用使植物可以吸收水体和底泥中的氮磷营养物质？在信息不充分、内部机制不完全明了的情况下，

图 9.4　湖区自来水厂分布

需要遵循自然规律，维持基本的水文情势与节律，顺应湿地生态系统对自然条件变化和人类活动的响应和反馈机制。2003 年以来，鄱阳湖生态环境出现一些不利情况，关键是原有的水文节律被扰动，鄱阳湖湿地生态系统的生态节律本来是适应水文节律发展成熟起来的。只有使水文节律与生态节律协调一致，才能维护湿地生态系统的健康。多年平均水位反映了水文变化的基本节律，所以以多年平均水位作为生态需水最低水位过程的参考基准。究竟是 1956~2002 年的平均水位过程，还是 1956~2015 年的平均水位过程作为生态需水水位过程更合适？需要用前面讨论的枯水期三个分期的各项要求进行检验，看看这些要求能否得到满足。

　　比较 1956~2002 年、1956~2015 年平均水位过程(表 9.1)，1956~2015 年的 9 月一直到 11 月中旬，水位下降速率较快，致使碟形湖和草洲出露太快。越冬候鸟 10 月开始到来，其中鹤类要到 10 月底、11 月初才来，对越冬候鸟后期栖息、觅食不利。另外，10 月中旬到 11 月上旬水位比 1956~2002 年平均值低 0.47~0.61m，此时正是晚稻扬花、灌浆时期，需要灌溉，水位较低，很多湖区灌溉取水设施不能充分取水。两者比较，枯水期生态需水最低水位过程遵循 1956～2002 年 9 月～次年 3 月平均水位过程(图 9.5)比较合适,具体数据在表 9.1 第 2、6 行。

表 9.1　1956～2002 年、1956～2015 年平均水位过程　　　　(单位：m)

旬	9 月上	9 月中	9 月下	10 月上	10 月中	10 月下	11 月上	11 月中	11 月下	12 月上	12 月中
1956～2002 年	14.31	14.11	13.74	13.28	12.68	12.01	11.08	10.20	9.38	8.49	7.77
1956～2015 年	14.07	13.89	13.52	12.97	12.22	11.40	10.53	9.90	9.22	8.33	7.67
差值	0.24	0.22	0.22	0.32	0.47	0.61	0.55	0.30	0.16	0.15	0.11
旬	12 月下	1 月上	1 月中	1 月下	2 月上	2 月中	2 月下	3 月上	3 月中	3 月下	平均
1956～2002 年	7.36	6.98	7.01	7.14	7.34	7.71	8.16	8.55	9.10	9.82	11.55
1956～2015 年	7.29	6.93	6.92	7.07	7.22	7.53	7.99	8.56	9.09	9.67	11.25
差值	0.07	0.06	0.10	0.07	0.12	0.18	0.17	-0.01	0.01	0.15	0.30

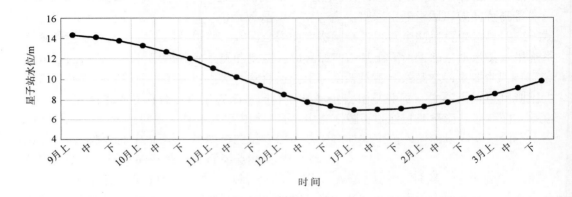

图 9.5　鄱阳湖生态需水最低水位过程(1956～2002 年旬平均水位过程)

9.3　鄱阳湖沿岸沙化土地的生态修复

9.3.1　鄱阳湖沙山的形成及其危害

鄱阳湖宛如悬挂在长江中下游南岸的一只宝葫芦。在钟灵毓秀、丰饶难数的鄱阳湖畔,几座干涸土黄的连绵沙岭却不和谐地镶嵌在青翠碧绿的湖边,仿佛是明珠上的“疮疤”。沙山分布在星子蓼花镇、都昌多宝乡和永修松门山等地,总面积达 246 km²,人们称之为“江南沙漠”(图 9.6)。

《星子县志》记载,沙山成因是“由沉积岩形成,一说湖洲沙北风吹来,积累而成”[7]。2009 年、2010 年在星子县型沙场、泊头李和松门山等地进行钻探和沙山地层年代学研究;结果表明,鄱阳湖沿岸沙山发育开始于距今 26 000～30 000 年以前,属于冰期堆积物;表层 30～50 m 左右沙层属于近现代(元末至今)大风从湖底卷起的沉积物堆积。

鄱阳湖沿岸沙山演变扩展机制与我国西北部沙漠不完全相同。中国西北部沙漠以风力侵蚀为主。鄱阳湖流域属亚热带湿润季风气候，降水丰沛，鄱阳湖承接来自"五河"的大量泥沙，沉积在湖底。丰水季节，暴雨倾盆，湖泊周边裸露的沙丘受到水流侵蚀，大量沙粒随着水流直泻湖中(图9.7)；枯水季节"水带如束"，湖底旷如平野，大风把沉积在湖底的沙粒不断送回沙岭。在风蚀和水蚀的双重作用下，春夏季节流沙随水流向山下滚滚扩散；秋冬季节，呼啸的大风又把湖底沙粒送回沙丘，往反作用，形成流动沙丘，不断向外扩展。

图 9.6　鄱阳湖畔沙山分布

图 9.7　鄱阳湖沿湖沙山近景

　　鄱阳湖沿岸的沙山对附近人类生存和经济社会发展产生极大的危害。首先是沙山扩展掩埋周边的农田和村庄。夏季，暴雨冲刷，水土流失，沙土将农田、池塘掩埋掉，村庄也难以幸免；冬季，风沙狂舞，大风把沙粒倾泻到田野，漫天沙尘，一片混沌，大片农田、池塘和村庄被沙土覆盖。新中国成立以来，因沙化土地扩展，都昌多宝乡5个自然村被迫搬迁，远走他乡，如1991年5月19日流沙冲毁房屋21栋，掩埋农田5.34 km²；1971年修建的库容300万 m³的多宝水库，已经被流沙淤积80万 m³。《星子县志》记载："询之耆老，蓼池左近，原皆柴草山林，其沙系外湖冬涸，狂风所扬而集，日积月增，山头沙均数尺或深及丈余，致草木不能生发"[7]。历史上多个村庄被黄沙掩埋，民众被迫背井离乡；2009年从沙山南端的东屏山陈村后的沙层中，挖掘出距今近300年的清康熙时墓碑，表明那时附近有村庄存在。星子县蓼华镇胜利村村民介绍，沙山村泊头李一带，明初林带如巷，故有"巷里李村"之名；现在沙山西面的张家湾、巷里李两个村庄早被流沙从村庄后面包掩，甚至村庄里面的道路、晒场都被流沙掩盖。

　　对于星子县而言，清代风沙引起的次生灾害——洪涝灾害，比直接掩埋农田、村庄的危害更加严重。蓼华镇西面原来有一个鄱阳湖的卫星湖，名叫草堂湖；后来由于沙山扩展，飞沙将卫星湖水流出口填埋，成为没有排泄通道的"大池塘"——蓼华池。清同治版《南康府志》载[8]："星子县有蓼华池，长亘二十里，南受庐山九十九湾之水，北流而入湖。惟因出口之水，向在北岸，西边有浮沙，易于填塞，旋开旋壅，积水弥漫，不能出口，以致池边田亩，每罹淹浸"。暴雨之后淹没村庄农田，康熙年间，积水面积达2 km²左右；虽然几经治理，但灾害愈演愈烈，至新中国成立前夕，蓼华池水面达6 km²，淹没良田6 000多亩，沙灾涝灾危及周边83个自然村、农田万亩，给当地群众生产生活带来巨大威胁。当地有诗曰："九九湾流路不通，乱山围绕水连空，千家屋角寒鸥外，万顷山田雪浪中"[9]。

9.3.2　鄱阳湖沿岸沙害治理历程

1. 地方志记载的沙害水患治理过程

　　地方志记载的鄱阳湖沿岸沙害治理，是从治理蓼华池的水患开始。据同治版《南康府志》记载[8]，康熙年间"积水弥漫"，蓼华池周边农田春夏经常受淹，百姓自发组织起来，在草堂湖出口扒沙排水，时淹时扒，"旋开旋壅"，受涝面积不断扩大。康熙五十八年(1719年)，星子县令毛德琦主持"另开新口"(后称老池口)，"舍故道而从高岗"，"水患稍杀"。这次治理官府未曾出资，完全依靠民力，"工长费短"、"居民无力"，"春夏水涨，仍苦淹没"。由于灾情不断扩大，雍正八年(1730年)南康知府董文伟向朝廷申请银款，加宽加深原来由毛德琦主持开挖的池口，"该地居民各愿出力轮工，无庸发给工价，所需饭食，约费八百余金，即可竣事"。朝廷拨库银千两，10月开工，次年3月告竣，池口取名"永利渠"。"从此，水落田现，民得耕耘"。总结以前治理涝灾的经验教训，认识到治涝必须治沙，董文伟"购蔓荆百担，遍种近地沟旁诸沙山，禁民采取。数年后，荆藤滋蔓，葛累联络，鲜飞沙填淤沟道之患"，"唯蔓荆一种，可生于沙。蔓密则山头之沙不能起，诚为良法"。"乾隆中，官禁渐弛，奸民贪小利，窃荆子以卖，伐蔓根为薪"，"飞沙渐积，池口仍旧淹塞"。嘉庆二十二年（1817 年）南康知府狄尚絅筹组疏浚，动用官府银粮外，还按田产亩摊 200 文。工程竣工于次年 3 月，"水口深通，全池畅流，涸出田亩甚多，岁增获数万担"。除了疏浚工程外，还在风口建"堑坝"，以挡风沙。同时发动官绅捐赠，购置田产 53.85 亩（1 亩≈666.7 m²），每年收谷 88.84 石（1 石≈55 kg），用于常年维修，保障了岁修的经费来源。"岁修见效，故数十年人食其惠"。"道光十二年（1832 年），造堑坝以挡飞沙"。道光十四年，动用南康府救生船专款 5400 两（1 两≈32 g），其中 4000 两用于当年大修，1400 两存点生息，补贴每年的岁修。咸丰年间，受太平天国战争影响，"岁修失候，从此沧海桑田，老池口淤塞日甚，故道全湮"。同治年间，先后三次动工进行整治，民国政府曾四度策划新开池口，无一次完成。蓼华池周边洪涝灾害严重，风沙灾害猖獗，百姓生活在水深火热之中。

2. 新中国成立后的治沙治涝成就

新中国成立后，人民翻身做主，生产力空前解放，人民政府高度重视治沙治涝。据《星子县志》记载[7]，新政权刚一建立，调拨大米 5 000 kg，用于蓼华池的治理，以工代赈，接济群众度过春荒。1950 年 4 月 8 日开工，7 月 10 日完竣；动员劳力 1 600 人，挑挖土方 5.1×10⁴ m³，北渠道 4 800 m 全线开通，蓼华池的洪涝灾害初步解除。1954 年，县政府组织力量，直播蔓荆子 1.3 hm²。种子撒播在流沙上，后来全部被风刮走。1955 年组织劳力，在湖岸营造 5 km 长防护林网，扎根固沙，试植 2.7×10⁴ 株柳树、樟树、火楝、麻栗等树种。春夏成活率 80%，冬天被风吹倒，仅存 30%柳树桩。1956 年试种紫穗槐 21×10⁴ 株，马尾松 15×10⁴ 株。经过大风、严冬考验，苗木存活 40%；栽种胡栀子 67 hm²，筑拦沙坝一条。1957 年，成立沙山治管委员会，订立《沙山护林公约》，在沙山迎风面建造拦沙坝 7 条共 1 114 m，设防风沙障 7 条共 1 620 m，拦截流沙，直播胡栀子、蔓荆子、草籽 550 kg；以芭茅设障，廖华池岸边栽白杨、柳树，沙地栽植松树；在水土流失严重的猪婆垅造拦沙蓄水坝一条。1958 年，动员全县 6 000 多名劳力，从庐山、都昌、永修挖来芭茅 100×10⁴ kg，栽植设障；行间栽植紫穗槐 1 090×10⁴ 株，风槽地沙边栽植杨柳 34.20×10⁴ 株，桑树 6 500 株，马尾松 73.60×10⁴ 株，直播胡栀子、蔓荆子 875 kg。1959 年，星子县由于治沙的努力和取得的成效，得到了国务院嘉奖。

1963 年开始，进一步整治沙害、修复植被，政府筹资 61×10⁴ 元，群众出工出力，新辟渠道 5 000 m、完成土方 17.8×10⁴ m³、石方 1.5×10⁴ m³，池内外建控制闸、泄洪闸两座，渠道两旁种植桃、梨、油桐 6 000 多株。乔、灌、草结合，东面沙岭沙栽种柳树 15000 株、胡枝子 70 hm²、芭茅 27 500 kg，筑拦砂坝一座。1965 年 3 月 10 日综合治沙工程全面竣工，池内积水畅泄 10 多天，沉浸多年的农田重见天日。明洪武年间修建的青石桥，500 年后露出真容。在池内退水区开垦良田 400 hm²，保持水面 134 hm²，用于灌溉和水产养殖。危害数百年的洪涝灾害终于得到根治，115 个村庄、3003 户、13 698 人直接受益。

3. "山江湖工程"对鄱阳湖沿岸沙化土地的治理

改革开放以后，以经济建设为中心。星子县、都昌县和永修县把鄱阳湖沿岸沙山治理列为"山江湖综合治理工程"的重要内容。各县政府就沙山治理问题多次调研，先后成立了水土保持委员会和水土保持监督执法大队，从体制机制、人员机构、政策资金等方面谋划部署，并积极向上向外争资立项。为了调动广大群众的治沙积极性，吸引社会资金治沙害，将过去"县乡村联防管护"体制改为以小流域为基本单元，"多元投资、集中承包、连片开发、综合治理"，在迎风坡面种植欧美杨、马尾松等防风固沙林，在沙丘岗地营造蔓荆子为主的水保林，在背风坡面营造马尾松为主的薪柴林。经过十多年的努力，沙山背湖坡面的治理取得了显著成效，马尾松已经成林，裸露的沙地被蔓荆、白茅和狗牙根等草木覆盖，控制了沙山不再扩展，有效保护了农田与村庄。

9.3.3　鄱阳湖沿岸沙山快速绿色覆盖技术开发

由于临湖坡面直接遭受面风刮水冲，60%以上的面积属于流动或半流动沙丘，植被覆盖稀疏，沙土裸露，沙害严重，治理难度较大。2008 年实施"十一五"国家科技支撑计划——"鄱阳湖生态保护与资源利用"研究中，设立了"沙化土地与水土流失区生态修复技术研究与示范"专题，开始了鄱阳湖沿岸沙山迎湖面沙化土地生态修复、绿色覆盖的科学研究和实验示范。

试验示范区选择在江西省北部的都昌县多宝乡沙山，位于北纬 29°21′22″～29°27′18″，东经 116°3′～116°7′42″(图 9.6)，海拔 44.5～241.0 m(黄海基面)，属亚热带湿润性季风气候，年均温 17.5 ℃，多年平均降水量 1 310 mm，年蒸发量 1 880 mm，最高气温 42℃，地表最高温度 69.5 ℃。沙山平行于湖岸线分布，从湖滨到内陆沙地边缘宽2～3 km，包括三种状况：①重度沙化区，分布在湖滨水岸线旁边，由流动沙丘、半流动沙丘组成，植被稀疏，残留的植被以狗牙根(*Cynodon dactylon*)为主，覆盖率低于 5%；②中度沙化区，主要为半固定沙丘，残留植被以狗牙根和小灌木单叶蔓荆(*Vitex trifotia* var. *Simplicifolia*)为多，覆盖率 20%～30%；③轻度沙化区，一般分布在沙丘之间的洼地上，以固定沙丘为主，植物种类相对较丰富，包括狗牙根、单叶蔓荆与美丽胡枝子(*Lespedez aformosa*)和白茅(*Imperata cylindrical* var. *major*)等，植被覆盖率 50%～60%。沙化土地土壤养分匮乏，除全钾(2.03%±0.28%)含量较高外，有机质(0.99%±0.42%)、全氮(0.036%±0.022%)、全磷(0.028%±0.007%)含量均处于十分贫乏的水平。总结当地群众数百年来的治沙经验与教训，经过试验研究，采取"湿地松+香根草+原生本土植物"模式综合治理沙化土地(图 9.8)，并攻克固定流动沙丘和提高移栽植物成活率两大难题。

1. 流动沙丘的固定

迎湖面沙化土地治理困难，主要是流动沙丘不停地迁徙；春、夏季暴雨频繁，流沙随着坡面流滚滚而下，流入鄱阳湖中；秋、冬季节随着呼啸大风，飞扬到山坡上，一个又一个沙丘漂移不定，任何植物无法扎根生长。实地调研看到，单叶蔓荆能够在贫瘠干

图 9.8　乔灌草综合治理沙化土地

旱的沙土上生长，匍匐茎可以覆盖较大范围的裸露沙土，但是蔓荆根系浅，大风刮走沙丘，蔓荆也连根拔掉了。借鉴历史上用芭茅固沙和我国西北地区用草网格固沙的经验，经过试验研究，决定栽种香根草草篱固沙。

香根草(*Vetiveria zizanioides*(L.) Nash)，属禾本科香根草属，系多年生草本植物；原产于热带和亚热带地区，我国近 20 年来在广东、江西、福建、四川、湖南等地引种栽培。香根草根系发达(纵深生长达 3 m 多)，生长较快，在抗旱、抗寒、抗热、抗酸碱方面具有较强的生态适应能力，即使在土壤贫瘠、强酸碱环境下都能生长。在红壤山坡栽培结果表明，坡地上种植香根草篱，较无篱措施可使径流量减少 60%，土壤侵蚀减少 93%，水土保持效果十分显著。

在鄱阳湖迎湖面沙化土地生态修复、绿色覆盖的试验示范中，将香根草幼苗在示范区附近栽培一年，以适应当地气候环境，幼苗初植时香根草根长 30 cm，茎长 15 cm，将单蔸(平均 27 蘖)一分为二移栽，栽种深度 30 cm，行株距 30 cm×30 cm。一年后大苗带土移栽，株行距 50 cm×80 cm，植坑深度约为 50 cm。三行组成一排草篱。残留的狗牙根等植物全部保留，两排草篱之间相距 150 cm，当年或来年栽种湿地松等其他树种，香根草密度 1 200 株/hm² 左右。移植后不再进行人为培育施肥，成活率达到 100%。香根草成活后，3～8 月长势良好，经过 8～9 月的伏旱期，香根草地表叶片全部枯黄，茎与心叶没有死亡。地表茎叶不倒伏、不腐烂，冬季仍然起到抵挡风沙、保护地表凋落物和土壤的作用(图 9.8)；第二年雨季来临，又生机勃勃地发育生长。

香根草移栽一年后，对鄱阳湖迎风坡重度沙化区的生长情况及生态效果进行了抽样监测。在距湖岸边 80～180 m 的坡重度沙化区选取 4 个样方，移栽了香根草的中度沙化区和裸露地各选 1 个样方进行对比，重度沙化区地面坡度为 5°～45°，中度沙化区地面坡降为 5°～20°。香根草生长情况有关指标(每蔸平均值)如表 9.2 所示。

表9.2　重度与中度沙化区移栽一年后香根草生理指标比较

土地类型	株高/cm	页宽/cm	新根长/cm	最长根/cm	分蘖数量	每蘖新根数	地上干重/g	地下干重/g	地下与地上比
重度沙化	94.5	4.99	34.2	39.7	24.68	10.88	108.4	34.5	0.32
中度沙化	106.7	4.89	30.9	34.3	16.67	6.35	100.3	25.9	0.26

（1）从表9.2可知，香根草对沙化土地适应性较强。各项生理指标说明，香根草在沙化土地上可以正常生长，按单苑统计，存活率高达100%，但和生长在同一自然条件下农田内香根草相比，株高低80～90 cm，分蘖数少20～25蘖。重度沙化土地比中度沙化土地上的香根草除株高稍低外，其他生理指标差异不大。虽然肥力与水分条件对香根草生长有较大的影响，但完全可以作为严重沙化土地生态修复的先锋物种。

（2）香根草生长株高和分蘖受温度、降雨和风力三种因子共同影响，影响最大的是风力因子，其次为温度、降雨，地形因子对香根草生长没有显著性影响。

（3）香根草对草层下面土壤的温度有一定的调节作用。5～8月，香根草下方土壤平均土温比裸露地低1℃；香根草的种植能有效降低0～80 cm土层的温差。

（4）香根草草层下土壤含水量明显高于裸地，土壤含水量距湖岸距离由远到近呈现增长趋势；香根草对于暴雨末期的降水截留作用显著，与狗牙根大致相同；降雨结束6小时后香根草层中仍有一定的截留水分，与裸露地相比较，香根草有效缩小雨水下渗深度。

（5）香根草种植对土壤养分的增加与保持具有一定效果。在香根草草层下土壤有机质含量达0.35%，高于裸露区；香根草种植对土壤氮元素有一定的保持作用，但会吸收并降低土壤磷含量。这说明磷是沙化土地种植香根的制约因素。

2. 提高湿地松的成活率

早在数百年前人们发现单叶蔓荆可以在贫瘠干旱的沙化土地上较好地生长，抵抗水流侵蚀，蔓荆果实和叶子可以入药，经济价值较高，因此把栽种蔓荆作为治理沙山的主要措施。事实表明，仅仅依靠栽种蔓荆难以固定沙丘、绿化沙山。蔓荆根系浅，大风刮走沙丘，蔓荆也连根拔掉了；株低矮，不能挡风，大风把枯枝落叶全部刮走，无法培育植株下面的土壤。因此，沙山治理需要乔、灌、草相结合（图9.8）。沙山上栽种乔木，可以固沙挡风。但是，沙化土地土壤贫瘠，沙粒占90%以上，无法形成土壤团粒结构，不能持水保肥，落叶乔木叶面蒸发量大，春天栽种的树苗无法抵抗伏旱期的干旱，当年栽植当年就死去。必须寻求耐贫瘠、耐干旱的树种作为先锋植物。20世纪80年代种植马尾松或湿地松，找到了适宜先锋树种，取得了一定成功；采用一年生树苗直接挖坑栽种，成活率不高，在试验示范区内，当地群众年年栽种湿地松，成活率不到1%。研究提高成活率的栽培技术，成为鄱阳湖迎湖坡面生态修复的第二项关键技术。

通过理论研究和试验，采用大苗带土深栽密植技术，快速提高绿色覆盖率。在流动沙丘栽种香根草的同时，尽可能保留沙化土地上所有原生的蔓荆和白茅、狗牙根等杂树杂草，防止雨水冲刷；用湿地松（*Pinus elliottii*）取代马尾松，栽培在沙山附近农田一年适应环境，第二年采用大苗带土深栽密植技术，快速覆盖，培育地表土壤；在恰当的时候间伐疏林，促进地表灌木和杂草生长。具体情况简要介绍以下。

2008 年将湿地松幼苗栽种在实验示范区附近田里，使其适应当地气候环境；2009 年
3 月，将栽培一年生湿地松苗再次带土移栽，按照 1.0 m×1.5 m 的株行距栽入约 50 cm
深的土穴中，覆土夯实，同时配制多菌灵溶液对其进行喷洒，栽种之后不再进行人为培
育施肥。湿地松密度为轻度沙化区 5 200 株/hm²，因流动沙丘移栽了香根草，中度沙化
区 2 500 株/hm²、重度沙化区 1 200 株/hm²。湿地松树苗移栽当年成活率达到 90% 以上，
由于树苗根部带有一定土壤，在移栽后的 3 年内林间密度对树苗生长的影响不大，沙化
程度不同的土地上树苗的高度、冠幅、胸径和生物量等生长状况基本一致。第 4 年以后，
湿地松苗生长变化较快，在不同沙化程度土地生长情况拉开差距，轻度沙化区植株的各
项指标比中度和重度沙化区植株好些。2014 年 7 月野外实测结果如表 9.3 所示。

表 9.3　沙化程度不同土地上移栽五年湿地松生理指标

沙化程度	原植被盖度/%	造林年份	平均胸径/cm	平均树高/m	密度/(株/hm²)
轻度沙化区	50～60	2009	7.56	2.94	5 200
中度沙化区	20～30	2009	4.72	1.72	2 500
重度沙化区	<5	2009	5.24	1.72	1 200

2016 年 9 月测量，移栽 7 年后，轻度沙化区湿地松平均高度为 4.57 m，单株地上与
地下平均生物量（湿重）10 242 kg/株；中度、重度沙化区平均高度分别为 3.03 m、2.89 m，
平均生物量（湿重）4 334 kg/株、6 173 kg/株（图 9.9）。湿地松各器官生物量大小排序为干＞
枝＞叶。湿地松生长速率主要受到气温和降水量的影响，气温是影响湿地松人工林生长速
率的主导因子。气温越高，湿地松生长越快；气温越低，湿地松生长相对缓慢。事实表明，
湿地松+香根草+原生植物的模式对于鄱阳湖迎湖面沙化土地生态恢复效果较好。

图 9.9　移栽 7 年的湿地松

2017 年 5 月，在不同沙化退化区随机设置 20 m×20 m 样方，在重度沙化区以湿地松、香根草为主；中度沙化区以湿地松、单叶蔓荆为主等；在轻度沙化区以湿地松、单叶蔓荆、算盘子等为主，选择生长良好的植株，采集叶片、林下凋落物及 0～10 cm 表层土壤，进行 C、N、P 含量分析和研究。主要结果总结如下。

（1）C、N、P 是构成植物体干物质的最主要元素。试验示范区植物叶片中 C 含量平均为 394.3 mg/g，N 为 11.9 mg/g，P 为 1.2 mg/g。叶片 C 含量低于全国 492 种陆生植物叶片平均含量（464.0 mg/g），稍高于北方沙化土地的阿拉善地区（370.0 mg/g），可能是鄱阳湖沙地所处的亚热带季风气候区的原因。叶片 N 含量低于干旱区的塔克拉玛干沙漠人工园植物含量（17.3 mg/g）；叶片 P 含量低于全球尺度平均值（1.7 mg/g），但与全国平均数相差不大。

（2）凋落物在保持土壤肥力、促进森林生态系统的正常物质循环和养分平衡方面有着重要作用。沙化土地上树木凋落物中 C 平均含量为 366.7 mg/g，N 为 6.8 mg/g，P 为 0.9 mg/g。凋落物 C、N、P 含量分别是叶片含量的 90%、60% 和 75%，反映了植物对营养元素的再吸收特征，即从衰老叶片转移养分并运输到植物的其他组织，植物生长越缺乏养分，对凋落物的再利用率越高。凋落物 N：P 重量比为轻度沙化区 13.7、中度沙化区为 9.4、重度沙化区为 6.3，凋落物中氮的土壤归还率随沙化严重程度呈降低趋势，表明沙化程度高，植株对氮的需求越大。沙山植被的叶片、凋落物 C 与 N、P 养分化学计量比与全球森林类似。

（3）土壤养分组成是植物生长发育的重要影响因子。试验示范区土壤 C 含量为 6.8 mg/g，不到鄱阳湖洲滩湿地的 30%；土壤 N 含量为 0.4 mg/g，低于同纬度湘中地区林地、内蒙古草原和西北高寒草甸地区的含量；P 含量为 0.5 mg/g，高于民勤沙地。鄱阳湖沿岸水土流失严重，土壤沙化程度高，植被稀疏，养分容易随着降水、刮风等方式流失，表现为 C、N 缺乏，土壤 P 元素主要来自岩石的风化，试验示范区土壤 P 含量偏高，可能与沙土来自湖泊、河流沉积物有关。

实践证明，"湿地松+香根草+原生本土植物"综合治理沙化土地的模式对鄱阳湖沿岸湖风面沙化土地生态修复是有效的。沙化土地生态修复、绿色覆盖技术中，香根草大株密植深栽技术针对性强，在移栽当年就可以固定流动沙丘，充分发挥了固土保水作用，效果好、见效快、成本低；湿地松大苗带土深栽，有效提高了成活率，不仅可以快速绿化沙山，而且较好地培育林下土壤；在发挥香根草、湿地松遮挡风力侵蚀的作用的同时，充分利用了原有的狗牙根、单叶蔓荆等乡土植物耐贫瘠能力强、水土保持作用明显的特征，丰富了生物多样性。乔-灌-草三者之间相互依存、取长补短、协同作用，在较短的时间内实现临湖迎风坡面的植被全覆盖，建立起绿色屏障。

9.4　维护鄱阳湖湿地生态系统健康的对策

9.4.1　鄱阳湖湿地生态系统管理的目标

保持鄱阳湖"一湖清水"、维护湿地生态系统健康是长江大保护、构建长江中游绿色生态廊道、推进长江经济带建设的重要内容。根据鄱阳湖湿地生态系统对自然条件变化和人类活动的响应与反馈机制，针对鄱阳湖湿地生态系统现状，鄱阳湖湿地生态系统管理目标是：

恢复和科学调整鄱阳湖水文节律，使之与生态节律相适应，为湿地生态系统各类生物群落保持必要生存空间以及生产生活用水、农田灌溉用水和航运维持必要水位；将有损于湿地生态系统健康的各项人类活动控制在生态系统可承受范围之内；遏制水环境变差和湿地生态系统退化趋势，维护生态系统结构和服务功能的正常发挥，促进鄱阳湖区经济、社会和生态环境可持续发展。

经过长江和鄱阳湖长期演变，在近现代水文气象条件影响下，鄱阳湖与长江形成了相应的水文、水环境、水生态的密切关系，包括长江与鄱阳湖相互间的流量、泥沙和生物交换，以及丰水期和枯水期流量、泥沙、污染物等时程变化过程及其相应节律。鄱阳湖湿地生态系统的生态过程、节律、结构和功能是适应这种江湖水文关系和鄱阳湖水文节律演变形成的、并成熟和稳定起来。保护鄱阳湖湿地生态系统健康、开发利用鄱阳湖各类资源也需要适应这些关系。现在的长江已经不是天然的长江，目前出现的生态节律与水文节律不协调，主要是由于长江水文过程变化引起。维护鄱阳湖湿地生态系统健康和服务功能，满足、保障生活用水、农田灌溉、航运等需求，根据鄱阳湖湿地生态系统对自然条件变化和人类活动的响应和反馈机理，首先要恢复和维持鄱阳湖基本水文情势和节律，使之与生态节律相适应。

湿地生态系统的服务功能取决于湖盆和岸线形态、湖泊蓄水状态、湿地生态系统结构及其过程，其承载能力具有一定限度。大型湖泊开发利用许多方面具有公共属性，容易发生“公地悲剧”，水资源、水灾害、水环境和水生态等方面问题的产生，很多是由于人类不恰当的活动所引起的，必须把有损于湿地生态系统健康的各项人类活动(如湖区洲滩水土资源开发利用、排污、采砂、捕捞水产品等)控制在生态系统可承受范围之内，当务之急是遏制鄱阳湖水环境恶化和湿地生态系统的退化趋势。只有维护湿地生态系统的健康，才能提高可持续发展能力，为经济社会发展奠定坚实的基础。

湿地生态系统具有一定的修复或恢复能力。但是干扰程度超越了系统自身的调节能力，这种损害不会仅仅停留在某一环节，而是通过食物链和反馈环一个又一个地传递、扩散，引起一系列因素的恶化。多个环节的生态环境问题具有积累性，且不可逆转，各种生态与环境问题的影响相互交织，通过系统内部相互作用、互为因果、反馈循环等机制，使生态问题不断传递、放大和扩散，逐步趋向恶性循环，从局部问题演变为全局性问题。为了维护鄱阳湖湿地生态系统健康，根据鄱阳湖湿地生态系统对自然条件变化和人类活动的作用与反馈机理，提出下面的维护鄱阳湖湿地生态系统健康的对策与措施。

9.4.2　削减入湖污染负荷，永保鄱阳湖“一湖清水”

水环境质量是湿地生态系统健康和经济社会可持续发展的重要因素之一。最近十多年来，鄱阳湖水环境质量日趋下降，难以全面维持III类水质(湖泊)标准，营养指数正在由中度营养状态向富营养初始阶段转变，已经成为危及鄱阳湖湿地生态健康的主要因素之一。建设长江中下游生态屏障，保护鄱阳湖"一湖清水"，必须采取综合措施，有效地削减鄱阳湖入湖污染负荷。

1. 完善城镇生活污水收集管网，提高城镇污水处理的效率

2000 年开始，江西省县城所在地开始建设生活污水处理厂，但在建设生活污水处理厂的同时，污水收集和输送管网建设没有及时配套，大部分污水收集管网采取截污沟形式，雨污没有分流，导致降水期间，进入污水处理厂的污水中污染物浓度偏低；污水收集管网覆盖面积小，没有将县城主要范围内污水收集起来；污水收集和输送管网建设质量不高，出现断裂、移位、破损等现象，导致污水进入地下含水层、河水和雨水进入污水处理厂的现象发生。这些问题直接影响污水处理厂效益的发挥。污水收集和输送管网建设是一些极其复杂、耗费大量资金的工程，应当按照"因地制宜、分门别类、逐步推进、追求实效"的原则实施。

扩展的新城区和新建住宅小区要将加强污水收集和输送管的主干管网和支管统一规划，从住宅楼化粪池抓起，一步到位、雨污分流。要把污水收集和输送管网建设是否完善作为住宅楼出售许可的前置条件。

老城区污水收集和输送管网建设十分复杂，应因地制宜，逐步改造，有序推进雨污分流。污水处理厂不要搞一刀切，不要片面强调一个县城只能建设一二个大型污水处理厂，应当坚持大、中、小相结合的原则。对于一些独立、封闭的居民区，可以建设若干中、小型处理厂或小型污水处理装置，尽可能减少污水收集和输送管网的规模。

2. 加强工业园区废水处理管理

2011 年以来，鄱阳湖流域加强了工业园区废水处理装置的建设，基本做到每个园区均有工业废水处理设施。但工业废水处理设施的运行不尽如人意：有些企业的废水处理设施作为考核或应付检查的摆设，一有机会工业废水就直接偷排；有的园区废水处理设施某些部位损坏，不及时维修；有的园区废水来源广，成分复杂，无法有效处理等。

要认真落实环境保护法律法规，纠正"有法不依、执法不严"的现象，严格执行"谁污染，谁治理"的原则；加强工业园区和相关企业的法制教育，加强工业园区废水处理技术人才队伍的建设，提高技术水平和管理水平，确保废水处理设施正常运转、达标排放，提高设施的效率。

3. 因地制宜治理湖区周边农业污染和面源污染

鄱阳湖周边人口密集，人类活动频繁，污染物复杂多样；湖区周边中、小河流的水流流程短，自然降解能力弱。监测结果表明，不少中、小河流入湖水质大多数时间超过Ⅲ类水质标准，超标污染物大多为总磷、总氮和氨氮等。

鄱阳湖周边面积达 2.5×10^4 km² 以上，要高度重视周边地区污染物治理。对于人口密集的乡镇所在地的生活污水，可以采用小型污水处理装置处理生活污水；支持发展循环经济，养猪的废弃物全面利用，变废为宝；对于水产养殖基地排放的废水，利用排水沟、天然沟汊和洼地种植挺水、沉水植物吸收氮磷营养物质。保护鄱阳湖沿岸湿地，采取一定措施延长入湖水流在周边湿地中的停留时间，利用湿地植被削减入湖污染物。

9.4.3 人类活动控制在湿地生态系统可承受的范围内

鄱阳湖水位长期低枯，洲滩大量出露，促使人们利用更多手段和途径，更加方便地摄取各类资源；资源变得稀缺后，开发资源的强度更大，手段更多，鄱阳湖已经不堪重负。鄱阳湖湿地生态系统急需休养生息，一定要把这些人类活动控制在生态系统可承受的范围内，保障资源可持续利用。对于破坏湖泊生态系统的各种行为加强督查、整改，对违法行为要加大打击力度。

1. 鄱阳湖全面禁渔，保护天然水产资源

鄱阳湖从事天然水产品捕捞的渔船多，捕捞量大，电捕鱼、定置网等非法渔具普遍使用，利用专业设备捞螺扒蚌，对鄱阳湖鱼类资源和大型底栖动物酷渔滥捕，大大超过水产品增殖速率，导致鱼类资源与大型底栖动物逐年衰竭。从 2016 年开始实施鄱阳湖专项整治，特别是开展"2018 雷霆行动"，酷渔滥捕现象得到有效遏制；从 2020 年开始鄱阳湖全面禁渔。要把禁渔目标和任务落到实处，能否禁得住，关键在于从事天然水产品捕捞渔民能否逐步转产。目前，持有捕捞证、在鄱阳湖湖区从事天然水产品捕捞的渔船有 1 万多条，另有 2 万多条渔船没有捕捞证也下湖从事捕捞活动，其中相当一部分具有半农半渔性质。要大力发展鄱阳湖区旅游业和水上运输业，利用渔民熟悉水性的技能，转产从事旅游业、水上运输业及湿地生态系统保护等公共事业。

2. 协调经济社会发展和生态环境需求，湖区采沙实现"三定"

湖区采砂是湖泊为社会经济发展提供的资源和产品，前几年湖区无序采砂，对湿地生态系统产生许多不利影响。经过多年的专项整治，鄱阳湖区基本禁止了湖区采砂。要使专项整治成果得到巩固，采砂活动必须进一步从严管理，坚持"定量、定时、定时"采沙。"定量"就是以鄱阳湖沙料资源可持续利用、不明显损害生态环境为原则，严格控制湖区每年的采砂量；"定点"就是在湖区科学规划采沙区域，限定在对湖区水生生物和水环境影响较小的区域采沙，如松门山、都昌多宝沙山、星子十里湖沿岸沙山边缘或湖湾中挖取埋藏在深层的粗砂；"定时"就是对水生态系统发育敏感时期，如鱼类产卵、沉水植物发芽生长期间，水体需要保持一定透明度，湖区停止采砂。

3. 坚决制止各种侵占湿地的行为

由于湖水位长期低枯，许多洲滩全年不受水淹，开发利用洲滩湿地从事经济活动比较便利。比如，开垦洲滩湿地造田、种菜、栽树的行为时有发生，将洲滩上的低洼地围起来进行水产养殖，甚至将洲滩湿地作为取土场所。这些侵占湿地的行为，减少了湿地

生物的生存空间，使鄱阳湖湿地破碎化，盲目开发进一步污染了鄱阳湖水土环境。要采取强有力措施，坚决制止侵占湿地洲滩的各种行为。

4. 封洲轮牧，巩固防治血吸虫病的成果

2004 年国务院提出了"控制传染源为主"的防治血吸虫病新策略，鄱阳湖地区全面开展了"改水改厕、封洲禁牧、管好人畜粪便"等控制传染源工作。加上近年来鄱阳湖长期处于低枯水位状态，血吸虫病防治取得了显著成果，"控制传染源为主"的防治血吸虫病新策略已初见成效。随着农业机械化的推进，湖区已经没有多少耕牛，但肉牛、山羊规模养殖成为湖区群众致富途径之一。鄱阳湖水位长期低枯，草洲面积大，湿生植被长势好，营养价值高，绝对不允许利用优良的牧草资源难度很大，封洲禁牧的难度越来越大，甚至流于空谈。既要防治血吸虫病，又要充分利用草洲资源，根据鄱阳湖洲滩湿地牧草资源丰裕的特点，将"封洲禁牧"改为"封洲轮牧"。具体做法是，鄱阳湖周边相关县、乡对其管辖的草洲进行科学规划，划分若干片区每年轮牧一次，对于准备放牧草洲，前一年查螺，如果还有受血吸虫感染的钉螺，进行药杀；第二年放牧牛羊，其他草洲绝对禁牧。第二年另择一块草洲放牧，如此循环。这样既保障放牧牛羊不感染血吸虫病，避免血吸虫病向人群传播；同时也充分利用了湖草资源，通过放牧还将部分氮磷元素转移出鄱阳湖。

9.4.4　及时开展利用生物调节减轻富营养化的试验示范

2012 年以来，鄱阳湖水体蓝藻密度和生物量不断增长，影响了沉水植物的发育生长。目前鄱阳湖水体总磷浓度为 0.065～0.084 mg/L，正是实施生物调节、减少藻类生物量的有效窗口期。另外，20 世纪 60 年代以前，鄱阳湖四大家鱼捕捞量占水产品总量的10% 左右，现在仅占 4%～5%，需要调整四大家鱼在鱼类资源中的比例，首先试验投放鲤鳙鱼控制蓝藻技术。从 2020 年开始，鄱阳湖全面禁渔，为生物调节控制湖泊富营养化提供了大好时机，建议立即着手开展鱼控藻技术的实验示范，探索适合鄱阳湖实际情况的有效技术。

鱼控藻技术的实验示范基地可以选择在鄱阳湖东北湖汊群(撮箕湖)水域，这里水流缓慢，蓝藻密度和生物量较高。这个湖汊群大小湖汊众多，水域相对独立，建议在这一水域选择代表性较强的水域建设试验示范基地，并加强管理。

9.4.5　加强碟形湖管理，维护正常的生态功能

碟形湖具有特别的水文生态特性，在鄱阳湖湿地生态系统中具有重要作用与地位。由于历史原因，碟形湖使用权属模糊，除了鄱阳湖国家级自然保护区和南矶湿地自然保护区掌握了少数碟形湖的管理权以外，全湖 71 个碟形湖的使用权大多数分别掌握在乡、行政村甚至自然村手中，普遍承包给个人进行河蟹、小龙虾和鱼类等水产养殖。养殖河蟹、小龙虾 3～4 年，碟形湖底几乎没有沉水植物；养鱼时投放肥料饲料，导致水体富营

养化，甚至暴发蓝藻水华；多数用户为了获取更多效益，碟形湖始终保持一满湖水，使越冬候鸟在较长时间内无法取食。

为了维护碟形湖正常生态功能的发挥，必须严格管理碟形湖的开发利用，把满足越冬候鸟栖息觅食作为碟形湖的最主要功能。建议以鄱阳湖国家自然保护区与南矶湿地保护区为基础，建立鄱阳湖国家湿地公园。通过使用权转让，两个保护区尽量可能掌握全部碟形湖的使用权和管理权，至少要把水位管理权拿到手上。其他碟形湖的开发利用，要传承历史形成的"堑湖"方式，依靠丰水期碟形湖与主湖区相融时进来的鱼类长大育肥，禁止放养河蟹、小龙虾，禁止投放肥料饲料，不得强行控制水位，顺应自然消涨规律，利于候鸟取食。各级政府要加强对碟形湖开发利用的督查、监控。

9.4.6　建设鄱阳湖水利枢纽工程

建设长江中游绿色生态廊道，既是长江经济带建设的基础工程，也是长江经济带可持续发展的重要保障。现在的长江已经不是天然的长江，受气候变化等因素影响和长江上游水利工程运行，每年 9～11 月下泄流量减少，加之清水下泄引起中下游干流河床长时期、远距离冲刷，长江对鄱阳湖的顶托作用弱化，鄱阳湖向长江出流加快，拉空效果显现，每年 9 月以后枯水期水位长期低枯。长江汉口至湖口江段水沙运动还没有达到平衡状态，河床冲刷可能还要持续下去，长江对鄱阳湖顶托作用将进一步减弱，鄱阳湖水位低枯状况可能加剧，对整个湿地生态系统将产生全局性影响(图 9.1)。天然的鄱阳湖无法适应经过人为调节的长江。因此，建设鄱阳湖水利枢纽工程非常必要。

工程的定位为：①协调江湖水文关系，保持鄱阳湖正常的水文节律，并与生态节律相适应；②遏制鄱阳湖湿地生态系统退化状况，恢复和改善生态系统完整性和生物多样性；③保障民生，增强经济社会可持续发展能力；④为长江下游应对突发性水事故提供应急支持。

根据鄱阳湖在长江水系中的作用和建设长江中游绿色生态廊道的要求，水利枢纽工程规划设计应当坚持下述原则。

(1) 从整体出发，坚持"调枯不控洪"原则。丰水期尽可能保持鄱阳湖和长江的天然关系，确保江湖连通，保持鄱阳湖调蓄洪水的功能，不对自然生态系统产生人为的干扰和冲击；枯水期鄱阳湖维持生产生活用水和湿地生态系统必要的水位，坚持"来多少水、放多少水"的原则，朝着对长江下游有利的方向调节出湖流量，尽可能改善长江下游干流低水位状态。

(2) 抓住关键因素，实现江湖两利原则。枯水期调节遵循水文规律和生态节律，维护湿地生态系统的物种多样性、完整性和生态服务功能，改善湿地生态系统各类物种的生存条件和候鸟越冬环境，保护好国际候鸟栖息地，不安装发电机组，确保洄游生物进出湖的安全。

(3) 闸门控制，保持灵活运行原则。坚持适应性管理，逐步寻求枯水期有利于维护湿地生态系统健康、满足经济社会发展用水的最佳水位过程，增强缓解长江下游干旱灾害和突发水环境事件的应对能力。

　　鄱阳湖出湖水量、倒灌水量、出湖泥沙、氮、磷和进湖四大家鱼各月比例如图 9.10 所示。根据上述原则，丰水期 4~8 月闸门全部敞开，出湖水量占 61.65%，倒灌水量占 63.68%，出湖泥沙占 47.06%，出湖总氮占 62.17%，总磷 61.30%，进湖四大家鱼占 94.94%。大部分物质和生物可以自由地进出长江。

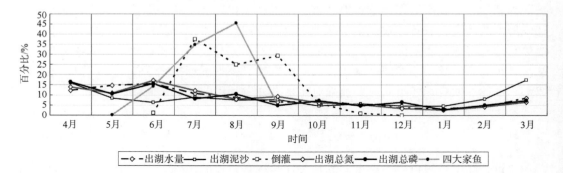

图 9.10　湖口断面各月水量、泥沙、氮、磷和鱼类比例

　　枢纽工程布置在入江水道长岭-屏峰山断面，湖口上游 27 km。左岸布置 3 条船闸，中间布置约 64 孔闸门，右岸建设 3 条常规鱼道，并利用屏峰山的湖汊，建设一条仿天然河流生态鱼道，保持江湖连通，全年大多数时间保障长江江豚无障碍进出鄱阳湖，枢纽布置如图 9.11 所示。

　　枯水期水位过程调控是关键，集中反映了经济、社会和生态环境的协调与平衡。水位调度位原则为：遵循自然规律、适应生态节律，水位逐步消退，适应性管理、动态调度。

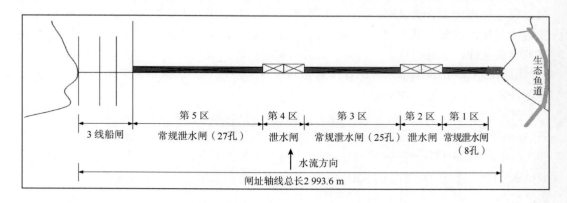

图 9.11　鄱阳湖水利枢纽工程布局

　　所谓适应性管理、动态调度，工程运行初期按照枯水期生态需水最低水位过程(即 1956~2002 年 9~翌年 3 月平均水位，图 9.5)运行，完全遵循水文节律和生态节律，满足湿地生态系统健康和民生、经济、社会发展的最低需求。经过一段时间，如果没有突出问题，10 月中旬到 2 月中旬提高到 8 m，逐步寻求最适宜的枯水期水位过程(图 9.12)。适应性管理的本质是在人类对自然现象认知的范围内，遵循自然规律，进行谨慎地、有

节制地调控，通过不断学习，积极试错，逐步寻求经济社会目标和生态环境效益的协调统一的水位控制过程。

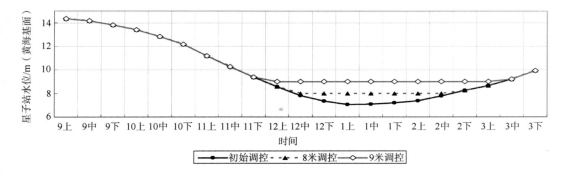

图 9.12　鄱阳湖水利枢纽工程枯水期适应性水位调控

9.4.7　改革鄱阳湖湿地生态系统管理机制

现行鄱阳湖管理体制的依据是 2003 年 11 月 27 日省人大常委会通过的《江西省鄱阳湖湿地保护条例》："省人民政府应当确定鄱阳湖湿地保护综合协调机构。具体组织本条例的贯彻实施，协调鄱阳湖湿地保护与合理利用工作中的重大事项，督促政府有关部门依法履行湿地保护职责"，"综合协调机构由省人民政府环境保护、农业、林业、水利等有关行政主管部门组成，其办事机构设在省人民政府林业行政主管部门"，"南昌市、九江市、上饶市及其所属的沿湖县、区人民政府和共青开放开发区管理委员会可以根据实际情况确定相应的综合协调机构"，"环境保护、农业、渔业、林业、水利、国土资源、建设、交通、卫生、发展改革、财政、旅游、公安等有关行政主管部门应当在各自职责范围内，按照有关法律、法规的规定，共同做好鄱阳湖湿地保护工作"。管理体制如图 9.13 所示。

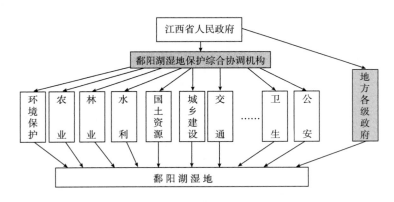

图 9.13　现行鄱阳湖湿地管理体制

现行鄱阳湖管理体制对于保护鄱阳湖湿地生态系统、开发利用湖泊湿地资源起到了一定作用。但是，近十年来的实践表明，这一管理体制距离保护鄱阳湖湿地生态系统的健康和生物多样性、实现经济社会和生态环境可持续发展尚有一定差距。具体表现在：省人民政府领导下的鄱阳湖湿地保护综合协调机构仅是一个协调议事机构，缺乏强有力的协调手段；环境保护、农业、渔业、林业、水利、国土资源、建设、交通、卫生、旅游、公安等有关行政主管部门根据各自的行政职能管理鄱阳湖湿地某一项或几项工作，各部门单打独斗，"各人自扫门前雪，不管他人瓦上霜"；管理湖区采砂的部门，对于酷渔滥捕、超标排污等行为熟视无睹；管理航道的对无序采砂、捞螺扒蚌等行为不闻不问。各部门管理力量分散、执法队伍薄弱，执法设施(如船只等)不足，又没有形成合力，不仅难以保障经常性的巡查、监督工作，更没有能力开发应用现代先进的监测设施与手段。部门间、区域间职能交叉、缺位、错位现象并存，如随意侵占湖岸线现象，就部门分工而言，水利、国土资源、城市建设等部门都有职责，但对鄱阳湖周边、五河下游岸边侵占、损害岸线现象多数部门熟视无睹；各级地方政府(甚至包括乡政府)多少都掌握直接处置湖区有经营价值资源开发的权利，如采砂招标、碟形湖养鱼发包等使用权的配置，但不对经营者行为进行有效监督，对不良后果负责。最近几年，虽然由各部门分散执法改变为联合执法，但体制存在的固有弊端并未消除。

　　鄱阳湖湿地是一个完整的自然地理单元，水是湿地的命脉。湿地生态系统是经济、社会和环境的复合体，其内部各种要素及其环境相互影响、相互制约、相互关联，形成了系统的有机整体，提供多种复合功能，直接关系到湿地功能发挥、区域发展和人民生活水平提高。鄱阳湖湿地管理体制必须深化改革，实现跨部门、跨区域的综合管理，设立鄱阳湖管理局。鄱阳湖湿地综合管理将水资源、水环境、水生态和水安全作为一个相互联系、相互作用的有机整体，强调尊重客观规律，按照自然、经济规律办事，管理对象主要包括水(包括水量与水质)、土地(包括湖盆、洲滩和岸线等)和湿地生态，管理方法则强调跨部门、跨地区的综合协调、统筹管理和利益相关各方(包括公众)的积极参与，旨在提高湖区可持续发展能力，实现人与自然的和谐相处，为社会、经济发展奠定基础。综合管理体制框架如图9.14所示。

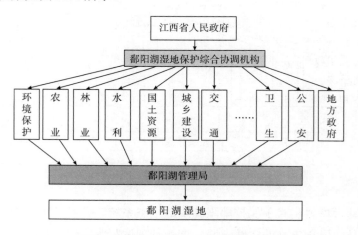

图9.14　鄱阳湖湿地综合管理体制

　　鄱阳湖湿地综合管理体制的重点是设立鄱阳湖湿地管理局，作为鄱阳湖湿地保护综合协调机构的办事和执行机构，现行体制下各部门有关鄱阳湖湿地管理、执法、监督机构直接由鄱阳湖湿地管理局管理，业务上受上级相关部门领导；管理局整合主要执法队伍成立联合执法队，集中力量，统一巡视、监察湖区各类活动，发现问题由相应业务部门执法人员依法处罚。同时将有关地方政府代表充实进鄱阳湖湿地保护综合协调机构，湖区所有资源开发利用活动处置情况都要向管理局通报，并协助维持正常秩序，解决水域和洲滩的纷争。将分散在各部门的物力、人力和财力集中使用，提升现代化的执法装备，采用雷达、无人机、遥感、5G 等技术提高监察能力。

　　改革后的鄱阳湖湿地综合管理体制一个重要任务是，进一步明晰鄱阳湖水域、洲滩的使用权配置，明晰使用者的责任、权益和义务，依法依规从事经营活动；其次是开发先进的监测设备，用现代技术和手段监管湖区有关活动，维护鄱阳湖湿地生态系统健康。

9.5　小　　结

　　这一章是全书的综合与总结，根据前面 8 章研究结果，运用系统工程理论与方法，构建了鄱阳湖湿地生态系统网络结构图，网络结构图揭示了湿地生态系统对自然条件变化和人类活动的响应与反馈机制，将影响湿地生态系统的主要外部因素、系统内部生物种群大类之间的相互关系一目了然地展示出来，理清了系统内外要素之间作用与反作用的脉络，突出了保护湿地生态系统的重点。根据鄱阳湖湿地生态系统对自然条件变化和人类活动的响应与反馈机制，研究了枯水期生态需水最低水位过程，提出了维护湿地生态系统的主要结构和基本功能的枯水期最低水位要求。最后，根据鄱阳湖湿地生态系统对自然条件变化和人类活动的响应与反馈机制，针对当前鄱阳湖管理中的突出问题，提出维护鄱阳湖湿地生态系统健康的 6 条对策，作为本书的结束。

参 考 文 献

[1] Sven Erik JØrgensen. 系统生态学导论[M]. 陆健健译. 北京：高等教育出版社，2013.

[2] Brin Walker and David Salt. 弹性思维——不断变化的世界中社会-神态系统的可持续性[M]（彭少麟等译）. 北京：高等教育出版社，2010.

[3] Jacob Kalff. Limnology—Inland Water Ecosystems [M]. Prentice-Hall. Inc，2002.（古滨河译，湖沼学——内陆水生态系统[M]. 北京：高等教育出版社，2011.）

[4] 邱东茹，吴振斌. 富营养化浅水湖泊沉水水生植被的衰退与恢复[J]. 湖泊科学，1997，9(1)：82-88.

[5] 杨志峰，崔保山，刘静玲. 生态环境需水量评估方法与例证[J]. 中国科学：D 辑，2004，34(11)：1072-1082.

[6] 纪伟涛等. 鄱阳湖——地形、水文、植被[M]. 北京：科学出版社，2017.

[7] 江西省星子县县志编纂委员会. 星子县志. 南昌：江西人民出版社，1990.

[8] 熊盛元等纂修，查勇云，陈林森点校. 南康府志. 南昌：江西高校出版社，2016.

[9] 戴振祖. 星子蓼华池的治理/忆往钩沉. 香港：香港文艺出版社，2015.

后　记

　　我出生在鄱阳湖畔，我家离鄱阳湖岸边仅有 500 m。我的系统记忆是从 1954 年鄱阳湖大洪水开始。6 月瓢泼大雨下个不停，7 月洪水进入星子县城，淹没了菜地、道路、街道和店铺，县城东南部一片汪洋，水面上仅能看到一栋又一栋的屋顶，不少人家卸下楼面的横樑和门板，扎成小木排，用来运输饮用水和其他生活必需品。不久大水涨到我家门口，全家搬到县小学避洪。无情、凶暴、残忍是鄱阳湖留给我的第一印象。洪水退去后，10 月开始，每天下午渔民将捕获的鲜鱼一船又一船运到县城，鱼非常之大，一条十多斤，大的几十斤重。捕获的鱼一天比一天多，县水产品收购站只好把这些鲜鱼腌成咸鱼干，动员县城的居民帮助破鱼洗鱼。虽然一百斤鱼只有五分钱的加工费，但我母亲每天晚上都带回半篮子鱼鳔、鳃帮肉、鱼籽和鱼油，这些佳肴美味帮助我们度过了洪水后的粮荒。这时，鄱阳湖又展现出富饶、善良、慷慨的一面。

　　1959 年遭遇到"三年困难"。秋冬季节，县城的许多居民来到鄱阳湖洲滩上挖"半年粮"充饥，许多年以后我才明白"半年粮"是蓼子草的地下茎。为了挖到更多的"半年粮"，我开始琢磨蓼子草的生活习性，大概这是我有意研究鄱阳湖湿地植物的开端。1968 年8 月我们从九江市一中下放到鄱阳湖边一个垦殖场，具体位置在博阳河尾闾地区。初到农村面临的第一个困难就是缺菜缺油。在老农的指点下，每天中午来到湖边的湖塘中割鸡菱梗（芡实茎）、扯菱网（野菱的嫩根茎）、挖藕担（野莲藕的新生地下茎），回去用酱油炒一炒，充当蔬菜下饭。过了 10 月，湖水消退，只要找到一个有水的洼地或水坑，用脸盆把水舀干，就可以抓到半脸盆小鱼。烧饭时，看到黄色的鱼油从小鲫鱼身上冒着泡，滋滋作响地渗出来，心里不知有多高兴。富饶的鄱阳湖帮助我们度过了最艰难的时光。

　　1973 年我担任星子县朝阳公社农民水利技术员（现乡镇水管员的前身），主要任务是农田水利工程的修建、管理和维修，兼顾农田基本建设和绿化荒山的施工管理。面临鄱阳湖与博阳河的圩堤防洪和加高加固是水利员的重要职责。每年 4 月进入汛期，忙着为防洪抢险备料，采运卵石与粗沙，准备草袋和竹木料，忙个不停；一旦湖水位超过防汛警戒水位，日夜在堤坝上查找险情；圩堤除出了险情，大到内坡塌陷，小到出现泡泉，带领基干民兵除险加固，经历过许多惊涛骇浪，实在令人难忘。每年冬季则总是忙碌在加高加固堤坝的工地上。农民水利技术员的经历使我对鄱阳湖的水文气象、地质地貌和生态环境有了一定的感性认识；更使我对鄱阳湖充满着感恩之情、敬畏之心。

　　攻读博士学位期间，导师冯尚友教授多次对我讲过："一定要好好研究鄱阳湖"。1987 年带着导师的嘱托来到江西工业大学任教，1992 年申请了一个国家自然科学基金项目，研究鄱阳湖洪水期间的流场分布，开始了科学认识鄱阳湖、把感性知识转变为理性知识的征程。以现在的水准衡量，这个课题的成果显得比较粗糙，但研究过程掌握了鄱阳湖许多水文气象、水力学特性，对湿地生态系统有了初步认识。此后，在我担任江西省山江湖开发治理委员会副主任或主任期间，得到孙鸿烈、李文华、刘兴土、刘昌明、赵其国、曹文宣、陈述彭等许多院士的指教，当时我组织或主持了一些国家项目，如"十一五"国家科技支撑计划"鄱阳湖生态保护与资源利用"等，开始认真地学习生态学、生物学等知识，得到中国科学院地理科学与资源研究所于秀波研究员，遥感应用研究所吴炳芳研究员，南京地理与湖泊研究所杨桂山、高俊峰、张奇、刘元波等研究员的指导和帮助。2008 年陈宜瑜院士建议我着重研究"鄱阳湖湿地植被对湖水位变化的响应"，引导我的研究方向集焦于鄱阳湖水文生态学。

我把感恩之情、敬畏之心融入了鄱阳湖研究之中，高度重视鄱阳湖巨大的生态服务功能，感恩大自然对人类的馈送；充分敬畏和尊重鄱阳湖湿地生态系统的自然规律，详细地勘察调研、建立样方监测、广泛收集资料，严谨地推导运算，不甚清晰的地方立即到实地观测，任何结论都要用事实和数据说话。2006 年，发现鄱阳湖水位连续几年持续低枯，为了探究水位低枯原因及其对湿地生态环境的影响，一方面在湖区进行全面的调研，有针对性地收集各类资料；另一方面强化了变化条件下鄱阳湖水文、水环境、水生态特征及其关系的研究，陆续发表了一些学术论文。2008 年，向有关部门提出了利用工程手段有限度地调节鄱阳湖枯水期水位的建议。这个建议提出来以后，引起社会上不同反响。特别认真地听取那些反对意见，针对反对理由和意见进行一些专题研究，希望理论研究成果能够直接为鄱阳湖湿地生态系统保护服务，为湖区水土资源科学开发利用提供支撑。国家实施长江大保护、建设长江经济带以及鄱阳湖流域进行国家生态文明试点等的战略催人奋进，研究工作进一步快马加鞭，奋起直追。

现在呈现在读者面前的这本书，就是最近几年来研究成果的总结。借此机会向上面提到的和没有提到具体姓名的各位院士、教授表示感谢，感谢他们在学术研究道路上给我指明方向，提供具体的帮助和支持，没有他们的指导、教诲和帮助，就没有这本书的出版。同时也感谢对建设鄱阳湖水利枢纽工程持反对意见的各位同仁，正是他们的观点和意见，帮助我丰富了研究内容，开拓了研究思路，完善了理论体系。

资料积累是科学研究的基础，对生态学研究更是如此。鄱阳湖水文生态学研究主要立足于江西省组织的第一、二次鄱阳湖科学考察和中科院武汉水生生物研究所 1997～2001 年鄱阳湖鱼业资源与环境保护考察的资料。没有这些多学科、多领域、科学、详尽、具有可比性的资料支持，很难完成这本书的写作。在此向组织、参加考察的数千名科技工作者致以崇高的敬意。

在研究过程中，南昌大学葛刚、万金宝、刘成林等教授，南昌工程学院金志农、陈炜宇等教授，江西省水文局谭国良、李国文等研究员，江西省水利科学研究院许新发、刘聚涛研究员等提供了信息、资料和研究成果，交流了许多认识与心得；同时也得到了山江湖委办戴星照研究员、樊哲文研究员等同仁的支持。我当时的研究生林玉茹、唐国华、许闻婷和郭阳等参加了部分研究工作。在此一并表示感谢！

国家自然科学基金项目(41261053)为本书出版提供经费支持。

由于自己的学术水平和能力有限，本书可能存在错误或不当之处，恳请各位读者批评指正。鄱阳湖是水文生态学研究的最佳样本，对水文生态规律的认识没有穷尽，希望本书能够起来抛砖引玉的作用。

彩　　图

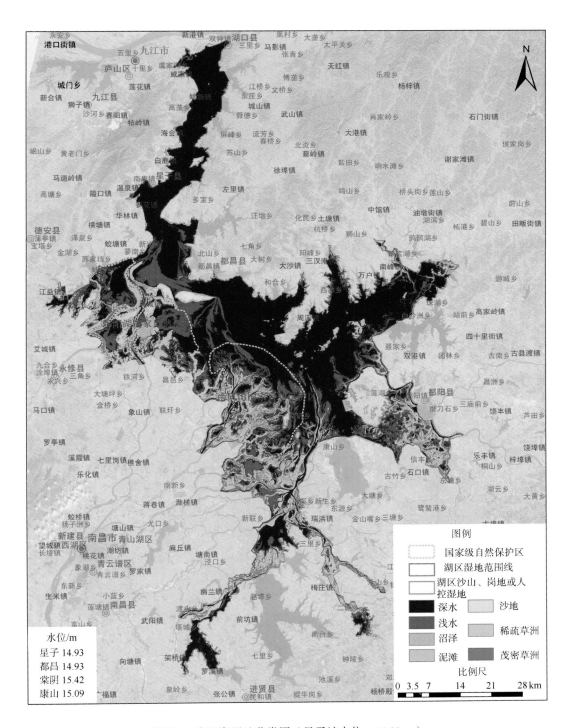

图例

国家级自然保护区
湖区湿地范围线
湖区沙山、岗地或人控湿地

深水　　　沙地
浅水　　　稀疏草洲
沼泽　　　茂密草洲
泥滩

比例尺

0　3.5　7　　14　　21　　28 km

水位/m
星子 14.93
都昌 14.93
棠阴 15.42
康山 15.09

彩图 1　鄱阳湖湿地分类图（星子站水位：14.93 m）

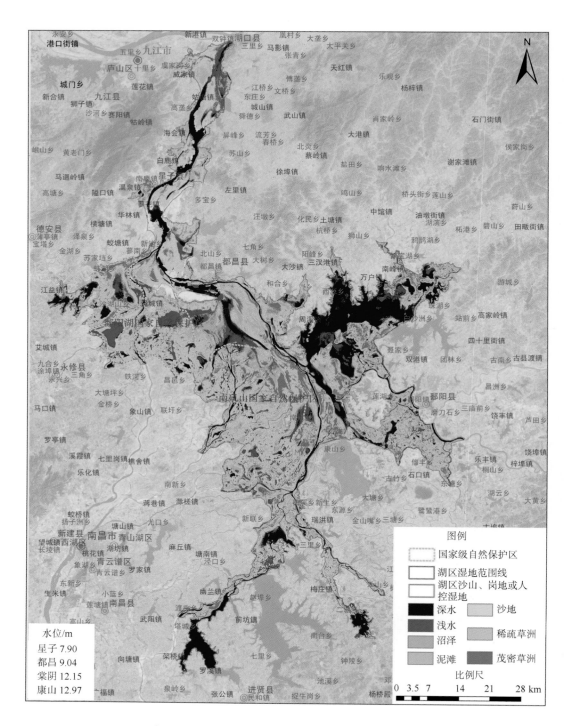

彩图 2　鄱阳湖湿地分类图（星子站水位：7.90 m）

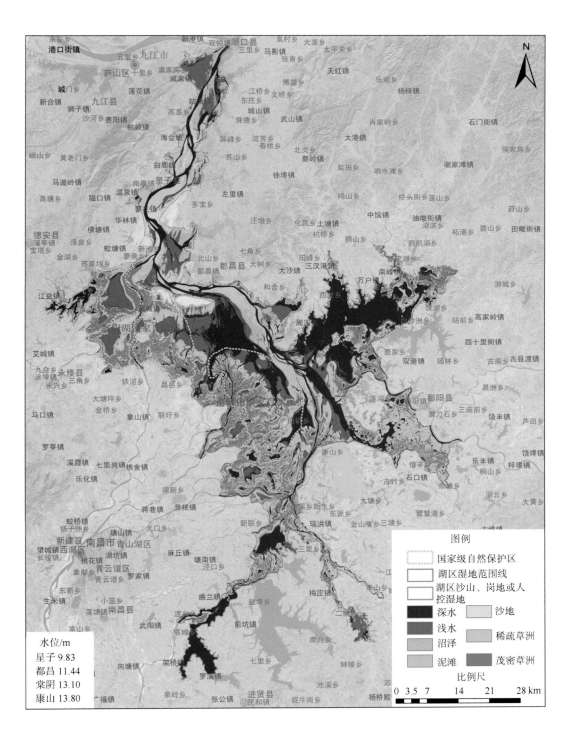

彩图 3 鄱阳湖湿地分类图（星子站水位：9.83 m）

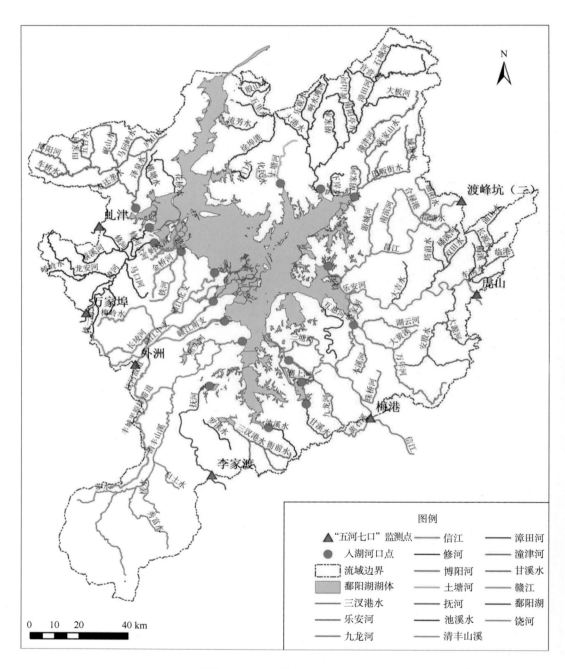

彩图 4 鄱阳湖周边直接入湖水系

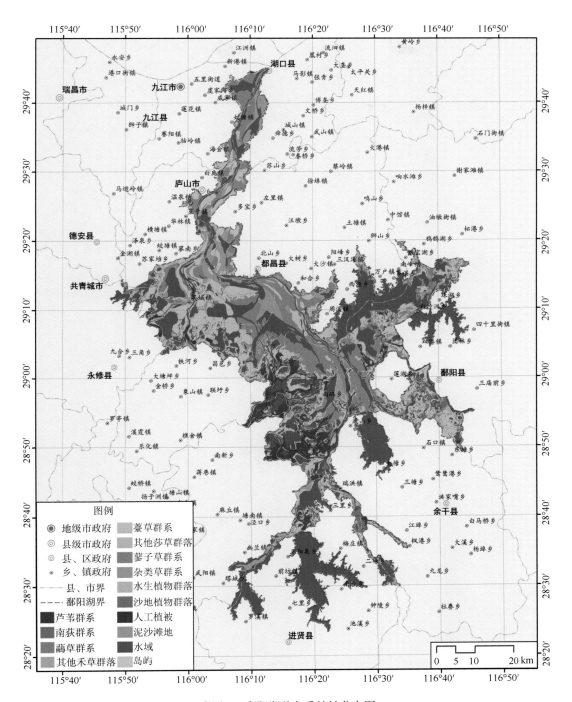

彩图 5　鄱阳湖秋冬季植被分布图

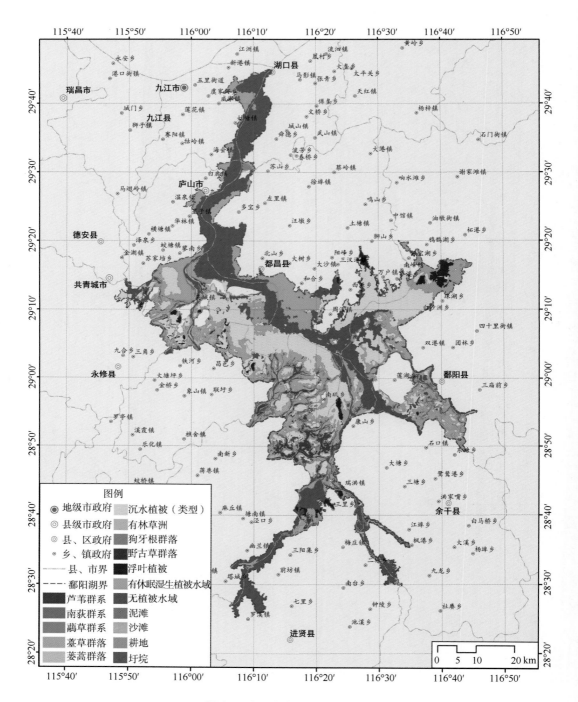

彩图 6　鄱阳湖春夏季植被分布图

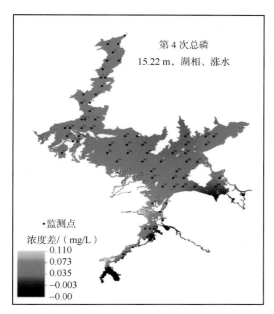

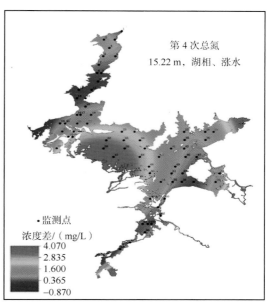

彩图 7　第 4 次监测总磷、总氮浓度分布（湖相、涨水）

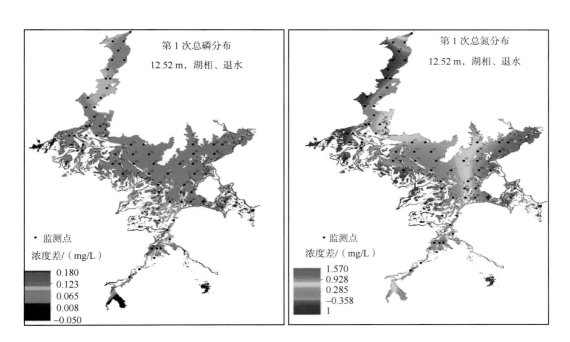

彩图 8　第 1 次监测总磷、总氮浓度分布（湖相、退水）

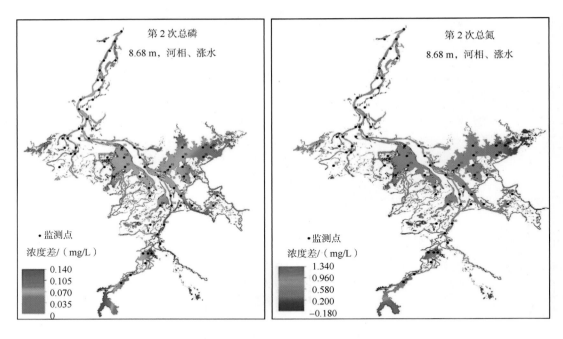

彩图 9　第 2 次监测总磷、总氮浓度分布（河相、涨水）

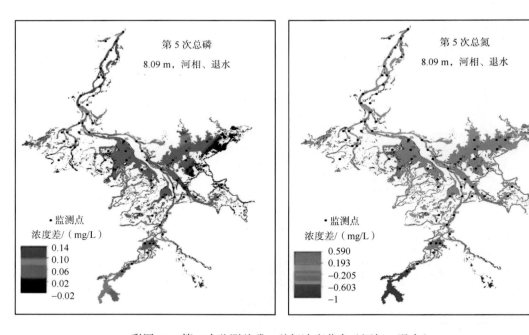

彩图 10　第 5 次监测总磷、总氮浓度分布（河相、退水）

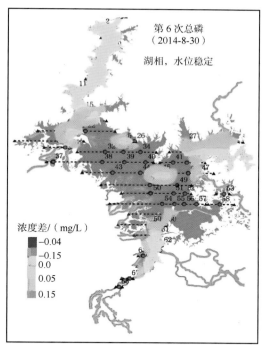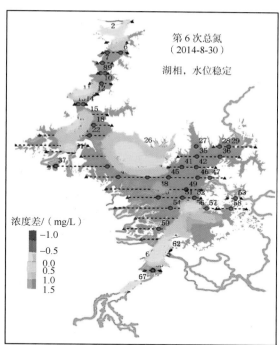

彩图 11　第 6 次监测总磷、总氮浓度分布（湖相、水位稳定）

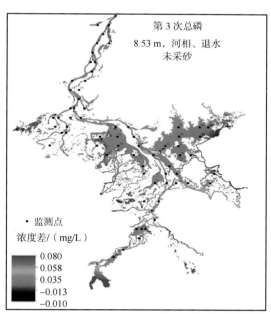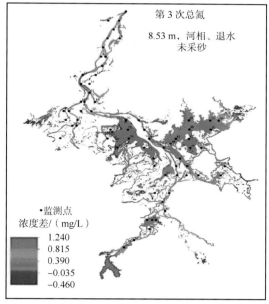

彩图 12　第 3 次监测总磷、总氮浓度分布（河相、退水、无采砂）